건축·도시계획을 위한

空間學事典

SPATIAL STUDIES

일본건축학회 편

한영호 · 최진희 역

매일 그 나름대로 건물의 성능을 평가하고 있다.

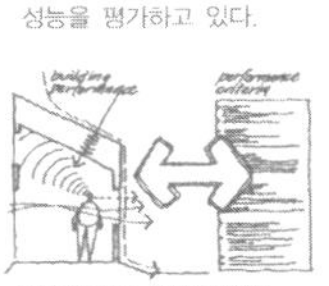

POE에서는 평가기준에 따라 건물을 평가한다.

기 문 당

| 서문 |

이 사전은 일본건축학회의 공간연구 소위원회가 편집함에 있어 1996년 발행한 『건축, 도시계획을 위한 공간학사전』의 개정판이다.

공간연구 소위원회에서는 1985년 설립 이래 건축, 도시의 '공간'을 대상으로 한 공간의 관점, 방법, 성과 등에 대하여 연구회를 개최함과 더불어 1987년 『건축, 도시계획을 위한 조사, 분석방법』, 1990년 『건축, 도시계획을 위한 공간학』, 1992년 『건축, 도시계획을 위한 모델 분석의 수법』, 2002년 『건축, 도시계획을 위한 공간계획학』과 같은 도서를 출판하였다.

이 분야의 연구는 여러 가지 관점에서 주변 분야를 포함하는 연구방법을 도입하였기 때문에 용어를 파악하는 방법이 연구자에 따라 다른 점도 있으며, 그것에 의한 논의의 엇갈림도 있었다.

개정판에서도 취급하는 항목이 여러 분야로 구분되어 있다. 각 장에서 항목으로 나누어 정리하는 데 있어 일관성이 없을 수도 있지만 이 분야의 발전 가능성이 광범위하다는 점에 있어서 이해를 구한다.

본 소위원회는 1998년에 『공간체험-세계의 건축, 도시디자인』, 2000년 『공간연출-세계의 건축, 도시디자인』, 2003년 『공간요소-세계의 건축, 도시디자인』의 3부작을 발행하여 공간의 매력을 해설하고 있다(일본건축학회편, 井上書院 출판). 앞의 책들을 참고로 하여 본 책의 건축, 도시공간을 이해하고 논의하면서 공간을 디자인할 때 조금이나마 도움이 되었으면 한다.

본서를 편집하는 데 있어 현재 소위원회 멤버 이외의 많은 분들로부터 귀중한 원고를 받았다.

본 책을 편집함에 있어서 많은 도움을 주신 위원 분들과 집필과 사진 등의 제공을 해주신 모든 분들께 감사의 말씀을 전한다.

공간연구소위원회 니시데 가즈히코

| 역자 서문 |

공간의 사전적 의미는 사물이 존재하는 3차원의 한정된 범위, 인간이 경험과 상식으로 인식하는 장소로서, 학제 간에서는 그 의미가 서로 다르게 정의되거나, 크게 미시적 공간과 거시적 공간으로 정의될 수 있다. 먼저 미시적 차원에서의 공간은 물리적으로 2차원과 3차원의 유클리드 공간으로 정의되고, 철학에서는 경험적 요소에 의해서 성격이 부여된 선험적 공간으로 제시된다. 거시적 차원에서는 실제 생활영역의 인문사회학적 공간과 자연과학적 공간의 융합점으로서 지리적 공간, 사회적 공간, 생태적 공간, 문화적 공간 등으로 분류된다.

일본건축학회, 공간연구 소위원회에서 심혈을 기울여 출판한『공간디자인 사전』을『공간디자인 이해』라는 제목으로 2007년에 한국어로 번역한 바 있다. 그 후속작업으로의 이 책은 여러 해(1998년~2006년)를 걸쳐 이어가면서 간행된 출판물로서 건축 · 도시공간에서 사용되는 용어에 대해 해설한 사전으로 일본건축학회가 경명한『공간학 사전』을 한국어로 번역한 것이다.

용어를 명확하게 하는 것은 연구방법을 명확히 하는 것으로 용어의 확대는 연구분야 체계의 일면과 특징을 표현한 것이다. 이러한 배경으로 건축, 도시계획을 위한『공간학 사전』이 편집되었다.

이 책의 용어는 중요하다고 생각할 수 있는 246가지의 용어를 채용하였으며, 이러한 용어를 26가지의 항목으로 정리하였다. 26가지 항목 가운데 조사방법, 분석방법, 관련분야를 제외한 23가지의 항목에 대해서 인간이 공간을 파악하고 이해하는 기본적인 개념을 '인간적 개념'으로서 정리하였으며, 인간이 공간을 디자인하는 것에 직접 관계되는 항목은 '조직적 개념', 공간 그 자체의 성질과 관계되는 것은 '공간적 개념'으로 크게 3가지로 나누었다.

끝으로 공간디자인과 건축 그리고 도시계획을 전공하는 학생들과 실무 디자이너들에게 다소나마 도움이 되고자 이 책을 번역하였으나, 역자의 미숙한 경험으로 잘못 해석된 부분에 대해서는 독자의 많은 충고를 부탁하며, 아울러 이 책을 출간함에 있어 여러 차례 교정을 보아주고 끝까지 도와주신 도서출판 기문당의 여러분에게 진심으로 감사드린다.

2010년 8월

역자

| 본 저서의 특징과 구성 |

본 저서는 1996년 11월에 발행한 『건축 · 도시계획을 위한 공간학 사전』의 전면 개정판이다.

1985년 일본건축학회 건축계획위원회에서 설립한 공간 · 연구소위원회에 의하여 33회에 걸쳐 건축과 도시공간과 관련된 연구회와 심포지엄을 거듭하여 고유 공간의 의미와 특질, 또한 이것의 연구를 하기 위한 조사나 분석 방법에 대한 논의가 깊어지면서 공간활동 안에서, 공간을 둘러싼 언어의 용어가 연구자들에게는 애매모호하다는 지적이 있었다.

전서에서는 이러한 지적에 답하기 위하여 '인간의 의식에 의한 파악할 수 있는 공간'과 '디자인하려는 입장에서의 파악하는 공간'의 2가지의 시점에서 공간에 대하여 이론과 연구에 관련된 용어를 정리하여 편집한 것이다.

이와 같은 편집 후 출판한 지 8년이 경과하였으며, 본 소위원회로서 연구회나 심포지엄도 57회를 거듭하여 공간에 관한 연구도 그 대상이나 방법을 포함하여 다양한 전개가 있었으며, 연구성과도 다양한 형태로 축적되어 오고 있다. 본 소위원회에서 2002년에 쓴 『건축 · 도시공간을 위한 공간계획학』도 그 성과의 하나이다.

본 저서는 공간의 연구가 일본건축학회의 건축계획 연구부문의 분야로서, 대체로 해당되는 계획의 기초에 위치하여 이 분야의 연구가 발전적으로 증가하고 있는 배경으로부터 근거하며, 최근 연구된 내용 중에서 '공간의 파악', '공간의 이동', '공간의 구성', '공간의 해석' 등 4가지 부분으로 나누어 소개하고 있다. 이것에서 알 수 있듯이 공간을 둘러싼 용어도 또한 다양화되고 있다.

이러한 상황을 근거로 근년의 새로운 공간에 관한 용어나 화제가 된 용어, 한층 더 연구에 이용할 수 있게 된 용어도 포함하고, 출판 워킹 · 그룹에 대해 검토를 거듭하여 전면 개정판을 간행하게 되었다.

본서의 편집은 편집위원이 중심이 되어 앞의 책들과 같이 공간에 대한 논의나 연구를 실시하는 데 중요하다고 생각할 수 있는 용어와 앞의 책의 200가지 용어를 기초로 새롭게 연구하거나 심도 있는 논의를 위해 필요한 다수의 용어를 추가하여 검토하였다.

본서의 특징은 각 용어의 해설을 1항목당 1페이지를 원칙으로 하였으며 대체로 그 페이지의 3분의 1은 용어에 관련하는 공간이나 연구의 실례를 인용하고 있으며, 가능한 도표나 사진을 다수 이용하여 간결하면서 용어를 쉽게 이해할 수 있도록 노력하고 있다는 점이다.

각 용어의 해설내용에 대해서는 편집위원회에서 전체의 문체를 정돈되도록 노력하고 있지만, 시간적 제약 등에서 집필자에게 원칙적으로 일임하였다. 이 때문에 용어에 대한 해설의 내용에 약간의 차이나 중복이 생기고 있다. 이는 공간을 둘러싼 용어가 가지는 의미가 깊고 다양하기 때문에 정의 내리기에 어려움이 있으므로 양해를 구한다.

마지막으로, 집필자 분들에게 깊은 감사의 말씀과 동시에 공간연구의 전개에 도움이 되기를 기원하는 바이다.

공간연구소위원회 출판워킹그룹 츠미타 히로시

| 차례 |

1 지각

지각 16
시인성(視認性) 17
시야 18
가시(可視) · 불가시(不可視) 19
착시 20
거리 지각 21
오행 지각 22
게슈탈트 23
그림과 땅(도형과 배경) 24
패턴 25
PN-스페이스 26
형태 27
습관 28
항상성 29
움직임 30
광학적 유동 31

2 감각

감각 32
방향감각 33
D/H 34
재질감 35
질감 36
색채 37
빛과 어둠 38
휴먼 스케일 39
개인적 공간 40
밀도 · 혼잡 41
쾌적함 42
위안-치유 43
안전감 44
고소감 45

3 의식

의식 46
현상 47
심벌 48
기호 49

4 이미지 · 기억

이미지 50
이미지 어빌리티 51
가독성 52
다의성 53
정체성 54
기억 55
장소성 56
학습 57
시퀀스의 불연속 구조 58

5 공간의 의미

심리적 공간 59
공간의 의미 60
공간의 연구 61
실존적 공간 62
공간론 63

6 공간의 인지 · 평가

인지지도 64
인지영역 65
인지거리 66
인지 스타일 67
선호태도 68
개인차 69
공간파악 70
공간평가 71
평가구조 72
POE 73

7 공간행동

궤적 · 동선 74
경로탐색 75
군집 유동 76
체류행동 77
유람행동 78
피난행동 79
행동 시뮬레이션 80
내비게이션 81
사인계획 82
어포던스 83
행동장면 84

8 공간의 단위 · 차원 · 비율

차원 85
스케일 86
모듈 87
단위공간 88
비례 89
웨버–페히너의 법칙 90

9 공간의 기술 · 표현

모델 91
시뮬레이션 92
가시화 93
VR공간 94
영상공간 95
CG 96
셰이프 그래머 97
패턴 랭귀지 98
공간악보(譜) · 노테이션 99
원근법 · 투시도 100
지도 101
지리정보 시스템(GIS) 102
공간구성 요소 103
다이어그램 104

10 공간도식

공간도식 105
공간개념 106
공간유형 107
구조 108
계급구성 109
세미라티스 110
정위(定位) · 방위 111

11 공간요소

공간요소 112
장소 113
중심 · 주변 114
경계 · 결계 115
출입구 116
통로 117
랜드마크(경계표지) 118
아이 스톱 119
전망 120

12 공간연출

공간연출 121
초점 · 축선 122
분절 123
장면 124
시퀀스 125
연속성 126
시간성 127
보일 듯, 말 듯 128
조화 · 대립 129
움직임 130
스카이라인 131
밤의 공간 132
라이트 업 133
수사 134

13 내부공간

공적 공간 135
사적 공간 136
상징공간 137
라이트 웰 138
흙바닥(土間) 139
알코브 140
실내디자인 141
지하공간 142
일본식 공간 143
내부공간의 외부화 144
외부공간의 내부화 145

14 외부공간

오픈스페이스 146
광장공간 147
가로공간 148
골목공간 149
진입공간 150
유람공간 151
친수공간 152
녹색공간 153
포켓공간 154
미니공원 155
몰 156
옥상 157
정원 158

15 중간영역

연결공간 159
완충공간 160
천이공간 161
사이 162
사거리 163
활동공간 164
아뜰 165
아트리움 166
아케이드 167
필로티 168
툇마루 169

16 지연적 공간

취락공간 170
전통적 공간 171
풍수 172
가상(家相) 173
지니어스 로사이 174
지리 학문적 공간 175
지명 176
지형 177
지역성 178

17 풍경 · 경관

풍경론 179
심상풍경 180
원풍경 181
경관론 182
경관구조 183
경관평가 184
풍경디자인 185
사운드스케이프 186
공공예술 187

18 문화와 공간

근대건축의 공간 188
문화의 공간 189
공간의 질서 190
공간의 다양성 191
기술된 공간 192
안쪽 · 상징 193
환경의 시성(詩性) 194

19 비일상의 공간

비일상의 공간 195
축제공간 196
장송공간 197
종교공간 198
예능공간 199
여가공간 200
이벤트공간 201
환경예술 202

20 공동체

공동체 203
테리터리 204
생활영역 205
공용공간 206
협동주택 207

21 시가지 조성

거리풍경 보존 · 재생 208
마을조성협정 209
워크숍 210

22 유니버설디자인

유니버설디자인 211
노멀라이제이션 212
배리어 프리 디자인 213
환경이행 214
장애인의 공간 215
고령자의 공간 216
어린이의 공간 217

23 환경공생

환경공생 218
환경디자인 219
환경영향조사 220
지속가능한 221

24 조사방법

가구 · 설치 관찰조사 222
행동 관찰조사 223
앙케트 조사 224
인터뷰 조사 225
디자인 서베이 226
소시오메트리(계량 사회학) 227
SD법 228
공간인지 조사 229
공간감각 측정 230
실험실 실험 231
모형실험 232
생리적 측정 233
뇌파 해석 234

25 분석방법

예측 추계법 235
통계적 가설 검정(檢定) 236
크로스 분석 237
다변량해석 238
상관분석 239
회귀분석 240
인자분석 241
클러스터분석 242
수량화 이론 243
다차원 척도구성법 244
모델분석 245
위상기하학 246
그라피컬 모델링 247
공분산(共分散) 구조분석 248

26 관련분야

인지심리학 249
환경심리학 250
발달심리학 251
생리심리학 252
인간공학 253
도상학 254
인지과학 255
생태학 256
기호론 257
정보이론 258
프랙탈 이론 259
퍼지 이론 260
소프트 컴퓨팅 261

찾아보기 262

건축 · 도시계획을 위한

공간학사전

1 지각 / 2 감각 / 3 의식
4 이미지 · 기억
5 공간의 의미
6 공간의 인지 · 평가
7 공간행동
8 공간의 단위 · 차원 · 비율
9 공간의 기술 · 표현
10 공간도식 / 11 공간요소
12 공간연출 / 13 내부공간
14 외부공간 / 15 중간영역
16 지연적 공간 / 17 풍경 · 경관
18 문화와 공간 / 19 비일상의 공간
20 공동체 / 21 시가지 조성
22 유니버설디자인 / 23 환경공생
24 조사방법 / 25 분석방법
26 관련분야

지각

perception

지각이란 현재 앞에 있는 사물과 사건, 상황을 아는 것과 받아들이는 과정을 말한다. 깨달음에 대해 중점을 두고 있으며 정신적인 움직임을 말하기도 한다. 인간과 동물 등의 생명체가 외부의 정보에 자극을 받아 수신기 역할을 하고 있는 눈, 귀, 코, 혀, 피부 등의 감각기관을 통하여 알게 된다. 구체적으로는 주위에서 사물을 분절하거나 군화(群化)[1] 하는 것으로 구별하는데 생명체의 행동을 유발하거나 규정한다. 지각내용은 사물의 자극 그 자체가 아니라 자극 전체의 관련성이 중요한 역할을 한다.

예를 들어 착각은 지각이 자극하여 그대로 옮기는 것이 아니라 자극이 일련의 과정을 거쳐 생명체에 전달되어 정신의 움직임에 따라 별도의 지각내용이 되는 경우이다.

실제로 존재하지 않은 것이 경험되는 환각이나 꿈은 지각에 포함시키지만 통상적으로는 수신기와 관계가 없기 때문에 지각은 아니다.

외부정보의 수용이 심적으로 어디까지 깊은가에 따라서 감각, 지각, 인지의 3단계로 나누어진다.

지각에는 감각내용으로 시지각, 청지각, 후지각, 미지각, 촉지각, 체내감각으로 나누어진다. 이 중에서 시지각이 가장 자극의 정보량이 많고 다른 지각에 비해서 우위에 있다. 그러나 정보량이 적은 촉지각과 후지각은 지각한 내용이 단순하지만 오랫동안 기억에 남는다.

그 밖에 운동지각, 시간지각, 공간지각과 같은 시간 · 공간에 관한 것이 있으며 이들의 수용기 감각을 한층 복합시킨 시공간지각, 청공간지각, 촉공간지각 등이 있다.

(마츠모토 나오시 松本直司)

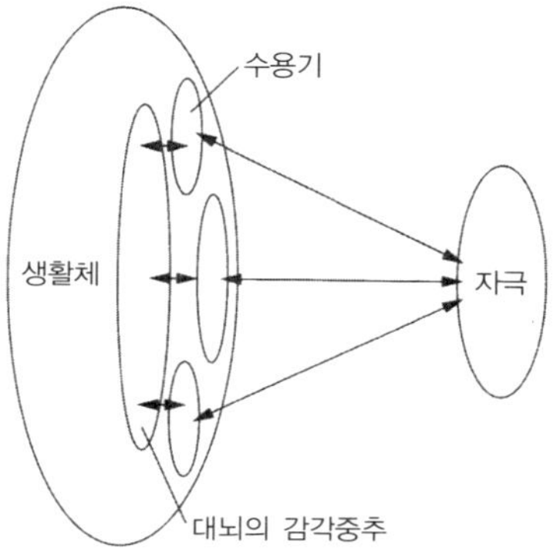

그림 1 감각 · 지각과정

그림 2 지각의 종류

1) 회화나 조각 따위에서 대상을 집합체 단위로 구성하는 일.

시인성(視認性)

visibility

시인성은 물건이 보이거나 그렇지 않거나 하는 것을 말한다. 즉, 눈에 쉽게 보이는 정도를 일컫는 말이다. 시인성에는 여러 개의 단계가 있다

가장 기본적인 단계로서 대상의 존재 그 자체가 지각되는지 아닌지를 판단하는 자극역의 단계에서 보이는 대상의 크기와 배경과의 대비, 보이는 시간 등의 조건에 따라서 좌우된다.

다음의 레벨에서는 존재는 인정되지만 그것이 어떤 형태를 하고 있는지, 문자라면 그것을 읽을 수 있는지 정도의 레벨(가독역)이다. 이것은 시력과 관계있지만 이러한 레벨의 시인성은 사인디자인의 명시성[2] 등에 문제가 된다. 더욱이 실제의 건축공간에서는 조명의 조건과 소재, 관찰각도, 관찰자의 이동 등 여러 가지 관찰조건의 상황을 가정하여 사인계획을 생각할 필요가 있다.

그 다음으로 사인 그 자체를 찾는 것은 결국, 배경인 '땅(地)'으로부터 대상인 '그림(図)'이 검출되기 쉬운지가 문제가 된다. 이것은 대상 자체의 색과 휘도, 형상뿐만 아니라 사인의 배경이 되는 환경의 복잡함 또는 비슷한 사인의 존재에 따른 노이즈와도 관계한다. 또한 주변 시야에 움직이는 대상이 있으면 시선이 유도되어지는 효과(유목성)가 있으며, 그 효과는 움직이는 간판과 펄럭이는 깃발 등의 상업적 광고 등에 이용된다. 사인 같은 무기적이고 볼 수 있는 대상이 아닌 인간의 경우에는 한정된 시각정보관으로 인식된다.

암실에서 인간의 관절에 붙어있는 수십 개의 광점의 움직임만으로 인물의 모습이 지각되는 것은 특정 움직임의 패턴에 민감한 지각의 구성을 나타낸 것으로써 흥미진진하다.

(오오노 류우조 大野隆造)

그림 1
자동차로 이동하는 운전자가 놓치지 않도록 상점을 알리는 국도의 큰 간판

그림 2
우메다 지하상가의 여러 종류의 사인. 사인이 다른 사인에 시각적인 노이즈가 되고 있다.

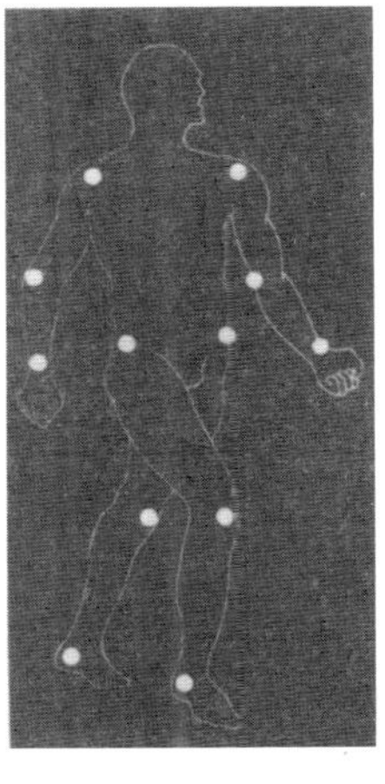

그림 3
광점의 움직임으로 인간의 모습이 지각되어진다.

2) 2가지 이상의 색 · 선 · 모양을 대비시켰을 때, 금방 눈에 띄는 성질

1 시야

지각

field of vision

시야는 의학분야에서 안구를 고정했을 때 눈에 보이는 범위를 말하며, 신경계의 질환 등의 검사항목으로서 측정된다. 그러나 심리학적인 행동공간에 있어서 시야의 정의는 일의적이 아닌 '눈앞의 일점을 주시했을 경우 주위에 보여지는 범위'라 하고 있어 약간 모호하게 해석된다.

시야는 주시점 부근에서 시각적인 눈의 움직임에 따라 변동되며 눈의 움직임이 증가하면 시야가 좁아지는 경향이 있다. 그 예로 자동차를 운전할 때 전방에 집중을 하게 되면 주위가 보이지 않게 되는 것이다.

이 외에 색상을 구분할 수 있는 범위를 과제로 하고 있는 '색시야(色視野)', 머리부분을 고정하고 안구의 움직임만을 허락하여 선명하게 보이는 범위의 '동안시야(動眼視野)' 등 상정하고 있는 상황에 따라서 시야를 정의내리고 있다.

시야는 정보처리 기능에 따라 중심시야와 주변시야로 크게 구분된다. 망막 중심부에는 색각을 주관하는 높은 해상도를 가져오는 추체세포가 집중적으로 분포하고 있으며, 주변부에는 밝기의 지각만 주관하는 낮은 해상도의 간체세포가 분포하고 있다.

이 주변시야에서 시각은 움직이는 시대상에 민감하게 반응하여 주시방향을 유도하는 기능을 한다.

우리들이 일상적으로 체험하고 있는 '시각세계'에는 경계뿐만 아니라 모든 방향이 명료하게 보인다. 이것은 주의로 향해질 방향과 확대를 필요로 함에 따라서 끊임없이 변화시키고 있는 시각계의 교묘한 메커니즘에 달려 있다.

시야는 특정한 목적을 갖는 행동에 필요로 하는 시각적인 정보수집이 가능한 범위이며 사람이 때에 따라서 어떠한 정보를 요구하고 있는가에 의해 시시각각으로 변화한다.

(오오노 류우조 大野隆造)

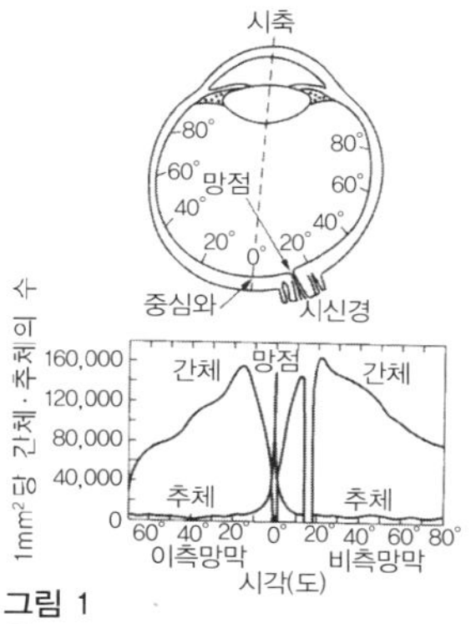

그림 1
왼쪽 눈의 수평단면(상)과 그 망막위치에 대응한 간체, 추체의 분포밀도(하)
(Pirenne, 1967)

그림 2
중앙을 의심할 경우 주변 시야상의 어느 문자도 동일하게 읽을 수 있는 문자차트의 예(실제 차트의 축척은 다르다)
(Anstis, 1974)

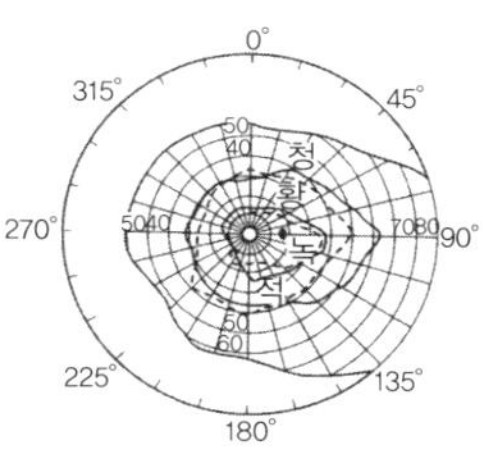

그림 3
색각이 미치는 시야의 범위
(Committee on Colorimetry, Optical Society of America)
(1963)

가시(可視) · 불가시(不可視)

visible/invisible

공간 내의 어느 시점에서 보려고 하면 볼 수 있는 범위를 가시영역이라고 한다.

장애물이 없는 평평한 평원과 넓은 바다에서 시점의 높이에 따라 볼 수 있는 범위가 정해진다. 두 다리로 직립할 수 있게 된 인류의 우위성은 넓은 가시영역에서 얻을 수 있는 높은 시점의 획득이라고 말할 수 있다.

그러나 실제로 토지의 변화나 수목, 건물 등의 장애물로 인해 주위를 둘러볼 때의 가시, 불가시영역의 분포는 단순하지 않다.

히구치 타다히코는 지형의 요철에 의해서 생기는 가시, 불가시 영역이 경관을 생각하는 데 가장 기본적인 지표이며 항공사진, 혹은 등고선 지도에서 그 분포를 보여주는 방법으로 나타내고 있다. 경관상 바람직하지 않은 시설의 계획에서는 도로를 가는 운전자의 시점으로부터의 가시, 불가시의 판정이 그 입지선정의 기준이 될 수 있다.

모로즈미 미츠오 등은 현재 있는 지점으로부터의 가시영역을 생각하는 것과는 반대로 조카마치(城下町)[3]의 성 등 도시의 심벌적인 경계표지가 보이는 시점의 영역을 생각하여 그것이 시가지의 대규모 건축물 건설에 의해서 어떻게 변화할까를 논하고 있다.

이것은 특정의 대상에 대한 경관적인 가능성을 지도상에 표현하는 방법으로서 흥미롭다.

건축의 내부공간에 관하여 M. 베네딕트가 아이소비스트(isovist)라고 부르는 지표에 의해서 가시영역을 나타내며, 시점의 이동에 의한 변화나 다수의 시점에 있어서 계측량의 분포에 의한 공간의 특징 기술을 제안하고 있다. (오오노 류우조 大野隆造)

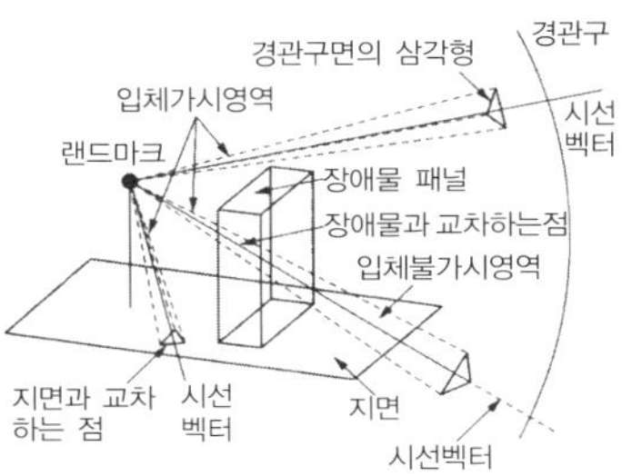

그림 1 입체불가시영역 산정의 사고방식

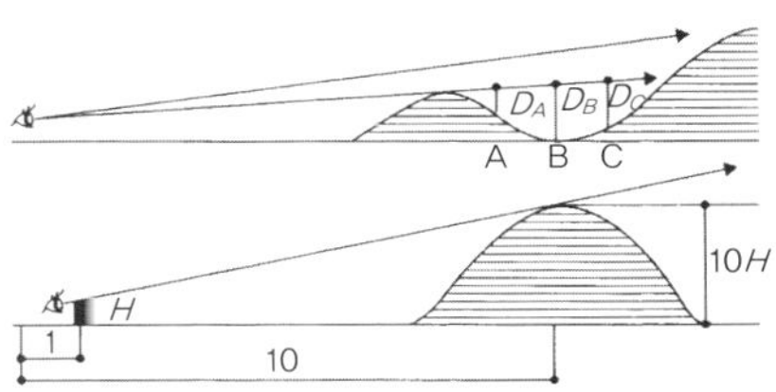

그림 2
지형 요철에 의한 불가시 심도도(히구치)

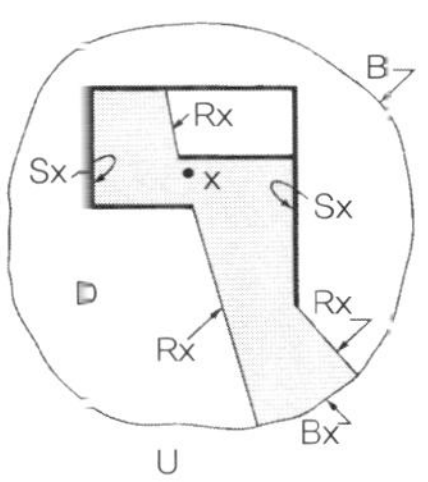

그림 3
아이소비스트에 의한 실내공간의 특징 기술 (해칭부분은 시점 X로부터의 가시 아이소비스트)

3) 일본에서 무가시대(武家時代)에 다이묘[大名]의 거성(居城)을 중심으로 발달한 도시.

착시

visual illusion

일상적으로 행해지는 방법으로서의 '착각'은 심리적인 동요같이 어떠한 이유로 잘못 지각되는 것을 말하지만 심리학에서는 자극으로부터 예측되는 결과와 항상 어긋나 지각되어지는 정상적인 현상을 가리킨다. 시각에 대해서는 이것을 특히 '착시'라고 한다. 다양한 착시 도형이 디자인되고 있지만 그 원인을 통일적으로 설명하는 이론은 확립되어 있지 않다.

공간지각과 관련하는 착시로서 유명한 것에는 '에임즈의 비뚤어진 방'이 있다. 비뚤어진 방을 정해진 위치에 있는 엿보기 구멍으로 들여다보면, 직육면체의 방으로 보이고 그 중에 사람이 서 있는 위치에 따라서 거인이나 소인으로 보이는 것이다. 이것은 망막상을 기초로 일상적 경험으로부터 3차원 공간이 구축되는 증거로 여겨진다. 그러나 다른 곳으로 들여다보는 시점을 옮기면 곧바로 이 착시현상은 안보이게 된다. 이것은 특정의 장소로부터 들여다본다고 하는 한정된 시각정보로부터 생기는 특이한 현상에 지나지 않는다.

실제의 장면에서 체험되는 착시로는 완만하고 긴 내리막길 주변의 수목이 재배된 풍경에서 오르막으로 보이는 경우를 들 수 있다. 주의하지 않으면 자동차가 속도를 너무 내는 상황이 생긴다. 이것은 수직, 수평의 착시적인 틀이 중력방향을 느끼는 평형감각보다 우위에 있기 때문이다. 또, 건축물에서 착시를 고려한 예로서 파르테논 신전이나 일본의 신사 입구에 세운 문의 지붕에 휘어진 상태를 들 수 있다. 이것은 좌우에 길게 늘어난 수평선이 시야의 중심으로부터 멀어짐에 따라서 외측에 부풀어 오른 것처럼 보이는 경향을 보정하려 한 것이라고 설명되고 있다.

(오오노 류우조 大野隆造)

그림 2 주위의 풍경으로부터 기울기가 반대로 지각되는 심양고개. 관광지가 되어 있다.

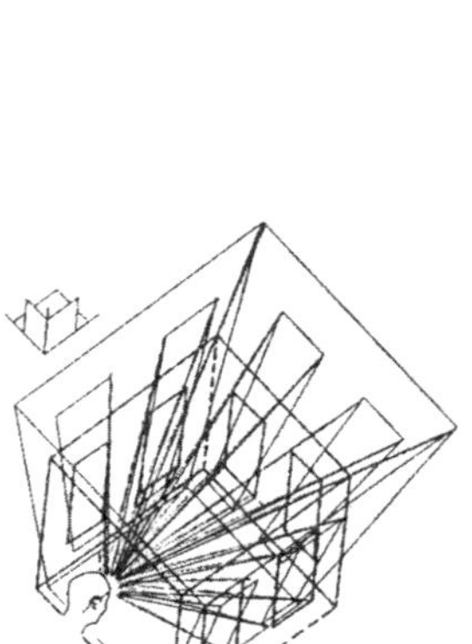

그림 1 에임즈의 비뚤어진 방

그림 3 파르테논 신전의 기단과 코니스는 중앙부를 들어 올림으로 인해 수평으로 보인다.

거리 지각

distance perception

거리를 문자 그대로 기하 수학적인 의미로 해석하면, 보고 있는 대상과 눈을 연결하는 직선의 길이로 그 자체를 직접 볼 수 없다. 그러나 우리가 특별히 의식하지 않아도 보고 있는 대상까지의 거리를 판단할 수 있다.

특히 근처에 있는 대상에 대해서 눈의 초점 조절이나 안구를 안쪽으로 향하는 복주(두 눈의 주시선(注視線)이 눈앞의 한 점으로 모이는 일)에 사용되는 외안근 등의 긴장이나 양 눈 시차에 의해서 거리가 지각된다. 그러나 먼 곳을 보는 상황에서는 이러한 기능은 효과가 없어져 망막의 시각상의 정보로 의존하게 된다.

인간의 모습 등 잘 알고 있는 대상에 대해서는 외관의 크기로 거리를 추정할 수 있다. 그러나 하늘을 나는 비행기까지의 거리를 읽는 것은 어렵다고 말하지만 이러한 상황은 예외적이며 눈으로 보이는 많은 대상은 지상에 있으며 지면에는 어떤 재질감이 있다. J. 깁슨이 '거리는 공중을 지나지 않고 지면을 따라서 펴지고 있는 것'이라고 한 것처럼, 관찰자의 발밑으로부터 대상까지 서서히 멀어지는 것에 따라 감소하는 재질감의 밀도, 구배나 폭, 굴곡 수, 목적지점의 가시성 등의 요인이 보고되고 있다. 그러한 원인으로는 신체적 부하, 정경의 유동속도, 정보처리 부하 등을 생각할 수 있다.

도시 내의 두 지점 간의 거리라고 하는 광역의 이동에 수반하는 거리감각은 인지지도와 실제의 지도와의 '일그러짐'으로써 논해지는 거리 지각의 일종이지단 거리 인지로서 구별되는 경우도 있다. (오오노 류우조 大野隆造)

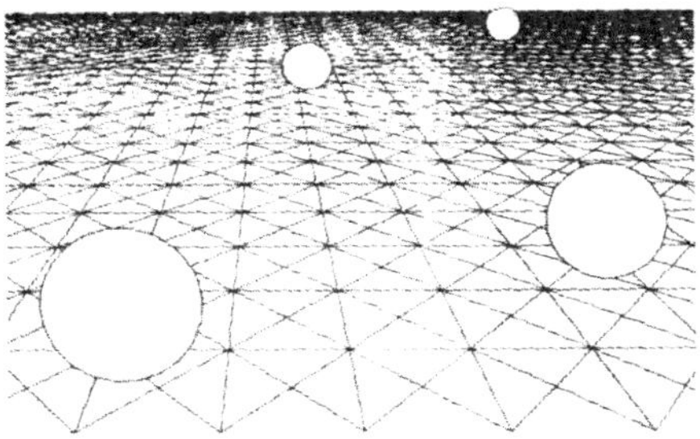

그림 1 텍스처의 밀도구배 (U. 나이서, 1975)

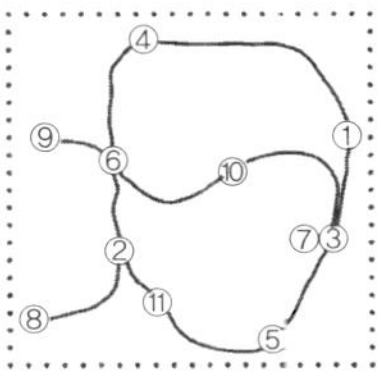

(a)
거리 추정으로 얻은 동경지도

(b)
실제 동경지도

그림 2 인지적인 거리의 일그러짐

1

지각

오행 지각

depth perception

오행 지각이란 건축에서 안길이 지각이라고도 하며, 깊이 인식과 같은 거리감을 나타내는 말이다. 3차원의 공간이 2차원적인 망막상을 통해 어떻게 지각되는가 하는 의문은 지각 심리학상의 문제였다. 종래의 생각은 2차원적인 망막상에 안길이 방향에 대한 어떠한 경험적인 해석이 더해져 3차원 공간이 구축되어 지각된다고 하는 것으로 선, 원근법 등 여러 가지 원근법이 안길이 지각을 가능하게 하는 '단서'로서 제안되어 왔다.

이것에 대해서 심리학자 J. 깁슨은 정지한 망막상(snapshot.비전)으로부터 출발하는 논의 자체가 무의미하다고 생각하고 3차원의 지각은 망막상 안의 '단서'에 근거하고 해석이 더해져 성립하는 것이 아니라, 인간이 망막을 자극하는 감각적 인상과 실제로 보이는 것을 구분하는 다른 감각원에서 받아들이는 자료가 시야의 수정에 관계하고 있기 때문이라 하였다.

대상이나 시점으로부터 이동하거나 주변 환경의 관찰조건이 변화하면 시각상이 외관상 변화하지만 일정한 법칙을 따른다. 예를 들어, 어느 3차원 물체를 회전했을 때, 그 2차원 평면의 투영인 망막상의 변화는 기하학적인 아핀변환4)이 되고 있다. 이러한 시각상의 변화(광학적 유동) 안에 있어 변화하지 않는 구조를 깁슨은 불변항이라고 불렀으며, 이것을 추출하는 것에 의해서 3차원 지각이 성립한다고 하였다. 앞에서 기술한 예에서는 아핀변환으로부터 일탈하지 않는 시각상의 변화로부터 시대상 자체가 변형하고 있는 것이 아니라, 3차원 형상이 회전하고 있으며 지각된다.

(오오노 류우조 大野隆造)

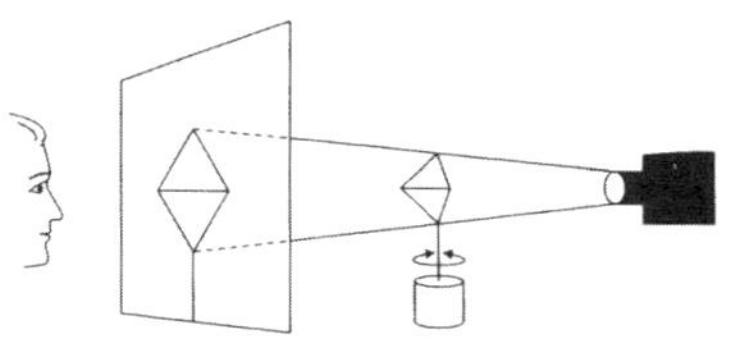

회전하는 대상(접어 구부러진 철사)의 3차원적 형상이 그 2차원적인 실루엣의 연속적 변화의 입체적으로 지각되는 실험의 예(나이서, 1975)

그림 1 운동에 의한 안길이 효과

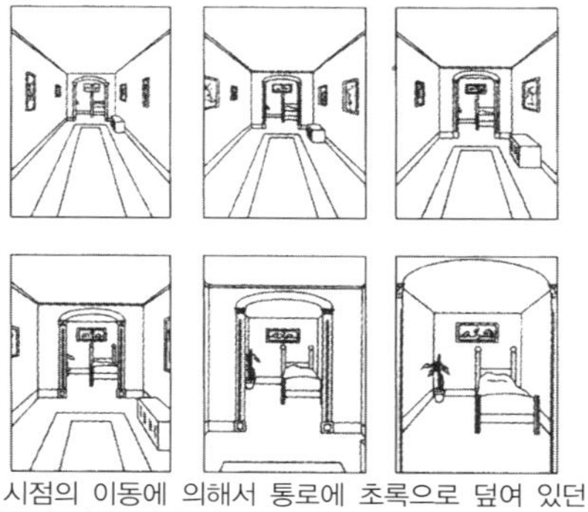

시점의 이동에 의해서 통로에 초록으로 덮여 있던 안쪽의 방의 벽이 차례차례 시야에 들어온다. 시각상으로 초록으로부터 새로운 광패턴이 흘러나오는 것으로 통로의 위치 등 공간구성이 지각된다.(깁슨, 1966)

그림 2 지동에 수반하는 패턴의 변화

4) 일반적으로 평면 위의 임의의 직선좌표계에 관하여 $x' = a_1 x + b_1 y + c_1$ $y' = a_2 x + b_2 y + c_2 \ (a_1 b_2 - a_2 b_1 \neq 0)$라는 꼴의 1차식으로 나타내어진다. 의사변환(擬似變換)이라고도 한다. 일반적으로 n차원 공간에서 점대응 $(x_1, x_2, \ldots, x_n) \rightarrow (y_1, y_2, \ldots, y_n)$ 이 1차식인 꼴로 나타내어질 때, 이 대응을 아핀변환이라고 한다.
즉, n차원 공간이 1차식으로 나타내어지는 점대응(點對應) $(x, y) \rightarrow (x', y')$을 말한다.

게슈탈트

configuration (상대적 배치)

게슈탈트는 독일어의 Gestalt로부터 온 말이며, 형태, 모습을 의미한다. 프랑스어에서는 forme, 일본어에서는 형태라고 번역되지만 모두 정확한 번역은 아니다.

게슈탈트에는 구조라든지 체제라고 하는 의미가 포함되어 있는 정리나 구조를 의미하며, 요소에 분할할 수 없는 요소의 총화를 넘은 것을 가리킨다.

요소 심리학에서는 모든 심리 사상은 요소의 총화[5]로부터 된다고 하는 입장인데 반해서, 1912년 독일의 심리학자 웨르트하이머에 의해 시작되었다고 말할 수 있는 형태 심리학은 요소 등의 부분에 대하여 전체의 우위성을 주창하며 부분의 성질은 전체의 구조에 달라진다라고 하는 입장을 취하고 있다.

요소로 분해하지 못하고 요소의 총화 이상의 정리나 구조를 가지는 것을 게슈탈트 성질이라고 한다. 게슈탈트 성질에는 ① 개개 요소의 총화가 전체인 것의 성질에 동일하지 않은(전체성), ② 시율과 같이 소리 전체가 이조(조 옮김)하여 고음이 되거나 저음이 되어도 전체 시율의 느낌은 거의 같다(이조 가능성)라고 하는 2개의 성질이 있다.

시지각에 있어서의 형태의 정리 요인(게슈탈트 요인)으로서 a. 근접, b. 동종, c. 폐합, d. 좋은 연속, e. 좋은 형태, f. 시머트리, g. 같은 폭, h. 나뉘어 떨어짐, I. 공통운명, j. 객관적 태도, k. 경험이 있다. 게슈탈트 심리학은 한편으로 감정이입 이론을 비판하면서 이른바 '미적인' 혹은 '정서적인' 성질(유쾌함, 우아함, 엄숙함 등)은 우리가 대상을 향해 투사하는 것이 아니라 대상을 통해 직접 지각하는 것이라고 설명한다. 이러한 게슈탈트 요인은 '형태가 통합을 가지는 것은 전체가 간결하고 질서 있는 좋은 형태가 되는 경향에 있다.'라고 하는 프레그넌트의 법칙을 구체적으로 나타내 보인 것이다. (마츠모토 나오시 松本直司)

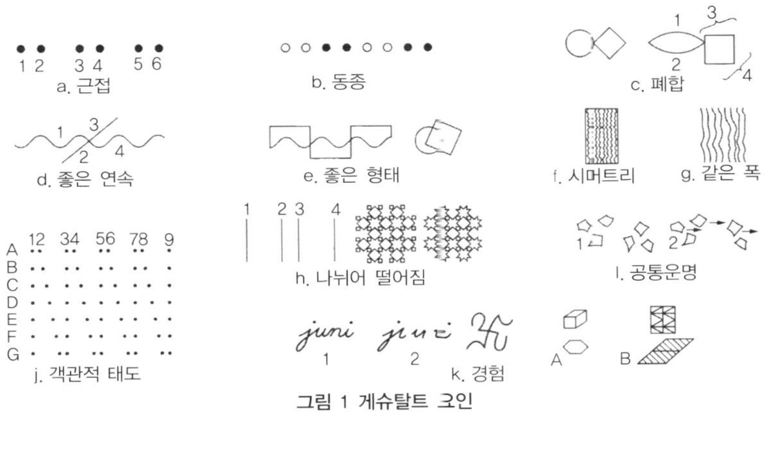

그림 1 게슈탈트 코인

5) 각 부의 지출 총계

그림과 땅(도형과 배경)

figure-ground

형태심리학의 기초 개념으로, 도형 형성의 법칙으로 주목받아 돋보이는 부분을 '그림', 그 배경이 되는 부분을 '땅'이라고 한다. 주로 시지각에 있어서의 도형의 특색을 나타내는 것이지만, 지각 전반으로 이용되기도 한다.

이 성질은 2가지의 영역이 존재할 경우에 그림과 땅의 분화가 일어난다. 그림과 땅에 분화한 2가지의 영역에는 휘도 차이가 있어 윤곽선으로 구획될 수 있다. 그림이 되는 영역은 형태가 확실하여 윤곽선은 그림에 속한다. 그림은 땅의 앞에 떠올라 보이며 땅은 그 배후에 퍼져 보인다. 그림은 형태가 있는 물체로, 땅은 재질로서의 성격을 띠고 있다.

그림이 되기 쉬운 점으로는 몇 개의 법칙이 있다. 수평 혹은 수직의 긴 형태는 경사방향에 긴 형태보다 그림이 되기 쉽다. 아래로부터 성장한 형태는 위로부터 처진 형태보다 그림이 되기 쉽다. 대칭인 형태는 비대칭적인 형태보다 그림이 되기 쉽다. 주위에 비해서 명도의 차이가 큰 형태는 그림이 되기 쉽다.

도형 안의 2가지의 형태는 그러한 형태의 그림이 되기 쉬움의 정도가 비슷하여 그림으로서 지각되거나 땅으로서 지각된다. 이것을 도형과 배경의 반전이라고 한다. 덴마크의 심리학자 루빈은 1915년에 시각에 있어서 땅의 역학 관계의 연구로 '잔의 그림'이라고 일컫는 서로 마주 보는 소녀의 얼굴 혹은 잔으로 보이는 반전 도형을 발표하였다.

일반의 도형에서는 그림과 땅의 결정에 많은 요인이 관여하고 있기 때문에 반전하는 것은 적다. 그림과 땅의 반전에는 두 가지 도형이 교대로 나타나며, 한쪽이 나타나면 다른 한쪽은 나타나지 않는 특성을 가지고 있다. (마츠모토 나오시 松本直司)

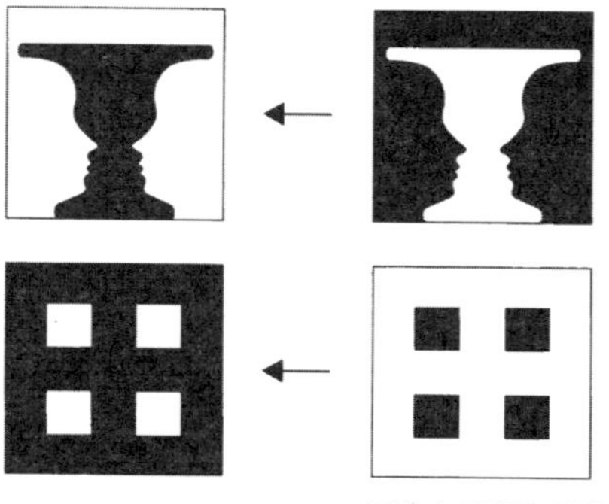

에드거 루빈의 '잔의 그림'의 흑백을 역전하고, 건축의 '야경'과 '주경'이라는 관계를 비교해 보면, 투과성이 있는 근대건축에 대해 '그림'과 '땅'의 역전이 일어날 수 있다. 신주쿠의 야경에 대해 100m의 지점에서 100m마다 지점을 결정해 관찰해 보면, 800m 근처에서 이러한 현상이 일어나는 것 같다.

그림 1 야경과 주경, '그림'과 '땅'의 역전

패턴

pattern

패턴은 형태, 모양, 디자인, 형상, 천 등의 견본 형지(型紙)[6] 등을 가리키는 말로 일상적으로 사용되고 있다. 그러나 사람이 무엇을 패턴으로서 보거나 듣는가에 대해서 정해져 있는 것은 아니다.

지각은 시각이나 청각이라고 하는 감각이 있기 때문에 단지 자극을 수동적으로 받아들이는 과정이 아니고 주의나 기대의 해석에 의해서 능동적으로 의미하고 있는 것을 앞당기는 과정인 것이다. 형태심리학은 이러한 결정된 형태에 정돈하는 기능을 체제화라고 부르며 지적하였다.

그러나 능동적이라 해도 이 과정은 의식되지 않고 수행되는 것이 많아 의도적으로 제어하는 것은 어렵다. 더욱이 의미하고 있는 것으로서 지각되는 패턴은 새롭게 알아내거나 익숙해져서 깨닫지 못하게 되는 등 변화되어 가는 것이다.

U. 나이서는 이러한 과정을 과거의 경험으로부터 만들어진 '스키마[7]'의 예측에 의해서 세계가 탐색되어 의미하고 있는 것이 출현되고, 그것이 또 스키마를 수정해 나가는 지각의 사이클이라고 지적하고 있다.

최근의 건축설계에는 시각적 패턴이 뜻하지 않게 변화하고 움직여 지각되는 현상을 효과적으로 이용하고 있는 예를 볼 수 있다. 유리나 다양한 펀칭 소재, 소재의 인쇄기술, 조명기법 등을 구사하여 안정되고 흔들리지 않는 상징으로 여겨져 온 건축을 다양한 모습으로 변화시키는 것이다. (히이로 다라오 日色真帆)

그림 2 루이비통 마츠야 긴자점/아오키 쥰

그림 1 창호 패턴으로 무아레 효과[8]를 만들어내고 있다
(좌) (바젤) / 헬츠어크 & 드 무론

6) 본이 되는 종이

7) '세마'와 유사한 용어로 사용되며 모두 사물의 범주로 그 사물이 나타나는 주요 특징들을 기술하는 일종의 정신적 초벌그림이다.

8) 사진 인쇄에서 망판이 포개졌을 때 간섭으로 생기는 무늬.

PN-스페이스

PN-space

PN-스페이스는 건축가 아시하라 요시노부가 제창한 개념으로 외부공간에서 단지 실체가 없는 건축의 외측공간으로서가 아닌 구심적이고 적극적인 의미를 가지는 공간이 될 수 있도록 나타낸 것이다.

건축이나 구조물의 벽면으로부터 안쪽으로 향하여 급진성이 높은 공간을 적극적인 공간[9](positive space, P-스페이스), 외측으로 향하고 주위가 열려있어 경계가 확실치 않은 원심성이 높은 공간을 소극적 공간[10](Negative Space, N-스페이스)이라고 한다. P-스페이스가 적극성이 있어 충실하지만 N-스페이스는 음성적으로 소극적이다. N-스페이스와 P-스페이스는 서로 보완적이고, 대상 A와 B가 옆에 있으며 존재할 때 A가 B보다 적극적이면 A가 P-스페이스 B가 N-스페이스, B가 A보다 적극적이면 그 반대가 된다.

P-스페이스와 N-스페이스는 그림과 땅(도형과 배경) 같이 반전하는 경우가 있다. 또한, 2개의 영역이 존재하며 그러한 상호 관계에 의해 P와 N의 동료와 같은 동등한 공간이 그 사이에 생기는 경우도 있다. P와 N이라고도 할 수 없는 이러한 공간을 PN-스페이스라고 한다.

기본적으로는 건물의 내부공간이 P-스페이스이며 외부공간은 N-스페이스이다. 외부공간은 소극적인 면을 발산(發散)하고 있어 생활의 장소가 되기 어렵다. 광장이 발달되지 않은 일본의 외부공간은 N-스페이스가 되기 쉽다. 그러나 이탈리아와 같이 외부에 사람들이 모여 생활의 장소로서 이용되고 있으며 공간은 적극성을 나타내고 있다.

건축의 외부공간에 적극적인 의미를 부여하여 단순한 건물의 외측이 아닌 P-스페이스 혹은 PN-스페이스로서 적극성이 있는 생활의 장소로 활용하는 것이 중요하다.

(마츠모토 나오시 松本直司)

그림 1 가나자와시 문화 홀 / 아시하라 요시노부, 1982

그림 2 시에나의 캄포광장

9) 양성적 공간, 소재들로 채워진 공간, 공간은 디자인의 체재(format)이다.
10) 배경, 의미 없는 사물

형태

form

form은 형, 형상, 형태, 형식이다. 영어에서는 shape와 form, 형태에서는 model, pattern, type 등이 있다.

건축에서 형태라고 하는 경우 건축가의 작품에 대한 강한 의지와 스스로의 체험을 조화시키는 한편, 재구성하여 건물로서 형태의 실체를 나타낸 그 자체이다.

건축가의 기쿠다케 기요노리는 건축설계 단계로서 '연상'(image), '형'(type), '모습'(form)의 3단계를 제창하고 있다. '연상'은 본질적인 기술을 무엇에 사용할까의 단계(본질론적 단계), '형'은 형태의 기초와 배경의 단계(기술론적 단계), '모습'은 감각으로 밝혀질 단계(형태론적 단계)이다. '모습을 이해하려면 틀, 틀을 이해하려면 연상을 이해해야 한다.' '건축의 마음'이라고 말하고 있다.

이 생각은 L. 칸의 사유의 근간을 이루는 곳의 form(그것의 기초로 그 존재에 빼놓을 수 없는 본질), realization(자각 혹은 떠오르는 순간, 인스피레이션의 세계), design(생명의 영역으로부터 구체화하는 과정)과 대조하면 흥미롭다.

형태에 관련하는 말에는 형식과 양식이 있다. 형식은 개개의 것에 맞은 구체적인 외형이나 방법, 절차이다. 양식은 유사한 것에 공통되고 있는 형식이 추상화된 형태나 방법으로 건축 등의 작품에 있어서의 표현상의 일정한 형식인 형태만이 아니라 내용도 수반한다. 따라서 다른 사람들에게 모방되거나 후세에 전승되게 된다. (마츠모토 나오시 松本直司)

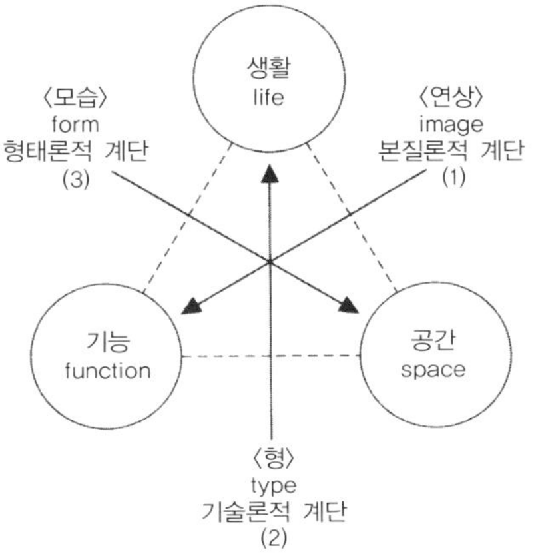

그림 1 연상, 틀, 모습의 설명도

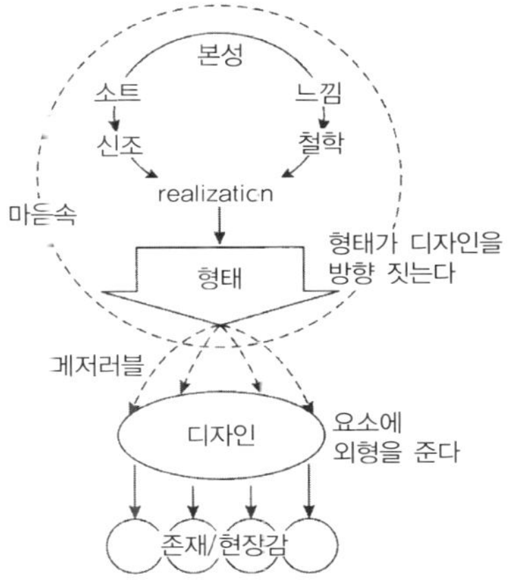

그림 2 형태와 디자인

습관

habituation

같은 자극이 반복되면 반응이 점점 약해지다가 마지막에는 없어진다. 이것을 습관이라고 한다. 습관은 학습의 일종이다. 예를 들어 주차를 할 경우, 익숙해지기 전까지 주차를 하는데 시간이 걸리나 몇 번을 반복하면 쉽게 할 수 있게 된다. 긴장하고 있었던 것이 회를 거듭함에 따라 편해지거나 능숙하게 해낼 수 있게 된다.

인간은 습관에 의해 평상시의 현상을 놓쳐 실패를 하는 일이 있다. 또한, 새롭게 다른 자극이 더해졌을 때에 그것을 놓치고 생각지도 않은 사고를 부르기도 한다.

습관과 닮은 말에는 순응과 피로가 있다. 습관은 반복하여 자극에 대해 일어나는 현상이며 순응이나 피로는 장시간 계속하는 자극에 대해서 일어나는 현상이다. 습관은 순응보다 시간이 길고 장시간 지속 가능하다. 의미가 없는 자극에 대해서는 반응을 일으키는 최소의 물리량을 올려 지각을 무시하는 능동적인 기능이며, 새롭게 다른 자극이 주어지거나 주의가 환기되면 해제현상이 일어난다. 다만 순응과 피로에는 그것이 없다.

지각내용을 조사하는 관능검사[11]는 격차가 있으며 재현성이 낮은 인간의 판단 정도를 높은 것으로 하기 위해서 실험을 반복해 실시하는 경우가 있다. 이때 다양한 심리적 오차가 생긴다.

심리적 오차에는 실험대상의 제시방법에 따라 생기는 오차나 인간의 생리기능을 원인으로 하는 오차가 있다. 또한 실험에 서투른 일, 너무 익숙해져 버린 것에 의한 오차가 있다.

익숙해진 것에 관련하여 초기효과, 연습효과, 습관의 오차가 있다. 초기효과는 익숙해지지 않기 때문에 일어난다. 처음 실험에서 피험자의 판단기준이 일정하지 않고 신중하게 되기 위해서 중용의 판단을 하는 경향이 있다.

연습효과는 연습을 함으로써 피험자의 판단능력이 오르는 것, 즉 학습효과라고도 할 수 있다.

습관의 오차는 처음에 응답한 것을 그대로 계속하는 경향이다. 자극이 조금씩 증가하거나 감소할 경우에 일어나기 쉽다. (마츠모토 나오시 松本直司)

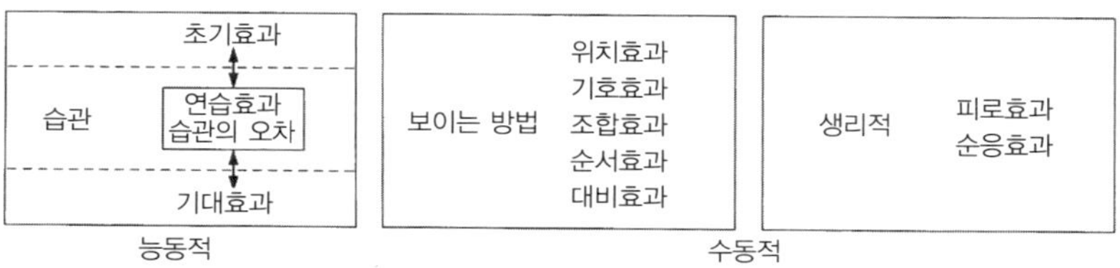

그림 1 관능검사에 있는 심리적 오차

11) 사람의 오감(五感)에 의하여 식료품, 향료, 주류 따위의 품질을 평가하는 일.

항상성

constancy

항상성은 지각대상이 환경이나 관계의 서로 다른 위치에 의해서 각각 다른 자극 내용이 되고 있음에도 불구하고 원래의 성질이 유지되어 지각되는 현상이다. 변화하는 자극이 다량으로 존재하더라도 환경을 안정된 것으로서 지각하는 성질이기 때문에 인간 인식의 변화가 적은 효과적이고 안정적인 현상이다.

크기의 항상성은 관찰 거리의 변화에 대하여 대상은 망막 상에서 크기가 변화하지만 지각되는 크기는 항상 일정하게 유지되는 성질이다. 깊이의 항상성은 크기의 항상성과 유사하지만 시선방향에 대해서 두 자극 간의 간격이 일정한 길이로 지각되는 성질이다. 거리의 항상성은 관찰자와 지각대상과의 거리를 문제로 하고 있다.

형태의 항상성은 지각대상을 시선방향으로 기울이면 망막 상의 형태는 뒤틀려가지만 지각한 형태 원래의 형태로 유지되는 성질이다.

그 외의 항상성으로 다음과 같은 것을 들 수 있다. 밝기의 항상성은 반사율이 동일한 면의 휘도와 조도에 비례해서 변화하지만, 면의 밝기에 대한 감은 휘도보다 반사율에 좌우되고 있는 것을 말한다. 색의 항상성은 색이 파장과 휘도로 정해지지만 유채색의 조명 아래에서도 지각되는 색상은 비교적 일정하여 백색광의 아래에서 물건에 가까운 것을 말하며, 속도의 항상성은 운동하고 있는 물체의 이동속도는 관찰자로부터 물체까지의 거리에 거의 반비례하지만 지각되는 속도는 거리에 관계없이 항상인 것을 말한다. 위치의 항상성은 이동하면서 보는 경치는 망막 상에서 이동하고 있는 것임에도 불구하고, 관찰자에게는 정지하고 있는 것처럼 보이는 것이다.

(마츠모토 나오시 松本直司)

그림 1 항상성의 종류

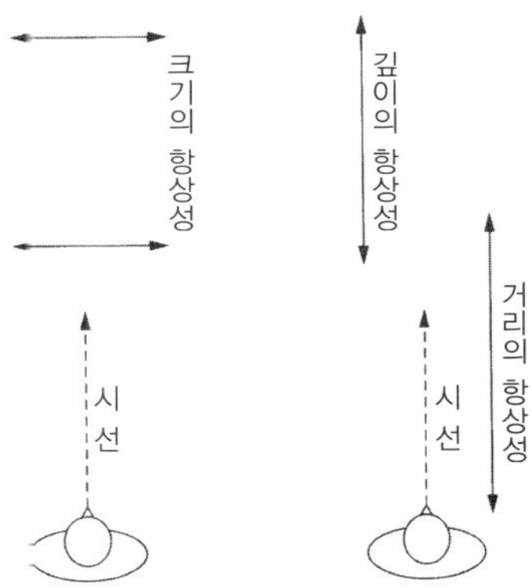

그림 2 크기, 깊이, 거리의 항상성

움직임

movement

밖의 경관이 문이나 창문 등의 개구부에 의해서 테두리가 생기면 구도적인 정리감이 생긴다. 이것을 '액자효과'라고 부르는데, 옛부터 조원(造園-또는 조경)방법의 하나로 되어 있지만 시점을 고정하지 않고 이동하는 경우에 어떻게 될지 생각해 보자.

건물의 내부에서 외부로 이동할 때 외부의 정경은 사람이 진행되는 것에 따라 건물의 출구부근의 벽이나 천장에 의해서 숨겨진 상태로부터 서서히 그 모습을 나타낸다. 이때 시야를 한정하고 있는 화연(차단 틀)으로부터 경관의 각 부분이 나타나는 모습은 출구 부근의 벽이나 천장의 공간적인 배치 · 구성에 따라 다르다.

예를 들어, 깊은 차양이 있으면 우선 좌우의 정경이 퍼지고 이후에 상부가 열려온다. 반대로 칸막이 역할의 좁은 벽이 양측에 있으면 이번에는 위쪽이 먼저 열려온다. 이러한 외부의 정경이 서서히 나타나는 장면으로서, 역사에서 역전에 먹을 것이 있을 것이라 생각하고 역전으로 나오는 경우가 있는데 특히, 처음 방문하는 거리의 역에 도착한 방문자에게 있어서 거리와 만나는 공간체험이 그 거리의 인상을 형성하는 데 영향을 준다고 생각할 수 있다. 그림 2는 이 효과를 확인하기 위해 시뮬레이션 실험으로 사용한 영상이다. 실험으로부터 가림초록의 움직임의 빠른 부분에 시선이 유도되는 것, 또 인상이 변화하는 경우가 있다는 것이 확인되었다.

S. 카프란은 자연경관에서 모든 것을 바라볼 수 없이 숨겨진 부분이 있는 상황을 선호하는 경관의 특징을 '미스터리'라고 불렀다. 숨겨진 부분은 그것에 대해 사람들이 탐색적인 흥미를 갖기 위해서이며 이것은 도시공간에서도 이동 중에 체험된다. (오오노 류우조 大野隆造)

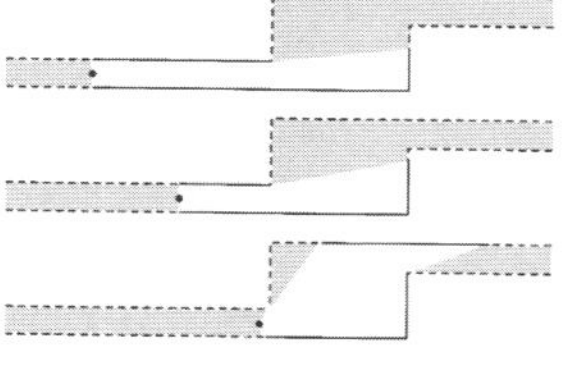

그림 1
시점의 이동에 수반해 차단 틀이 있는 곳에서 퍼지는 경치
(통로의 평면도)

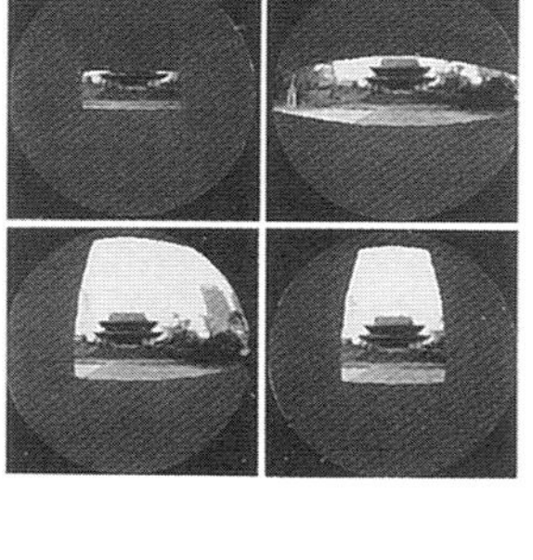

그림 2
건물의 출입구 회전의 구성에 의해서 변화하는 외부의 경치를 나타내는 방법

그림 3 캐나리 워프 지하철역(런던)

그림 4
요코하마 미나토미라이 21의 기차길

광학적 유동[12]

optical flow

심리학자 J. 깁슨은 관찰점에 대해서 주위의 공간구성면으로부터 반사하여 도달하는 빛의 분포를 주위 광배열이라고 부르고 사람의 시각적 경험을 논하기 위한 생태 광학의 기본적인 개념으로 하고 있다. 주위 광배열에는 바닥, 벽, 천장과 같은 큰 면적의 명암의 차이와 각 면에 포함되는 재질감의 미세한 명암패턴이 포함된다.

또한 깁슨은 환경 내부를 돌아다니는 것은 공간을 관찰하는 것이며 '우리들은 이동하기 위하여 지각할 필요가 있지만 동시에 지각하기 위해서 이동하는 것이 필요하다'라고 말하고 있다. 사람(관찰점)이 움직이는 것에 의해서 망막에 투영되는 포위광배열의 흐름(광학적 유동)은 터무니없는 것이 아니라 환경 본연의 자세와 일정한 관계를 유지하고 있다. 이것을 불변항이라고 부르고 이를 추출하는 것에 의해서 공간상태가 지각되는 것이다.

복도와 같은 내부공간을 이동할 때, 시점에서 본 측면 재질감의 유동속도로부터 그 복도의 폭이 지각되어 열차의 창으로부터 바라보는 경치는 각 부분의 유동속도의 차이로부터 거리를 측정할 수 있다. 또, 약간 특수한 예이지만 비행기의 파일럿이 활주로에 착륙하려고 할 때 지면의 재질감이 만들어 내는 광학적 유동이 시작되는 점(소점)이 자신의 진행방법을 가르쳐 준다.

이러한 특수한 예는 깁슨이 젊은 시절 공군 조종사 양성 훈련에 심리학자로 종사하고 있었다는 것을 생각하면 거기서의 실질적인 지각 연구에서 이 광학적 유동이나 불변항의 영감을 얻은 것을 시사하는 것으로서 흥미롭다.

(오오노 류우조 大野隆造)

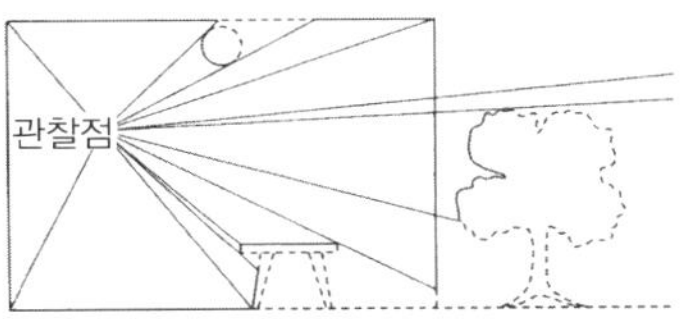

그림 1 창이 있는 방의 포위광배열(관찰점에 투영되는 면은 실선으로 나타나고 있다)

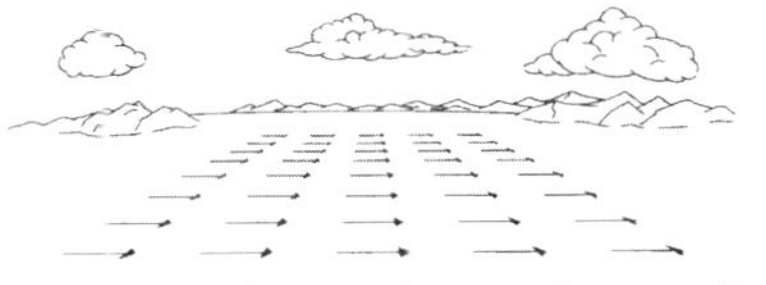

그림 3 이동할 방향에 대해 우측의 광학적 배열의 흐름

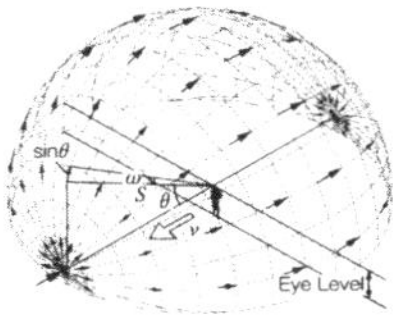

그림 2 속도 v로 이동하는 사람이 본 시 방향 θ의 거리 S에 있어서의 광학적 유동의 각속도 $\omega(\omega = v \cdot \sin\theta/S)$

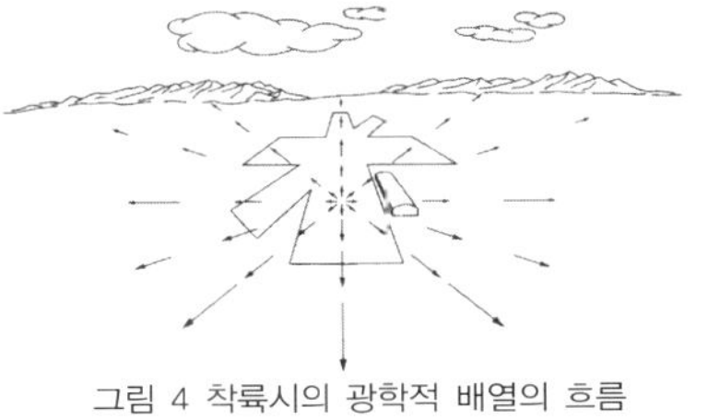

그림 4 착륙시의 광학적 배열의 흐름

12) 명도 유형을 서서히 변화시킴으로써 발생하는 화상에서의 명백한 움직임의 속도 분포.

감각

sensation

감각이란 시각, 청각, 후각, 미각, 피부감각(촉각, 압각, 온각, 냉각, 통각), 운동감각, 평형감각 등 감각 수용기에 대한 자극에 의해서 일으켜지는 흥분에 직접적으로 대응하는 주체적인 경험 및 그 과정 등을 말한다.

같은 종류의 용어로는 지각이 있다. 오늘날, 감각과 지각은 명확하게 구분하고 있지 않지만, 굳이 구별하자면 감각은 의미성, 감정, 의지, 기억, 과거의 체험, 인격, 사회환경 등의 영향이 적은 극히 단순화된 자극에 대응하는 경험이나 과정 등을 말하는 경우에 사용되는 것이 많고 지각의 기초 혹은 초기 단계를 가리키는 것이라 할 수 있다.

인간은 환경으로부터 다양한 감각에 의해 여러 가지 자극, 정보를 받아 환경과 서로 관계를 가지고 생활하고 있다.

환경은 인간을 둘러싸고 있고 인간에게 다양한 정보를 주고 있으며, 인간의 행동은 환경에 의해 영향을 받는다. 환경은 때에 따라서 직접 행동을 규제하기도 하고 의식하지 못하는 레벨로 영향을 주기도 한다.

즉, 인간과 환경은 다양한 레벨의 교환에 의해서 환경을 파악하고 생활하며 행동하고 있다.

건축공간은 3차원의 공간으로서 인간을 둘러싸고 환경을 만든다. 벽이나 바닥, 천장 등의 경계면은 우리들의 시선을 차단하여 행동을 한정하고 있으며, 감각을 가져오거나 어떠한 영향을 준다. 그것들은 여러 가지 환경과 인간 행동의 관계 안에서 인간 생활의 스케일에 대해 중요한 역할을 이루고 있다. 건축은 이러한 환경을 만들고 있다.

환경이 인간에게 주는 영향은 공간디자인에 의해서 관계될 수 있다. 공간이 바뀌면 인간에 대한 무엇인가가 바뀔 가능성이 있다. 그것을 개척해 요구하는 것이 공간디자인의 의의일 것이다.

따라서 우리들은 인간이 공간으로부터 어떠한 감각을 받는지를 이해할 필요가 있다.

(니시데 가즈히코 西出和彦)

방향감각

sense of direction

'나는 길을 잃기 쉽고 방향감각이 나쁘다.' 등과 같이 방향감각은 일반적으로는 길을 기억하거나 찾거나 하는 능력 전반을 가리켜서 사용된다. 이 경우 자신의 위치나 진행방향을 파악하는 능력에 가세하여 표적이나 경치를 정확하게 기억하는 능력이나 지도를 올바르게 읽어내는 기술이라고 하는 것까지 암묵적으로 포함되어 있는 경우가 많다. 그러나 학술적으로는 한정된 범위에서 공간을 이동할 때에 자신의 위치나 방향을 특정하기 위한 의식이라고 하고 있다.

방향감각에는 '방향치'라고 하는 말이 있듯이, 사람에 의해서 큰 차이가 있는 것으로 알려져 있다. 심리학에서는 방향감각이 좋고, 좋지 않음을 측정하는 여러 가지 질문지가 개발되고 있다. 그 결과 성별이나 성격, 3차원 도형을 이해하는 능력 등의 관계를 조사하는 많은 연구가 이루어지고 있다.

한편, 방향감각은 공간이 만들어지는 방법에도 크게 영향을 받는다. 복잡하게 꺾어진 가로길이나 전망에 속하지 않는 균질한 지하공간에서 방향감각을 쉽게 잃어버리는 것을 일상적으로 경험한다. 또, 계단이나 엘리베이터 등의 상하방향의 이동이 방향감각을 잃는 요인이 되는 일도 밝혀지고 있다.

최근 건축물의 거대화, 복합화가 진행되면서 방향감각을 잃기 쉬운 공간이 증가하고 있다고 말할 수 있지만, 그러한 공간은 사람의 불안이나 스트레스를 증대할 뿐만 아니라 비상시 피난경로의 파악이 곤란해져 위험하기도 하다. 평면 형상을 계획하여 구멍이나 창 등을 유효하게 배치하는 것으로 일정한 방향감각을 잃지 않고 유지할 수 있는 공간 만들기에 유의해야 할 것이다.

(소에다 마사시 添田昌志)

그림 1 전망이 들지 않고 복잡하게 꺾어진 지하통로에서는 방향감각을 잃는다. (지하철역 구내)

그림 2 천장의 구배가 공간에 방향성을 주어 넓은 건물 안에서도 방향감각을 잃지 않는다.(상하이 포동국제공항 출발 로비)

D/H

지상에서 건축물 등을 보는 방법이나 건축물 등에 의한 외부공간이 둘러싸이는 것을 나타내는 지표로서 이용되는 것으로, 보는 대상물의 높이(엄밀하게는 시점의 높이와의 차이) H에 대한 시점으로부터 대상물까지의 수평거리 D의 비이다.

인간의 눈의 중심와(fovea)[13]로 불리는 색이나 형태의 변별력이 높아 보이는 부분의 시각이 약 1~3° 정도인 것, 시야가 한정되어 있는 것, 눈이나 머리의 움직이기 쉬운 것 등 대상이 보이는 방법에는 그 크기와 거리가 관계하고 있다.

근처에서 건축물을 바라볼 때 대상이 비교적 큰 경우, 시야의 중심와를 관여하는 대상으로 보는 것이 아니라, 주변 또는 눈이나 머리를 움직여 바라보는 형태가 되어 앙각(仰角), 즉 D/H가 건물의 보이는 방법과 크게 관계한다.

메르텐스는 D/H에 의해서 건물이 보이는 방법의 변화를 단계화하였다(그림 1).

가로, 골목, 광장, 안뜰 등 복수의 건물에 둘러싸인 공간의 해방감이나 폐쇄감 등은 그 공간의 단면방향의 비례에 관련한다.

수평거리 D를 광장이나 가로의 폭에 옮겨놓고 H를 건축물의 외관의 높이로서 D/H를 적용시키면, 그 외부공간의 분위기를 기술할 수 있다. (니시데 가즈히코 西出和彦)

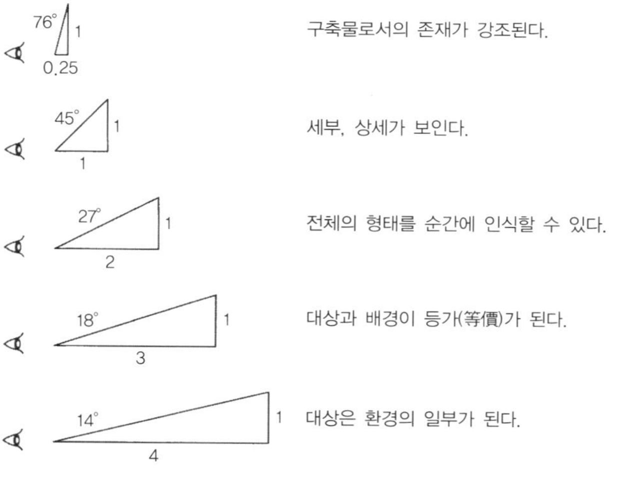

그림 1 D/H와 건물의 보이는 방법(메르텐스의 논리)

13) 中心窩(fovea) – 추상체의 밀도가 높고 시력이나 색각이 모두 좋으며, 물체를 볼 때 가장 많이 사용되는 안저(眼底) 중앙의 약간 움푹 패인 부분.

재질감

texture

재질감이란 재료 표면의 시각적인 색상과 밝기를 가진 불균질과 촉각적인 압각의 강 · 약에서 느끼는 요철에 의한 부분적인 변화를 전체적으로 파악한 대상의 특징, 재질감각, 효과를 말한다.

재질감은 건축을 만드는 입장에서 내 · 외부공간의 형태를 만드는 표면을 어떠한 소재로 어떻게 마무리해야 하는가에 관련된 것으로 형태나 색채와 함께 중요한 조형요소이다.

그것뿐만 아니라 재질감이 없는 완전히 균질인 색과 밝기의 표면에 둘러싸인 공간에서는 마치 안개 속에 있는 것처럼 바닥이나 벽이 어디에 있고 어떠한 크기의 공간이며 어떠한 형상인가 하는 공간적인 확대를 느낄 수 없다. 따라서 재질감을 지각할 수 없는 표면은 그 위치를 정할 수 없는 것이다.

그 둘러싸는 면에 재질감을 주어 가까운 시간 안에 바닥, 벽, 천장이라고 하는 공간을 한정하는 표면을 알게 되고, 그것들에 의해서 둘러싸여 있는 공간이라는 것을 알 수 있으며 그러한 표면의 위치나 기울기, 형상, 공간적인 차이의 유무도 지각할 수 있는 것이다.

공간의 3차원적인 깊이도 거리가 멀어짐에 따라서 재질감 요소의 밀도가 서서히 변화하는 것을 느낄 수 있다.

이와 같이 재질감은 공간을 구성하는 표면의 지각에 대해 기본적인 역할을 이루고 있다.

건축공간이란 바닥이나 벽, 천장 등 인간의 행동을 한정하는 표면을 구성하여 만들어지는 것이다.

재질감은 지각하는 것에 의해서 표면의 위치나 형상, 공간구성 등을 파악할 수 있으며 우리는 공간 내에서 어떻게 행동할 수 있을까를 판단할 수 있다.

따라서 재질감이 있기 때문에 인간은 공간을 파악하여 그 안에서 자유롭게 행동할 수 있는 것이다.

공간디자이너가 인간 행동의 장소가 되는 공간을 만들어 그곳이 디자이너의 의도한 공간이 되기 위해서는 재질감이 없으면 안 되는 것이다. (니시데 가즈히코 西出和彦)

2 감각

질감

impression of materials

공간을 구성하고 있는 재료에는 나무, 돌, 철, 유리, 알루미늄 등 여러 가지 종류가 있다. 그리고 각각의 재료에 대해서 '차갑고 딱딱할 것 같다' 또는 '철이지만 따뜻해 보인다'라고 느낀다.

재료의 색, 재질감, 광택 등의 차이에서 사람이 받는 느낌을 '질감'이라고 한다. 즉, 그 재료의 재료다움을 느끼는 것이다. 특히 옷감에 대해서는 '감촉'이라고 하는 매력적인 말이 있다. 어린아이에게 여러 가지 색, 재질, 형상, 용도가 다른 것을 주어 분류시키면, 우선 재질에 의해서 분류한다고 한다. 이와 같이 질감은 물건과 인간과의 관계에 있어서 가장 기본적인 감각이라고 말할 수 있다.

건축재료에 대해서 오오노 류우조(大野隆造) 등은 소재의 물리적 성질이 아닌 감각적인 질감에 근거하는 분류를 시도하고 있다.

그림 1에서 보여지듯이 '철', '돌' 등의 재료를 나타내는 명칭에 의해서 환기되는 인상을 '따뜻하다–차갑다'라는 형용사로 평가되는 SD법에 따라 평가성 인자, 시각적 인자, 촉각적 인자로 구성된 3차원의 척도로 분류하고 있다.

또한, 각각의 재료에 대해서 질감만이 아니라 길이나 거리풍경, 숲과 같이 많은 재료에 의해서 구성되어 있는 풍경으로부터 받는 느낌도 아키야마 사다토(穐山貞登)는 '공간의 질감'이라고 부르고 있다. 그림 2는 좌우가 다른 질감을 가지는 풍경의 예이다. 오피스 빌딩이 나란히 서 있는 오른쪽에는 딱딱한 질감이 느껴지고 수양버들나무가 있는 왼쪽에는 부드러운 질감이 느껴진다.

(고바야시 미키 小林美紀)

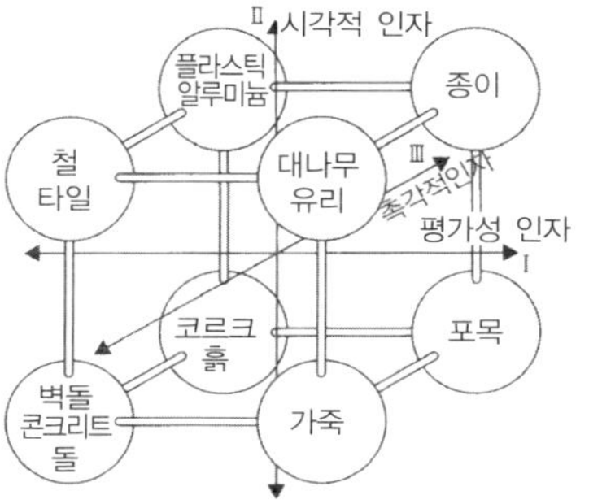

그림 1 건축재료의 소재감에 의한 분류

그림 2 좌우의 기슭에서 다른 질감을 가지는 풍경

색채

color

색채는 빛의 자극에 의한 시각계의 감각이다.

색채에는 물체 표면에 있는 부분의 파장에 빛을 반사하는 물체색과 광원으로부터 출발하는 일정한 파장의 빛에 의한 광원색으로 크게 구분되지만, 디자인의 대상이 되는 것은 주로 물체색이라고 할 수 있다.

물체색이 보이는 방법에는 색상, 명도, 채도의 3속성으로 보인다. 색상은 빨강이나 파랑 등의 색조, 명도는 밝기, 채도는 선명함의 정도를 나타낸다.

색채는 인간에게 아름다움과 같은 여러 가지 감정을 일으킨다. 또, 재질감과 같이 공간, 지각에도 역할을 담당하고 있다. 그러므로 디자인에 있어서 매우 중요한 요소이다.

한편, 시대나 문화에 의해서 평가가 바뀌거나 사용목적이나 경우에 따라서 같은 색조차 평가가 완전히 바뀌기도 한다. 또한 기호나 개인차에 의한 것도 크게 나타난다. 색채가 인간에게 주는 효과를 일괄적으로 설명하는 것은 어렵다.

색채의 감정에 미치는 효과 가운데 온도감, 중량감, 거리감, 경연감 등은 비교적 누구나 같은 인상을 가지는 것이다. 한편으로 쾌 · 불쾌감이나 호 · 비호감과 같은 것은 개인차가 크다.

일반적으로 빨강이나 노랑은 따뜻하게 느껴지고(난색), 파랑이나 초록은 차갑게 느껴진다(한색). 난색은 가까이 있는 것처럼 보이고 한색은 멀리 있는 것처럼 보인다. 난색의 명도가 높은 색은 팽창해 보이고 한색의 명도가 낮은 색은 수축해 보인다. 밝은 색은 가볍고 어두운 색은 무겁게 느껴진다. 유목성은 무채색보다 유채색이 높고 저명도색보다 고명도색이 높으며, 저채도색보다 고채도색이 높다고 여겨진다.

같은 색채로도 면적에 의해 느껴지는 것이 달라서 면적이 커지면 실제보다 고명도, 고채도인 것처럼 느껴진다.

실제 보이기 쉬움도 각각의 유목성뿐만 아니라 주위의 색의 대비, 명도대비에 의한 영향이 크다.

색채는 예를 들어 빨강은 불이나 피 등을 연상시킨다든가, 정열을 나타내는 등의 심벌성을 가진다고 여겨진다. 그러나 이러한 것은 시대에 의해서도 변화하고 문화, 민족에 의해서도 다를 가능성이 있다는 것에 주의할 필요가 있다. (니시데 가즈히코 西出和彦)

빛과 어둠

light and darkness

건축공간에 있어서 빛은 가장 기초적이고 중요한 요소의 하나이다. 모든 형태와 공간은 빛 아래에 처음으로 모습을 나타내며 그 빛의 질에 의해 공간의 질이 규정된다. 물리적으로는 동일한 공간에서도 시간의 변천에 의한 빛의 변화로 인해 감각, 지각의 체험이 되는 공간이 크게 변화한다.

'빛과 어둠'은 '빛과 그림자'와 같이 동일 차원의 개념은 아니다. '그림과 땅'의 관계와 같이 차원을 달리하고 있다. 빛은 밝게 빛나는 '그림'으로서의 결정되는 질서, 코스모스의 이미지를 가지는 데 비해 어둠은 '땅'으로서 어둡고 알 수 없는 혼돈, 카오스의 이미지를 가진다. 이러한 이미지는 대단히 보편적이지만 현실에 감각, 지각되는 공간은 문화에 의한 차이도 있다. 예를 들어, 크리스트교 문화권에서의 빛은 그리스도 자신을 의미하며 로고스, 어둠을 쫓는 힘, 자애 등의 의미를 가진다. 이슬람교에서는 알라의 신, 불교에서는 진실과 해설도 의미하는 정도이다.

빛과 어둠에 관한 중요한 저술로 다니자키 준이치로(谷崎潤一郎)의 『음영예찬』[14]이 있다. 이 서적은 촛불과 같은 전통적 '빛'으로부터 전등이라고 하는 근대적 '조명'으로 교체된 쇼와(昭和)[15] 초기에 저술된 것으로 변환기에 있어서의 빛과 공간감각과의 관계를 기술하고 있다. 다니자키는 일본의 건축공간은 농밀한 어둠의 존재를 전제로 하여 그 어둠 안에 있는 듯한 빛과 그 빛이 자아내는 음영에 특징이 있다고 생각하였다. 여기에는 '빛과 그림자'의 서양적인 공간에 대해 '불빛과 어둠'의 일본적인 신체감각의 공간이 대치되고 있다. (후쿠이 도루 福井 通)

그림 1 사원 가운데에 남는 어둠

그림 2 티베트 세라 절의 빛과 어둠

그림 3 로마 판테온의 빛

그림 4 파티푸르시크리 이슬람 건축의 빛

14) 일본의 근대문학의 대표작가인 다나자키 준이치로의 산문집 『음영예찬』은 국내에 한글로 번역되어 『그늘에 대하여』로 소개되어 있다.

15) 〈역사〉 일본 히로히토(裕仁) 시대의 연호(1926~1989).

휴먼 스케일

human scale

건축 · 도시공간은 인간생활의 장소가 되며, 그 스케일은 인간과 밀접하게 관계를 가지고 있다.

인체, 인간의 감각, 행동에 맞은 건축 · 도시공간의 크기, 혹은 그것을 실현, 측정하기 위한 인체, 인간의 감각, 행동에 근거하는 척도를 휴먼 스케일이라고 하며, 사람들은 오랜 경험의 축적에 의해서 그것을 얻어 왔다.

공간을 측정하는 척도와 인간은 깊은 관계가 있다. 동서고금을 불문하고 길이와 같은 단위는 인체 각 부위의 치수를 기준으로 하였다. 또한 인체는 아름다운 것으로 완전하지만 규범이나 해석으로서 파악할 수 있었다.

현대에는 합리성이나 기능 등에 기초를 두는 휴먼 스케일이 추구되어 인간공학 등에 기초를 두고 있고, 기능적으로 쾌적한 인체치수와 인체 주위의 공간 스케일이 요구되고 있다.

심리, 행동, 문화에 관련되는 것도 있다. 서로의 인간관계나 커뮤니케이션의 목적 등은 인간 간의 거리로 조절하고 있다.

또한, 타인이 너무 가까워서 불쾌하다고 느끼는 감각이나 상대의 표정을 보는 방법 등이 거리와 관계하고 있다.

이것들은 사람이 모이는 공간의 스케일을 생각하는 기초가 된다. 적절한 스케일이 아니면 사람이 만나는 장소로서 맞지 않고, 휴먼 스케일을 넘은 공간이 되어 버린다.

(니시데 가즈히코 西出和彦)

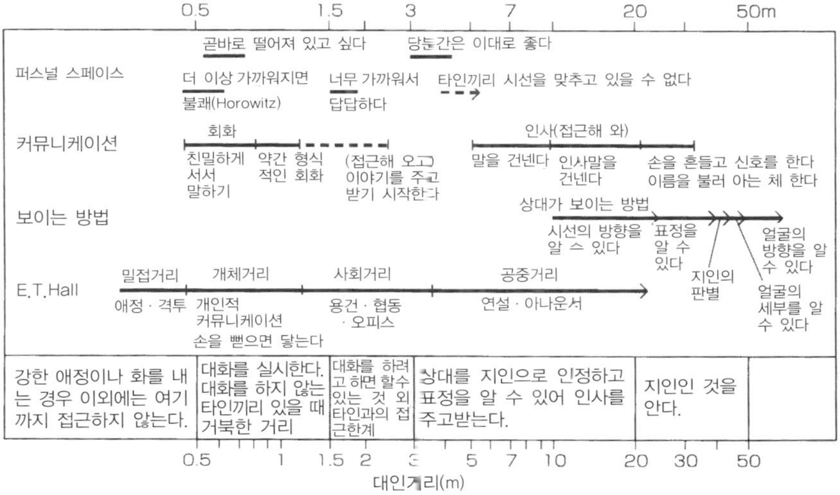

그림 1 대인 거리

개인적 공간

personal space

인간은 타인과 공유하면서 사회생활을 영위하고 있다. 그 중에서 다른 사람들에 대한 공간의 정의는 결코 무의미한 것이 아니다.

인간은 다른 인간과의 사이에 있는 어떤 종류의 공간·거리를 유지하며 개개인이 마치 눈에 보이지 않는 거품에 쌓이고 있는 것 같이 행동한다. 그러한 인간 개체의 주위에 타인을 들어오지 않게 하려는 보이지 않는 심리적인 영역을 퍼스널 스페이스라고 부른다.

개인적 공간은 개인에 대해 이동할 수 있는 것과 '영역(territory)'으로 구별되고 있다.

개인적 공간은 신체의 주변에서 타인이 가까이 올 경우 '거북하다'거나 너무 가까워서 '떨어지고 싶어지는 느낌'이 드는 영역으로서 실측되고 있다(그림 1)

그것은 반드시 구의 형태가 아니고 전방에 비해 옆쪽은 타인이 가까워져도 너그럽고 전방으로 계란형의 영역에서 나타난다. 게다가 행위, 성별, 친근함, 인간관계, 장면의 상황 등에 의해서 크기는 변화한다.

인간과의 거리는 서로의 인간관계나 커뮤니케이션 등의 목적에 의해 조절된다. E. T. 홀은 인간과의 거리를 취하는 방법 등의 공간 사용법이 그 자체가 커뮤니케이션으로서 기능을 가진다고 생각하여, 거리를 커뮤니케이션과 대응시키고 밀접, 고체, 사회, 공중의 4개의 거리대로 분류하였다. 또한 그것이 문화에 따라서 다르다고 하였다.

인체 주위의 눈에 보이지 않는 공간은 인간에게 있어서 중요한 역할을 하고 있다. R. 소마는 이러한 인간적 요인에 배려가 부족한 현대의 건축·도시공간을 비판하고 있다.

(니시데 가즈히코 西出和彦)

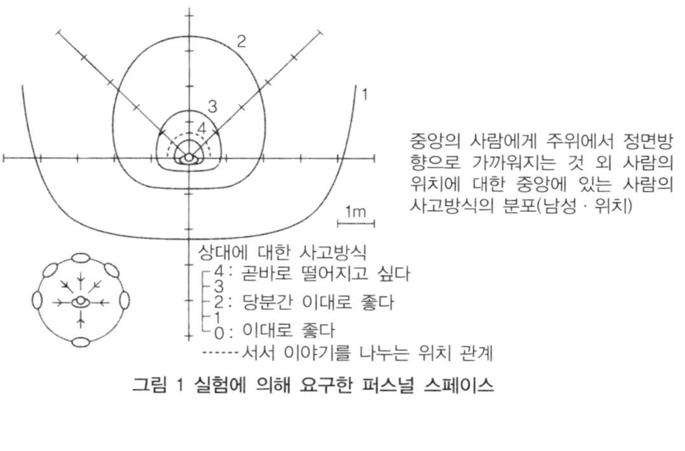

그림 1 실험에 의해 요구한 퍼스널 스페이스

밀도 · 혼잡

density/crowding

인간은 사회집단을 형성하고 도시와 같은 인간이 모이는 장소를 만든다. 그것은 때와 장소에 따라서는 매우 혼잡한 상황도 된다.

그 안에서 인간은 자신의 공간을 갖고 있다. 그것은 개인이 심리적으로 타인이 침입하지 않기를 바라는 퍼스널 스페이스나 자신의 세력권이라고 느끼는 공간영역(territory)이다. 이러한 눈에 보이지 않는 공간은 인간 생활에 중요한 역할을 한다.

그러나 사람이 많은 공간 안에서 가끔 개인의 공간을 침해한다. 그때 상황에 따라 필요하다고 느끼는 개인적인 공간이나 영역을 확보하지 않으면 사람은 혼잡하다고 느끼게 된다. 과도한 혼잡한 상태는 생리 · 심리적인 것뿐만 아니라 공기, 음식이나 온도, 습도 등의 환경조건에 손상되지 않더라도 개인의 공간이 강제적으로 침해되는 과밀상태가 계속되면 문제가 된다.

만원 전철에서는 1m²에 7명 정도 있는 상황에서 1시간이 한계라 하고, 이것을 경계로 생리적 조건은 급격하게 나빠진다.

이러한 고밀도는 일시적으로 성립되는 것이며, 혼잡함은 시간적인 요인도 같이 생각하지 않으면 안 된다.

또한, 공간의 형상이나 인간의 배치에 따라서 단순한 단위면적당 인원수로 나와 있는 밀도 이상의 혼잡함을 느낄 수도 있다. 밀도 · 혼잡함의 문제가 도시와 같은 스케일이 되면 시간적, 공간적으로 광범위하고 복잡하게 된다. (니시데 가즈히코 西出和彦)

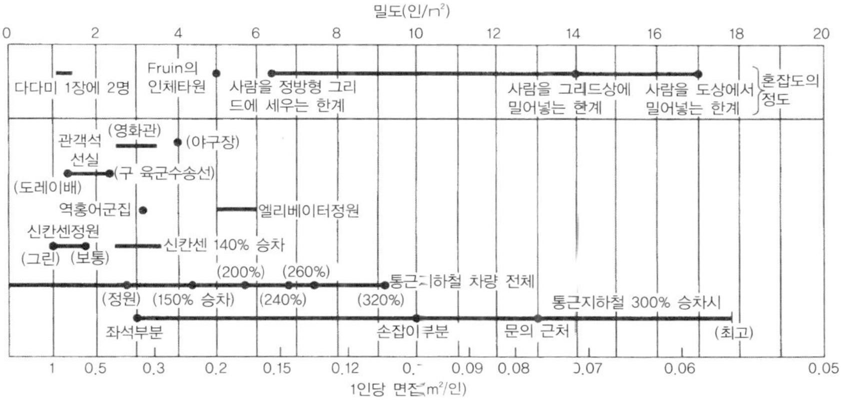

여러 가지의 군중에 대하여 정원 등의 기준적인 것과 실제로 보이는 밀도와 책상 위의 그림에 의하여 얻어지는 밀도의 비교

그림 1 군중밀도의 순위

쾌적함

amenity, amenities

어메니티는 생활환경의 쾌적성에서 편안하다는 것을 말한다. 최근에 잘 사용되는 말이지만 본래의 의미는 단순히 각각의 요인에 대해 느끼는 것으로 좋은 점, 쾌적함만을 가리키는 것이 아니다.

건물 · 토지에 생활환경으로서 쾌적성을 만들어내는 설비 · 시설, 위생적 환경, 생활환경에 가치를 더하는 건물의 양식, 주위의 경관과 같은 역사적 가치나 문화의 질 등도 포함되고, 생활환경의 범위도 도시적, 사회적으로 넓은 개념이며 한층 더 생활의 질에 관련되는 즐거움을 주는 것도 포함된다(이 경우 복수형의 amenities가 이용된다).

현재 생활환경에 대한 대처는 공기, 온열, 채광, 조명, 소리라고 하는 각각의 원론적인 쾌적성의 요구에 대해 생리 · 심리적으로 극단적인 불쾌를 배제하여 최저한으로 충족한다고 하는 관점에서 여러 가지의 지표가 제안되고 있다. 또한 건축환경을 조정 · 제어하는 기술, 설비기기 등의 발달에도 유지되어 어느 정도 쾌적한 생활환경을 달성하고 있는 상황이라고 할 수 있다.

그러나 생리 · 심리적인 '충족'을 넘어 문화, 생활양식에 관련되는 생활을 즐긴다고 하는 점을 포함한 amenities에 관해서는 아직 부족하다고 말할 수 있다.

사람들의 가치관은 생활 중시로 변화하였으며, 이에 따른 생활환경의 질적 상승이 기대되며 이를 위해 진정한 amenities를 추구하는 것이 바람직하다.

이와 같은 점을 근거로 하여 보다 풍부하고 인간적이고 쾌적한 공간을 만들어내기 위한 환경을 파악하는 방법을 구축할 필요가 있고, 그에 따른 연구방법, 실태 인식 및 실험조사, 평가방법의 확립이 요구된다. (니시데 가즈히코 西出和彦)

그림 1 옥상 위의 숲 – 남바 공원(오사카시)의 예(촬영 : 츠미타 히로시)

위안–치유

healing

'위안–치유'라고 하는 말은 원래 일본어에는 없으며 1988년경 신문에 실린 것이 시작이라고 볼 수 있다. 1999년에는 신조어 · 유행어 순위의 9위에 오를 만큼 다양한 불안감이나 고독감 등의 스트레스는 현대의 문제점인 것은 틀림없다. 주거나 병원과 같이 원래부터 '위안–치유'가 요구되고 있는 공간뿐만 아니라, 오피스 등 작업공간에도 '위안–치유'가 요구되고 있는 것이 현대사회이다. 또, 일상적인 공간까지 더해지면서 종교건축이나 이른바 공공문화시설에 이르기까지 비일상적인 공간에서도 '위안–치유'의 장소가 되기를 기대하고 있다.

일반적으로 '위안–치유'는 심신 모두에 스트레스가 쌓인 상태를 어떻게 이완시켜 해소할까에 중점이 두어지고 있는 것이다. 다만, 복잡한 것은 인체에 있어서 적당한 스트레스도 필요하다는 데 있다.

그런데 건축공간에 요구되는 기능에는 다양한 항목이 있지만, 그 근원적인 특성의 아름다움은 그대로 '위안'이 될 것이다. 그 다음의 단계로서의 쾌적성과 위생적인 면도 함께 중요한 요인이 될 것이다.

이러한 건축공간이라는 하드한 면에서 사람을 편안하게 하고자 하는 생각이 요구될 뿐만 아니라, 병원과 같은 곳에서 회화 전시와 같은 부드러운 면도 생각할 필요가 있다. 어쨌든 전체적인 골조, 즉 자기와 외계, 또 그것들을 둘러싸는 환경과의 사이의 상호관계를 긴밀하게 하는 위안의 공간 창조가 바람직하다. (요코타 다카시 横田隆司)

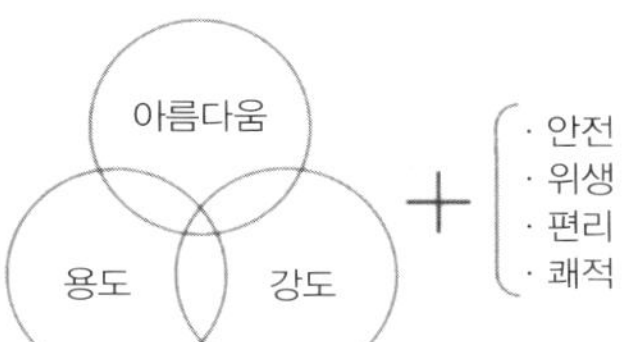

그림 1 건축에 요구되는 기본성능

그림 3 위안의 내부공간(타이요노 모리, 아이치현)

그림 2 위안의 외부공간(오사카시 의료센터)

그림 4 병원에서의 회화 전시(다트포드 병원, 영국)

안전감

sense of security

‘안전(security)’이라고 하는 개념은 원래 ‘걱정이 없는 것(se+cura)’이라고 하는 라틴어에 기원을 가진다. 심리 인류학자의 F. L. K 슈는 사교, 지위, 안전은 인간의 기초적인 사회적 욕구라고 하였으며, 그 중에 안전은 동료와의 연대를 확신하는 것으로 그 동류의식에 근거하여 서로 원조하는 것이라고 말하고 있다.

다만, 안전성과 안심감은 다른 개념이다. 안전성은 위험한 일이 일어나지 않는다고 하는 객관적 평가를 나타내는 것으로, 안심감은 안전 위에 성립되는 주관적 평가를 나타내기 때문이다. 인간의 감각은 객관적 사실을 그대로 받아들이지 않고, 먼저 체험한 것보다 처음 체험의 것에 과잉반응한다고 하는 특성을 가진다.

이러한 사람의 안심에 대한 특성은 미국과 유럽의 마을 조성에도 영향을 주고 있다. 예를 들어, 영국은 세계 유수한 감시카메라가 범죄 억제에 도움이 된다고 하는 확실한 데이터가 없음에도 불구하고, 사람들은 안심감을 요구하며 사방에 방범을 위한 감시카메라 설치를 요구하고 있다고 한다.

한편, 미국에서는 주택지를 울타리로 둘러싸는 폐쇄된 도시가 퍼지고 있다. 그러나 울타리로 둘러싸도 범죄는 줄어들지 않는다고 하는 보고도 있다.

일본에서 첫 안뜰형 집합주택인 그림 4의 예에서도 건축가의 생각과는 반대로 안뜰에 일반인의 출입이 불가한 것도 같은 이유일 것이다. 배제의 논리를 넘어 안심감으로 결부시키는 공간계획이 바람직하다.

(요코타 다카시 横田隆司)

그림 1 거리의 입구 게이트(미국의 예)

그림 3 상가의 감시카메라(신사이바시, 오사카시)

그림 2 공원의 Web 카메라(리후레미사키, 오사카부)

그림 4 마쿠하리 베이타운 파티오스(치바현)

고소감

sense of acro-being

나무 위에서의 생활과 결별 이후, 지상에 내려선 인류는 신체의 일부를 항상 지표면과 접하며 행동해 왔다.

따라서 인간에게 '높이'에 대한 감각은 지표면의 형태에 규정되게 된다.

높은 곳에 있는 감각, 즉 '고소감'은 2개의 감각을 포함하고 있다고 볼 수 있다. 하나는 기준면으로부터의 높이의 지각으로서의 고소감으로, 높이가 높아지는 것에 따라 고소공포증을 느끼게 되지만 이와 같은 지각의 개인차가 있다는 것은 모두 아는 일이다.

다른 하나는 높이에 수반하는 수평지각 영역의 확대에 의한 감각이다. 예를 들어, 산의 정상에 오르면 그 사람을 중심으로 근경, 중경, 원경을 지각 · 전망할 수 있어 거기에 따라 높이의 감을 느끼게 된다.

이와 같이, 우리는 높은 곳에 있을 때, 수직거리와 수평거리의 양쪽 모두의 지각에 의해서 여러 가지의 감정을 가지게 된다. 이것이 고소감에 대한 정의이며 이 감각은 자연 속뿐만 아니라 구축물 안에서도 생기는 감정이다. 현재는 일상생활의 행동장소로서 고층 · 초고층 건축이 만들어지고 있으며 날마다 장시간 반복하여 고소감을 체험하는 장면이 급증하고 있다. 그러나 고소감이 사람에게 주는 각종의 영향을 분석하는 연구는 아직도 적은 것이 현실이며, 그 생리적 효과를 고찰하는 것이 급선무가 되고 있다.

(다카하시 다카시 · 하시모토 미야코 高橋鷹志 · 橋本都子)

고소감(높은 곳에 있는 감각)을 느끼는 것은 산의 정상 등 표고가 높은 장소였다. 현재는 초고층 빌딩이 증가하고, 일상적인 생활에서 장시간을 반복해 그소감을 체험하는 장면이 증가하고 있다.

그림 1 초고층 빌딩이 늘어서는 신주쿠 부도심과 후지산(사진 제공 : 도쿄도)

의식

consciousness

공간의 본질은 그 추상형식에 있는 것은 아니다. 체험을 통한 생의 과정으로서 이해되는 그 의식내용에 있는 것이다. 이러한 인식이 높아짐에 따라 기능이나 행동뿐만 아니라 의식과의 관계로부터 공간의 이해가 중요시되고 있다. 의식적이란 일반적으로는 물질적 또는 신체적인 것에 대립하고, 심리적 또는 정신적이라고 할 수 있다. 그러나 물질적 또는 신체적인 것과 심적 또는 정신적인 것과의 관계 성립에는 방법에 따라 의식에 대한 이해하는 방법이 180도의 차이가 생길 수도 있다고 말하는 애매함이 의식의 문제에 항상 따라다닌다.

근대 세계관의 특징으로서 물적 세계가 외측에서 내적인 정신과 완전한 별개로 존재한다고 생각하고 있다. 이것에 따르면 의식은 외계를 보는 것에 대한 관념적인 거울이다.

한편, 레비 브륄[16]이 '융즉(融卽 ; 세계의 객관성과 타인의 타당성을 의식하지 않고 현존하는 것 이상의 존재에 자기를 합체시키는 일)의 법칙'으로서 나타내는 것에 따르면, 미개인의 심리에서는 자기와 외계의 사이에 명확한 경계가 존재하지 않고, 그들의 의식은 근대의 상식으로부터 신비적이라고도 할 수 있는 방식으로 외계로 용해되고 있다.

이러한 애니미즘의 경향은 '세계의 마법이 풀린다.'(웨버) 이전의 서구 세계에도 존재하였고, 일본의 수많은 신들의 세계에 있어서 귀신(원령)과 같은 말이 있듯이, 물질은 그 자체의 생기와 영혼으로 가득 차 있어 의식은 외계와의 의식적인 교감을 나타내고 있었다.

현대인은 너무나 합리주의적인 과학기술 때문에 사람의 마음과 외계가 차가운 적대관계에 있는 시대라고 한다. 소외감 의식의 불행에서 구하기 위해서야말로 새로운 공간의 학(學)은 발생되어야 한다. 그렇다고 한다면 소박한 애니미즘(animism)[17]에 빠지는 일은 없을 것이나 공간과 하나로 짜여져 합쳐질 수 있었던 의식은 있는 그대로 두고 생각을 달리하는 것이 중요하다. 거기에는 무의식의 의식을 뺄 수 없다는 일면이 있다.

더욱이 환경의 시대라고도 할 수 있는 오늘날, 무의식뿐만 아니라 사회환경 · 자연환경에 통저(通底 : 표면상으로는 다르게 보이는 어떤 사항 · 사상 등이 근본적으로는 공통성을 갖고 있는 것)의 의식이라고 하는 베이트슨 류의 생각에 점차 관심이 모이고 있다. 거기에 따르면, 마음과 자연을 포함한 광대한 현상계가 공통의 정신시스템에 관철되고 있어 인간의식도 그 하부조직에 지나지 않는다고 하는 것이 된다.

(세오 후미야키 瀨尾文彰)

16) 레비 브륄(Lucien Lévy-Bruhl 1857~1939) 프랑스 철학자 · 사회학자. 1902~1927년 파리대학에서 현대철학사를 담당하였다. 도덕이 사회적 사실로서 일정한 사회조직에 관련된 이상 비교사적(比較史的)으로 고찰해야 한다고 하여 습속학(習俗學 ; science de moeurs)을 주장하였다. 『도덕과 습속학(1903)』에서 사회적 사실로서의 도덕 · 습속의 실증적 연구를 하였다. 후에 〈미개심성(未開心性 ; mentalite primitive)〉을 연구하여, 그것을 비논리적인 것이 아니고 전논리적(前論理的)인 것이라고 특징지어 우리들의 인과율(因果律)과는 다른 〈융즉(融卽)의 법칙〉이 지배한다고 하였다. 『하급사회에서의 심적 기능(1910)』 이후 6권에 이르는 대저(大著)에서는 광범위한 민족지 자료에 의해 신비적 · 전논리적 사고양식의 존재를 입증하려고 하였다. 모순율(矛盾律)에 무관심한 이 심성은 〈융즉의 법칙〉에 따르는 점에서 서양적 사고와는 다른 모습에 든다. 말년에는 이 이분법(二分法)을 완화시켜 사후(死後)에 발표된 『수첩』에서는 2개의 심성의 병존을 보편적으로 인정하는 입장을 취하였다. 미개심성의 제창에 담겨진 이문화(異文化) 이해의 과제는 후대의 민족학에 큰 영향을 미쳤다.

17) 애니미즘 정령숭배. 정령신앙이라고도 함. 영적인 존재들이 인간의 일에 관여하거나 개입할 수 있다는 믿음. 자연계의 모든 사물에는 영적 · 생명적인 것이 있으며, 자연계의 여러 현상도 영적 · 생명적인 것의 작용으로 보는 세계관 또는 원시신앙.

현상

phenomena

물리적 공간과 달리 객관적이지 않고 주관적 의식에 파악되는 공간을 현상공간이라고 부르는 경우가 있다.

현상이란 넓게 관찰되는 사상을 일반적으로 가리켜 본질의 외면적 현상으로 여겨진다. 칸트는 현상이 주관을 구성한 것으로 그 배후의 본체인 물자체(物自体)[18]는 의식될 수 없다고 하였다.

한편, 훗설의 현상학에서는 모두의 선입관을 배제하여 의식에 직접 나타나는 현상을 직감하여, 그 본질에 강요하는 것이 목표가 된다. 외계의 실재성에 대해 판단 중지를 실시하며, 그 후에 남는 순수의식을 직접 명증적(明證的)[19]인 현상으로서 분석 기술하는 것이 훗설 현상학의 방법이다.

그 순수성이나 명증성의 정도는 몰라도 현대공간의 입장으로부터의 공간학은 그 지향성이 훗설의 현상학 및 그 후의 하이데거와 메를로 퐁티의 실존주의적 현상학의 영향을 준 것은 부정할 수 없다. 대표적인 예는 C. N. 슐츠로 보인다.

이러한 관점에서의 현상은 체험의 구체성, 직접성, 적극성 중에서 파악할 수 있는 산 현실이라고 말할 수 있다. 그것은 또한, 체험에 근거하는 직접적 작용으로서 이해할 수 있다. 따라서 주체의식의 모양이 크게 관련된다. 트랜스액션 심리학이 크기나 형태의 지각에조차 과거의 경험이 작용하고 있다고 지적하듯이, 의식의 형태는 지각공간의 현상성 그 자체를 변화시킨다.

이렇게 현상의 입장은 주관성의 비방에 노출되기 쉽다. 그러나 의식 가운데에는 개인의 생활사에 규정된 수준 외에 DNA의 수준으로의 규정이나 사회, 역사, 문화에 의한 규정이라고 한다. 말하자면 코드화된 일면에 있어 그것들이 현상에 안정성의 구조를 초래한다고 생각할 수 있다.

슐츠의 실존적 공간과 K. 린치의 가독성(legibility)은 현상으로서의 공간을 보편적 · 객관적으로 파악한 고전 사례라고 할 수 있지만, 오늘의 동적인 공간현상에 적용하려면 불충분한 면이 있다. 현상의 시점에 서 있는 공간학은 다가올 분야로서는 동적 · 창조적인 공간의 접근 외에, 자연을 포함한 다주체(多主體)와의 일체화 현상학에 근거하는 환경론적 공간연구를 개척하는 것이 필요하고, 또한 재현성이 있어 설계에의 지원이 될 수 있는 연구의 전개가 바람직하다.

(세오 후미야키 瀬尾文彰)

18) 칸트 철학의 중심 개념. 경험의 저쪽에 있으며, 생각할 수는 있지만 인식할 수는 없는 것. 현상에 대한 본체(本體)로서의 사물 그 자체.

19) 어떤 명제의 의미가 정신에 직접적으로 분명하며, 또한 참인가 거짓인가를 물었을 때 그것이 참인 것이 의심의 여지가 없는 경우 명증적이라고 한다.

심벌

symbol

상징. C. 모리스는 기호(sign)를 시그널과 심벌로 분류하였으며, "기호란 만일 A가 어떤 행동족(行動族)의 반응을 일으키게 하는 자극이 아닌 어떤 유기체 속에 이 행동족이 반응계열로서 반응하는 경향을 생기게 한다면 A는 기호이다"라고 정의하였다. 기호를 그 발생에서 생각해 볼 때, 시그널→사인→심벌 순의 계열이 된다. 감각에 직접 호소하여 행동의 지시나 계기로서 일하는 제반현상, 예를 들어 실내에서 여러 가지 물건이나 창이 보이면 어떤 행동에 이끌리는 경우를 말하며 물건이나 창, 포크를 손에 넣으면 거기에 생겨나는 감각에 의해 포크를 입에 가지고 가는 운동을 하는 경우의 포크는 제 1차 기호로서의 시그널이다.

시그널을 반사적, 감각적 레벨의 것이라 하면 사인은 좀 더 구체적인 것이고 심벌은 마크, 그림 언어 등과 같이 물건과의 대응이 아닌 대상의 상징인 것이다.

심벌은 행동과 직접적인 관계를 갖지 않는다. 예를 들어, 시각이나 후각에 파악할 수 있는 음식 그 자체는 시그널이지만, '음식'이라고 하는 말은 심벌이다.

S. 랭거는 한층 더 명확하게 정의하였는데, 심벌을 대상에 대한 상념을 옮기는 것이라고 하였다. '대리 사인'이 심벌이라 해도 그것은 심벌의 일부에 지나지 않는다. 심벌이 직접적으로 의미하는 것은 개념이나 이미지이며 사물은 아니다. 이 점이 시그널과 심벌을 나누는 것이다. 사물에 대해 이야기할 때 우리는 사물의 표상을 가지지만, 사물 그 자체를 갖고 있지는 않다. 이 말은 곧 심벌이기 때문이다. 심벌이야말로 인간 특유의 의식, 순수하고 온전한 동물성의 수준을 넘은 우리의 심리적 생활을 성립되게 하는 열쇠이다.

심벌은 풍속, 의례, 종교, 언어, 과학, 예술 등 문화 제반에 걸쳐 넓게 분포하고 있으며, 인간의 정신세계의 형태를 만들고 있다. 이 중에는 말에 의해서 윤리적으로 말할 수 있는 변론성을 갖춘 심벌체계도 존재한다. 자연언어나 과학기호의 구성이나 다양한 코드의 종류가 그렇다.

그러나 말하기 어려운 정서, 감정, 갈망, 소망 등의 표현을 위해서, 인간은 비변론적 심벌체계를 다양한 형태로 생산하고 있다. 종교와 예술은 그 단적인 예라고 말할 수 있다.

인간의 의식에는 심벌화에 강한 욕구가 잠복하고 있다. 그것은 상상 에너지에 자극을 받는 인간 존재의 숙명이라고 말할 수 있다. 거대한 피라미드나 숭고한 고딕성당이나 각각의 시대에 어떻게도 할 수 없는 관념이 비변론적 심벌로서 표출한 것과 다름없다. 다의성과 복잡성 시대의 공간 심벌을 얼마나 만드는지는 오늘날 우리의 과제이다. (세오 후미야키 瀨尾文彰)

기호

sign

지각 가능한 형식이 일정한 정보를 나타내고 있을 때, 그것을 일반적으로 기호라고 부른다.

언어는 대표적인 기호이다. 지도 위의 다양한 마크, 수식, 악보, 교회의 십자가, 의미가 있음직한 눈빛, 잠시 후 비가 내릴 것을 예고하는 형세, 그것들 모두 기호이다. 이와 같이 우리는 무수한 기호 속에, 그것을 이용하면서 살아 있다. 그 뿐만 아니라, 모든 경험이라는 것은 기호화의 경험이라고도 말할 수 있다. 한때의 다양한 수준의 경험이 우리의 마음에는 축적되고 있어 모든 경험은 그러한 집으로부터 특정의 것(느낌, 심상, 개념 및 그 외의 표상)을 기호로서 골라내 의식에 떠올리는 것, 혹은 전에 없는 경험을 새롭게 기호화하는 의식현상과 다름없다.

예를 들어 회화의 경우 '연상력이 회화를 정신에 기호로 묶어 이 정신 속에 기호를 개입시켜 회화는 그 대상과 결합된다.'(C. S. 퍼스)

이 경우, 결합의 대상이 되는 것은 다양하고 표층에서는 그려지는 것이 무엇이 있을까의 개념도 되지만, 한층 더 중요한 것은 예술가가 실로 전하려고 한 비변론적인 관념이라는 것이 된다. 이렇게 회화는 의식의 기호적인 구조를 통해서 그 자체가 기호로서 일하는 것이다.

건축이나 도시의 공간도 역시 말에 쓰기 어려은 관념의 기호표현인 경우가 있다. 기호표현과는 지각될 수 있는 기호의 준비하는 일면이며 그것과 전해지는 내용, 즉 기호내용이 일체가 되어 기호가 성립할 수 있다. 예를 들어, 출발이라는 말의 소리의 형식은 기호표현이며 그것을 듣고 의식에 떠오르는 개념은 기호내용이다.

이와 같이 기호표현과 기호내용을 묶을 약속을 코드라고 부른다. 일상적인 경험은 문화·사회에 구조화 된 코드에 근거해야 된다. 학교가 학교답게, 관공서가 관공서답게 만들어져 있으면 건축은 공간의 도구로서 부드럽게 기능하게 된다.

한편, 공간에 의한 표현이 타성화한 생활의 의미를 재활성화하기 위해서 되는 경우가 있으며, 이때 코드를 여러 가지로 조작하여 왜곡하는 설득력이 이용된다.

어쨌든, 공간을 의식의 방면에서 파악하려고 할 때, 기호에 생각을 싣는 것이 편리하다.

(세오 후미야키 瀨尾文彰)

이미지

image

경제학자 K. 보르딘그의 저서 『더 이미지』에서 다음과 같이 말하고 있다.

"…이미지 이론은 확실하게 비추고 있는 철학적인 성질이 있는 것처럼 생각된다. 그 중 하나는 사실과 가치와의 관계에 대한 유명한 논쟁이다. 이것들은 철학의 발족 이래, 항상 논의되어 왔던 문제일 것이다. 사실과 가치가 완전히 다른 것이나, 사실은 객관적이고 가치는 주관적이다 라고 하는 생각과 이미지론은 양립하지 않는다. 이미지 이론에서는 사실의 이미지도, 가치의 이미지도 함께 이미지로서 나타난다."

경제활동을 설명하는 중요한 요인으로서 처음으로 이미지의 문제가 다루어진 것이다. 이와 거의 비슷한 방향으로 K. 린치는 '도시의 이미지'에 대하여 도시공간에 있어서의 이미지의 작용을 처음으로 연구대상으로 하였다. 린치는 도시공간의 시각적 경관을 논하기 위한 세 개의 측면으로서 '정체성', '구조', '의미'를 제창하였다.

이 안에서 전자는 '사실의 이미지', 후자는 '가치의 이미지'에 대하는 것이라고 생각할 수 있다. 이 '가치의 이미지'는 '가독성'에 대한 또 하나의 개념 '모호성'을 설명하는 중요한 이미지이다.

(시미즈 히데키 志水英樹)

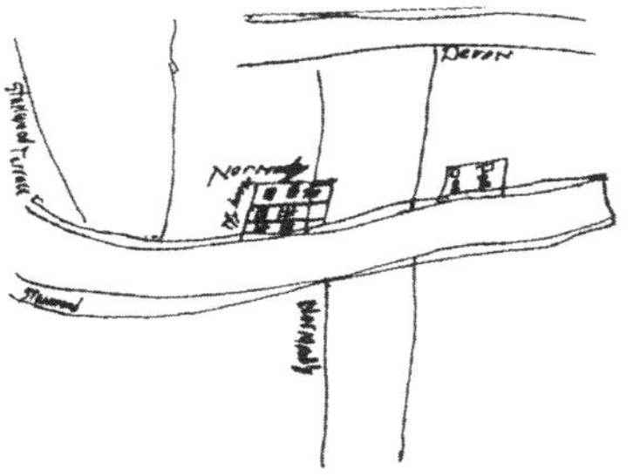

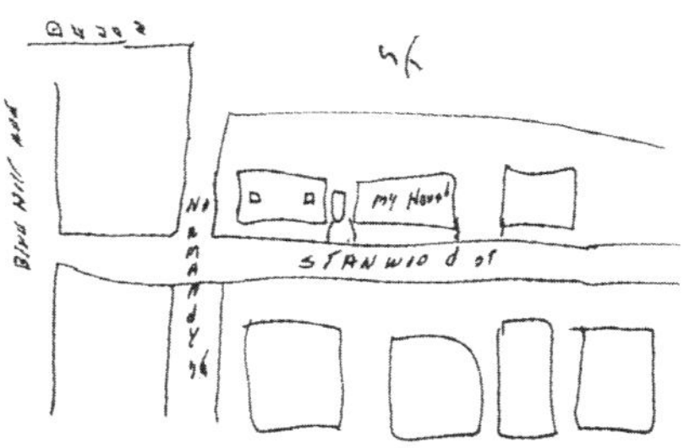

플로렌스 로드(Plorence Ladd)에 의한 연구(1970)에서 나타난 두 명의 흑인 소년의 그림. 인간의 내부 프로세스인 거리의 이미지를 객관적으로 측정할 수 있는 절차로서 이미지 맵을 그리게 하는 방법이 있다.

그림 1 Reggi 소년이 그린 근린의 맵

그림 2 Garson 소년이 그린 근린의 맵

이미지 어빌리티

image ability

우리가 마음에 그리는 이미지의 아이덴티티와 스트럭처의 성질에 관련되는 물리적 특징을 생각할 때, 이미지 어빌리티라고 하는 개념이 K. 린치에 의하여 처음으로 도입되었다.

'이것은 물체에 갖춰지는 특징이며, 이것이 있기 위해서 그 물체는 모든 관찰자에게 강렬한 이미지를 불러일으킬 수 있는 가능성이 높아진다 라는 것이다.'

즉, 이미지 어빌리티란 특정 공간에서 한 시술이 그 공간 내의 어디에 위치하고 있는지 설명할 수 있는 공간 내의 특징이나 시인성 등을 말한다. 린치는 이미지 어빌리티를 높이기 위한 도시의 구조 이미지를 표기하는 요소로 5가지 타입으로 분류하고 있다.

(1) 통로(paths) : 관찰자가 평소 지나다니는 길이다. 사람들은 이동하면서 그 도시를 관찰하고 있다. 그리고 이러한 통로를 따라서 그 외의 요소가 배치되어 관련지어질 수 있다.

(2) 가장자리(edges) : 관찰자가 통로로 이용하지 않거나 또는 통로로 보지 않는 선상의 요소를 말한다.

(3) 구역(districts) : 2차원의 확대를 가지는 것으로서 관찰자 내부의 '깊숙이' 들어가는 것이며, 또 무엇인가 독자적인 특징이 그 내부의 각처에 공통적으로 보여진다.

(4) 교점(nodes) : 도시 내부에 있는 주요한 지점이며, 관찰자가 그 안에 들어갈 수 있는 점이다. 교점이 되는 것은 가장 먼저 접합점이다. 교통의 흐름이 바뀌는 지점, 혹은 도로의 교차점 내지는 집합점 등이다.

(5) 랜드마크(landmarks) : 관찰자는 그 안에 들어가지 않고 외부에서 바라보는 점이다. 건물, 간판, 상점, 산 등 단순하게 정의되는 물리적인 물건을 가리킨다.

(시미즈 히데키 志水英樹)

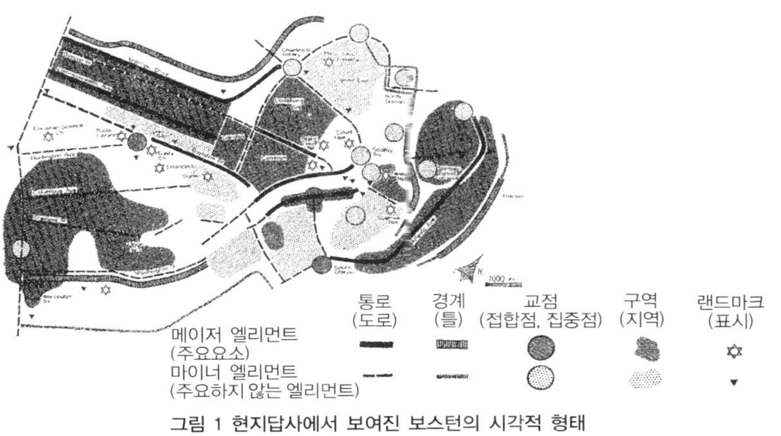

그림 1 현지답사에서 보여진 보스턴의 시각적 형태

가독성

legibility

도시공간에 있어 가독성의 개념을 처음으로 반입한 것은 K. 린치로, 그의 저서 『도시의 이미지』 안에서 다음과 같이 말하고 있다.

"이것은 사람들이 도시의 각 부분을 쉽게 인식하고 또한 그것들을 하나의 줄기가 아닌 패턴으로 구성하는 것이 용이하다는 것을 의미한다."

"명료함이라든지 알기 쉬움은 결코 아름다운 도시를 위한 단 하나의 중요한 특성이 아니지만 공간, 시간, 복잡함으로 도시의 스케일이 가지는 환경에 대해서 생각하는 경우라면 그것은 중요한 특성이 된다."

"길을 찾는 과정에서 중요한 실마리는 환경의 이미지다. 즉, 이것은 각각의 인간이 물리적 외계에 대해서 안고 있는 종합적 심상이다. 이 이미지는 현재의 지각과 과거 경험의 양자로부터 태어나는 것이며, 정보를 해석하고 행동을 이끌어내기 위해 이용된다."

현실의 도시공간 안에서 우리가 행동할 때 자기 자신의 심리적 세계 안에 환경에 대한 이미지를 구축하여 그것을 행동의 지침으로 하고 있다는 가정으로 둘 때, 무한의 정보 중에서 하나의 명확한 패턴에 구축하기 쉬움을 가독성이라고 부르고, 이 가독성을 도시 이미지 구조로 찾는 새로운 단면으로 한 것이 린치이다.

이탈리아의 중세 도시나 르네상스 도시, 예를 들어 플로렌스 등에서 도시 전체가 동일한 벽돌쌓기와 타일지붕에 의해서 굳힐 수 있던 '땅'의 형성과 함께 각각 성스러움과 풍속을 대표하는 교회와 궁전이 강력한 '그림'의 존재로서 두드러지고 있다.

이러한 당시의 사회적으로 확립된 강고한 가치체계를 도시경관으로서 명시하는 것에 의해 가독성이 표현된다. (시미즈 히데키 志水英樹)

'성'의 상징인 브루넬레스키의 돔과 '속'의 상징인 팔라초 베키오의 타워가 피렌체의 스카이라인의 요점으로서 그 가독성을 확립하고 있다.

그림 1 피렌체의 스카이라인

다의성

ambiguity

전 항의 '가독성'의 단면으로 도시의 이미지 구조를 고찰하려고 할 때 반드시 문제가 되는 것은, 가독성만이 도시의 이미지 구조를 평가하기 위한 기준일까 하는 문제이다. K. 린치는 다음과 같이 말하고 있다.

"한편, 환경 안의 신비감이나 복잡성, 의외성 등에도 상당한 가치가 있다는 것을 인정하지 않으면 안 된다. 그러나 이것에는 두 개의 조건이 필요하다. 첫째로, 기본적인 형태나 방향을 잃을 위험, 즉 거기로부터 빠져 나갈 수 없게 되어 버리는 위험이 있어선 안 된다. 의외라고 하는 것은 일정한 구조 안에서 일어나야 하는 것이다. 혼란은 눈에 보이는 범위 내의 몇 개의 작은 부분으로 한정되지 않으면 안 된다."

사전에 의하면, ambiguity는 양의성, 다의성, 애매함, 불명료라고 하는 의미로 기록되고 있다. 따라서 불명확한(ambiguous) 환경이란, 물리적인 특성이 복잡성을 가진 불명료함이라고 하는 의미뿐만 아니라, 그 환경이 사람들에게 주는 의미가 가지는 다양성에 대한 논의가 필요하다. 이 논의를 제기한 것이 A. 라포포트(A. Rapoport)로 다음과 같이 말하고 있다.

"너무나 명쾌한 시각적 구조와 너무나 복잡한 정보 과잉의 시각적 구조 사이에서, 적정 지각도(optimum perceptual rate)되는 것이 존재할 것이다"라고 하여, 이러한 적정한 복합성(complexity)을 획득하기 위해서 다의성(ambiguity)의 개념이 필요하다.

(시미즈 히데키 志水英樹)

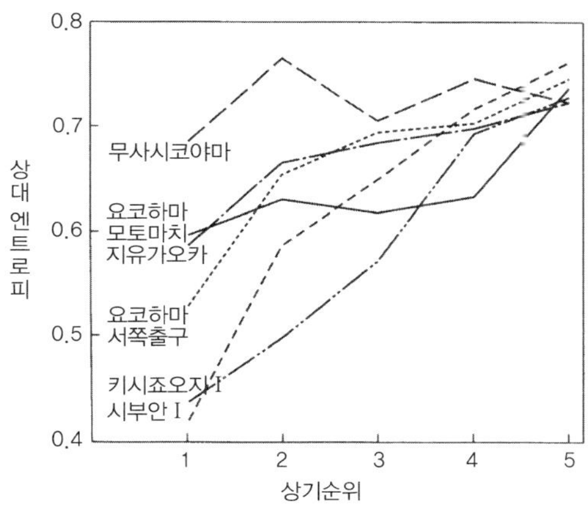

거리에 오는 사람들의 내적인 상기 프로세스의 시간적 경과 안에서 이미지의 엔트로피의 증대라고 하는 일반적인 경향이 있다. 그 전반부의 높은 집중성이 지구의 '가독성'을 나타내며, 그 후반부의 높은 확산성이 지구의 '다의성'을 나타내는 것은 아닐까. 즉, 구배(句配)의 강한 지구만큼 양자의 공존성이 높은 것이 아닐까라고 하는 가설이다.
(시미즈 히데키 志水英樹)

그림 1 상기 순위별 상대 엔트로피

정체성

identity

K. 린치는 환경의 이미지를 구성하는 세 개의 성분을 정체성(identity), 구조(structure), 의미(meaning)라고 말하고 있다.

아이덴티티는 통상 '동일성'이라는 말로 번역되고 있고, 이 '동일성'은 '다른 동일한 것'으로 의미하는 것이 많다. 그러나 여기서의 '동일성'은 'identification card'로 '다른 것이 아니고 본인임을 증명하는 카드'의 의미로 이용되고 있고, 개성이라든지 고유성을 나타내는 말로서 이용되고 있다.

이 경우, '아이덴티티'는 도시 전체의 개성이라든지 고유성이라고 하는 의미로 이용되고 있는 경우와 도시 이미지를 구성하는 구성요소의 각각이 가지는 '아이덴티티'로 이용되고 있다. 상기의 세 개의 성분 중 하나로서 논하는 경우에는, 물론 후자의 의미로 사용된다.

환경의 이미지는 우선 이러한 구성요소가 가지는 형태적인 아이덴티티에 의해서 그 실마리를 얻을 수 있다. 그러나 지금부터 하나의 이미지로 확립하기 위해서는 이러한 요소가 하나의 패턴으로서 인식될 필요가 있다. 이것을 '구조'라고 불리는 두 번째의 성분이다.

따라서 강력한 '아이덴티티'를 가지는 몇 개의 요소가 서로 조화되는 패턴에 의해 '구조'를 가지는 경우, 도시 전체의 '정체성'이 높아진다고 하는 관계를 갖는다.

(시미즈 히데키 志水英樹)

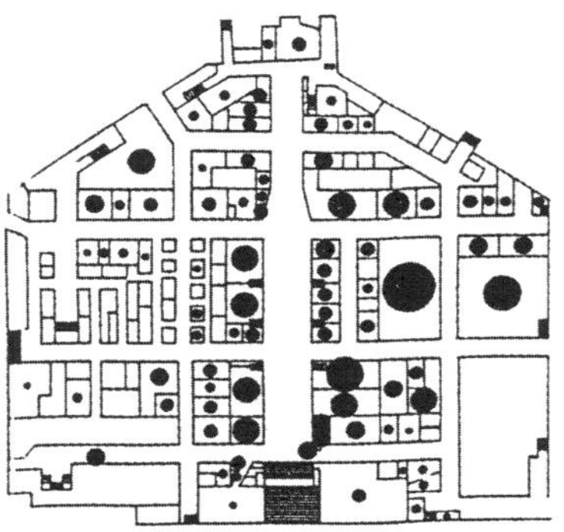

거리를 구성하는 요소의 아이덴티티를 나타내는 하나의 정량적 지표로서 거리를 방문하는 사람들에 의해서 상기되는 확률이 있다.

그림 1 요코하마 서쪽 출구 · 다이아몬드 지하거리

그림 2 지유가오카

기억

memory

기억의 모델에 관해서 가장 대표적인 것은 R. C. 앳킨슨과 R. M. 시프린(1968)에 의한 것이 있다.

앳킨슨과 시프린은 기억을 감각등록기(short-term store), 단기저장고(sensory register), 장기저장고(long-term store)라는 3개 시스템으로 구성되어 있다고 하였다. 감각등록기는 감각기관이 받아들인 정보를 그대로 보관, 유지하는 것으로 거기에는 어떠한 해석도 encode(암호화하다)도 행하여지지 않으며, 그 정보는 1초 이내에 감쇠해 버리지만 새로운 정보의 입력에 의해서 옮겨질 수 있다.

감각등록기로 정보가 처리되는 것은 주의에 의해서 정보 선택을 실시하거나 특정한 '특징'을 추출하거나 하는 컨트롤 프로세스가 적절히 작동하기 때문이다. 그것은 얼마 안 되는 시간이라도 정보가 보관 유지되고 있다면 정보 입력 전후의 문맥을 다소나마 고려한 정보처리를 실시할 수 있게 하기 위해서라고 볼 수 있다.

단기저장고에서는 감각등록기로부터의 정보와 장기저장고로부터의 정보를 받아들여 거기서 의식을 수반한 정보처리를 하며 의미나 특징에 기호화한다. 또한, 그곳에서 의식적으로 주의에 의한 '리허설'을 하고 있는 정보는 보관 유지되지만, 주의가 떨어지면 15~30초 정도로 감쇠하여 자연스럽게 사라진다.

단기기억으로 저장할 수 있는 정보는 1초간에 7~8항목이며, 리허설에 의해서 보관 유지되어 리허설의 반복으로 정보가 장기기억에 전사(轉寫)된다고 생각한다.

건축이나 도시의 공간구조를 연구하는 경우, 상기와 같은 인간의 기억현상 그 자체를 연구대상으로 하는 것보다는 그러한 기억현상을 이용하고 보다 심리적인 공간구조를 해명하려고 하는 경우가 많다. 따라서 그 실험방법도 기억의 정확한 메커니즘을 대상으로 하는 것이 아니라, 그 해답이 어떠한 구조를 가지는지, 혹은 그것들이 공간에서 물리적 특성과 어떻게 관련될까에 마음이 변하게 된다. (시미즈 히데키 志水英樹)

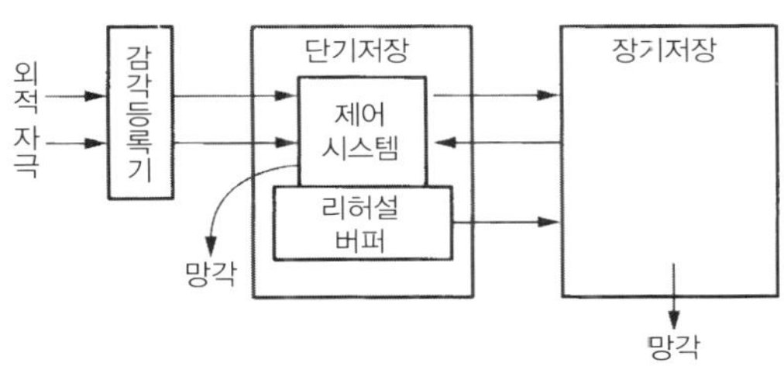

그림 1 앳킨슨과 시프린의 기억 모델

장소성

notion of place

장소의 개념을 단순한 물리적 속성으로부터 설명뿐만 아니라 하나의 심리학적인 개념으로 채택한 것이 D. 캔터이다.

장소의 정의를 모델로서 나타내 보이는 그림은 행동, 개념, 물리적 속성의 삼자 관련의 결과로서 장소가 생겨난 것을 나타내고 있다.

① 어느 지점에서, 어떠한 행동과 결합되어, 어떠한 행동이 예상될까?

② 그 상황에 있어서의 물리적 변수는 무엇인가?

③ 그 물리환경에 관한 행동에 대해서 사람은 어떠한 해석을 해며, 어떠한 개념을 가지는가?

인간은 '장소'의 단순한 자극의 수용기도 아니고 심리적으로 전혀 독립한 것도 아니며 '장소'라는 대화적인 긴장감, '장소'를 만들면서 '장소'에 의해서 만들어진다고 하는 관계에 있다.

'장소'는 물적으로는 무한의 자극원을 제각각의 자극으로서 지각하지만, 이러한 통합체로서의 전체성이 '장소'를 형성한다. 한층 더 나아가 사회적 시스템을 근저로 하지 않는 듯한 '장소'는 존재하지 않는다.

우리는 사회적 존재로서의 역할과 무관하게 '장소'와 관련될 수 없다. '장소'는 이미지 세트로서 인지된다. '장소'에 대한 선택적 독특한 개념에 의해서, 그 '장소'의 이용이나 행동의 방법, 혹은 사고방식이 바뀌어진다. 그리고 '장소'는 상징적 가치를 갖고 있다.

(시미즈 히데키 志水英樹)

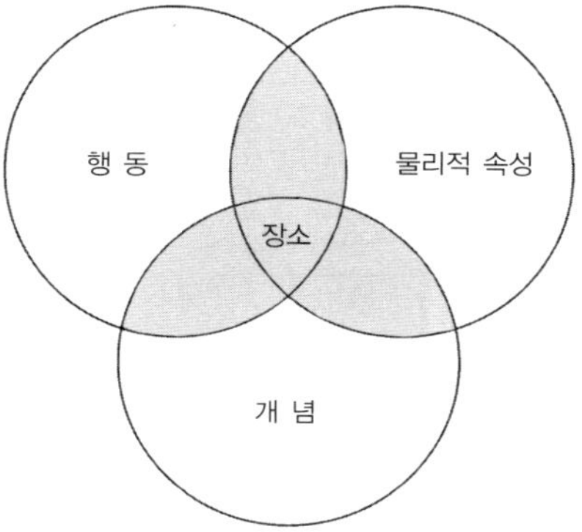

이 모델이 나타내는 또 다른 중요성은 어느 요소로부터 출발해도 장소의 특정이 진행되는 것이다. 많은 경우, 어느 특정 그룹의 행동형태로부터 특정 장소의 개념을 형성하며, 이 개념은 뚜렷한 정량적 지표를 가지는 것은 아니지만, 행동 심리적 패턴과 장소의 물리적 속성을 결부시키는 보다 공공적으로 정착한 이미지를 형성하게 된다.

그림 1 장소의 성질을 비유하는 시각적 모델

학습

learning

일반적으로 말하면 학습은 유기체의 환경에 대한 적응 기능을 말하며 환경의 적응은 학습에 의한 습득적인 행동뿐만 아니라, 유기체의 성숙 가정에 직접 의존하는 행동양식, 이른바 반사적, 본능적 행동이라고 하는 천성적 행동에 의해서도 달성된다.

고등동물일수록 그것이 성장함에 따라 생활환경 또한 그것에 의해 문화화 하여 복잡화 되어 가기 때문에 천성적인 행동에 따라 적응이 곤란해지는 일도 생긴다.

게다가 사람만큼 다른 동물에 비해 태어났을 때 무능력한 생물은 없지만, 끊임없는 경험에 의해서 기억을 사고할 뿐만 아니라 정의적 행동을 포함한 퍼스낼리티 전체의 행동을 포괄하는 광의의 학습이 문제가 된다.

인간의 생활환경인 가장 복잡한 도시공간은 장시간의 일상적인 학습에 의해 파악이 가능해진다. 그 안에서 가능한 적은 시간 안에 파악이 가능한 도시공간을 '가독성'이 높은 도시로서 평가한 것이 K. 린치의 이론이다.

그러나 '가독성'이 높은 일부 도시는 때로는 곧 '싫증'을 느끼는 도시가 될 수도 있다. 따라서 학습효과가 충분히 있다거나 혹은 장시간의 학습을 할 만한 도시공간이 바람직하다. 이러한 공간을 '불명확한(ambiguous)'한 도시공간으로서 어떻게 구축할지가 문제이다.

(시미즈 히데키 志水英樹)

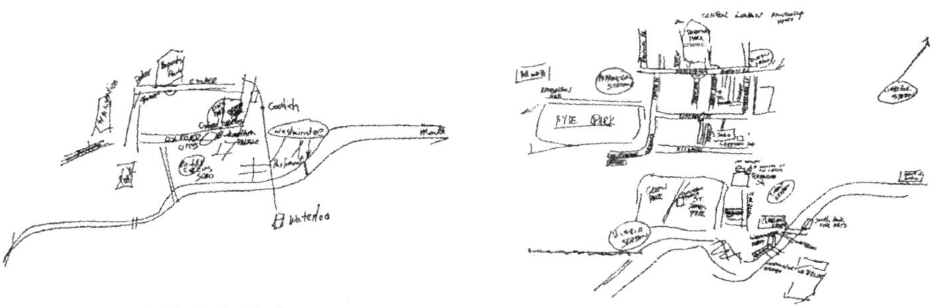

1일 후의 이미지 맵　　1일 후오· 23일 후의 이미지 맵

그림 1 처음으로 런던을 방문한 미국인이 1일 후와 23일 후에 그린 이미지 맵

시퀀스의 불연속 구조

discontinuous structure of sequence

우에다 아츠시는 저서 『공간의 연출력』에서 다음과 같이 말하고 있다.

'오오쿠니누시노 미코토(大国主命)[20]와 함께 쿠니조(国造)[21] 만들기를 한 스쿠나비코나노 미코토(少彦名命)는 마지막으로 아와시마(淡嶋)에 도착하여, 밤나무의 줄기에 올라타 뛰어 건너서, 영원의 세계에 도착하였다라고 말하듯이, 우리들의 의식도 참배로의 날으는 구조인 것이다. 일본인의 공간 최고의 모습이다.'

'신앙의 세계에 투영된 일본인의 심층의식, 즉 신앙의 궁극에 미신의 지체를 보려고 하는, 말하자면 성과 미의 일치점에 있어서의 일본인의 공간 연출력을 찾고 싶다.'

원래, 참배길의 공간은 일본인이 그 역사 안에서 오랫동안의 시행착오를 반복하는 가운데 겹쳐 쌓아 온 연출방법이 표현되는 공간이다. 그 공간 안에 클라이맥스를 연출하는 방법으로서 '날으는 구조'를 처음으로 골라냈던 것에 주목받는다. 그러나 이러한 '날으는 구조'는, 기억의 이미지 세계에서는 일상적으로 자주 나타난다.

같은 참배길 공간 안에서 그 진입공간의 도중에 있어서 현실의 물리적인 시퀀스와는 다른 순서로 상기되는 경우가 있어, 그 순서가 학습효과에 의해서 한층 더 변화하는 경우가 많다. 이러한 현상을 '날으는 구조'로서 분석한 연구도 있다.

또, 도시공간 안에서 자유롭게 상기하는 엘리먼트의 흐름을 볼 때, 일련의 어떠한 의미가 관련하는 엘리먼트의 흐름과 그 흐름이 일단 정리되고 다른 흐름을 만들어내기 위해서 새로운 엘리먼트로 옮기는 불연속적인 움직임이 있다.

이와 같이 하나의 흐름으로서 연속적으로 움직이는 경우와 새로운 흐름을 만들어내기 위한 불연속적인 움직임이 어떠한 메커니즘으로 보일 것인지는 확실하지 않다. 인간의 마음 속에는 이러한 불가사의한 의식의 불연속이 자주 일어나고 있다.

연속하는 공간의 경과는, 말하자면 엔트로피가 천천히 증대해 나가는 프로세스이다. 그리고 이 축적된 엔트로피가 한순간에 해방되는 순간을 가지는 것이 날으는 구조라고 생각된다. 그것은 몇 천 년이나 축적된 에너지를 발산하는 활단층과 같은 것으로부터 상시 미진동을 반복하는 현상까지 우리의 심리현상 안에 다양한 형태로 잠재하고 있는 것일 것이다.

(시미즈 히데키 志水英樹)

20) [명사] 남녀의 인연을 맺어 주는 신.
21) [명사] 《'国の御奴'의 뜻》 大和 시대에 세습으로 지방관 지위에 있던 호족(豪族).

심리적 공간

psychological space

현재 공간에 관한 인간의 심리를 측정하는 방법으로 SD법을 이용하고 있다. 인자축(因子軸-요인축)을 추출하여 그 축을 대표하는 평정척도의 평정치를 이용하는 것이 일반적이다.

예를 들어, n개의 인자축을 채용하면 n차원의 공간 1점으로 그 현실적 공간의 분위기를 나타낼 수 있게 된다. 그 공간은 직교공간이지만 기여율의 값이 다르므로 엄밀한 의미에서는 유클리드공간이라고는 할 수 없다. 그러나 '심리적 공간'을 요구할 수 있다. 이 방법의 본래 SD법인 '말의 의미를 찾는다'라고 하는 용법과 약간 다른 점은 피험자의 결정방법(숙련된 전문지식이 필요하며, 인원수는 약간 적어도 무방하다)이나 평정척도 등의 결정방법, 나타내 보이는 방법(피험자에게 척도의 의미를 잘 설명하고 미묘하게 다른 척도는 인접하여 그 차이를 두드러지게 한다) 등을 충분히 검토하지 않으면 안 된다.

인자축의 채용 수는 연구자의 생각, 목적, 방법에 따라서 다르지만, 적은 경우에는 기여율의 높은 편으로부터 주요3축, 많은 경우에는 10수축을 채용하기도 한다. 많은 인자축을 채용할 때에는 공간의 분위기의 미묘한 구성을 분명히 하기 때문이다.

물리량과의 관계를 분석하는 방법으로 여러 가지가 있지만, 공간의 분위기를 보존하면서 m개의 공간구성 요소의 양으로 m차원의 물리적 공간으로서 나타내고 양자를 중회귀분석[22]에 걸치는 것이 가장 고도의 방법이다.

'공간의 연구' 안에서 <공간의 분위기의 연구>(후나코시 도오루 · 츠미타 히로시)로 개발된 수법이다.

(후나코시 도오루 船越 徹)

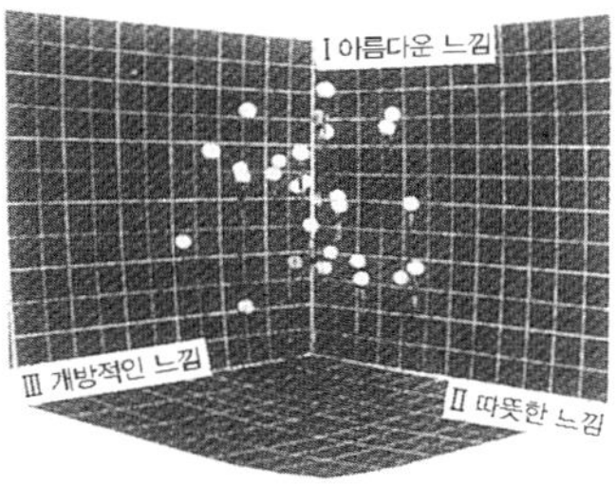

그림 1 가로 공간연구의 주요 3인자축으로 인한 입체 모형

표 1 거리의 공간연구의 인자축 표

인사사유	척 도
Ⅰ. 디자인 인자	아름다운 느낌 – 보기 흉한 느낌
Ⅱ. 아바니티 인자	따뜻한 느낌 – 차가운 느낌
Ⅲ. 개방성 인자	개방적인 느낌 – 압박적인 느낌
Ⅳ. 새로운 인자	낡은 느낌 – 새로운 느낌
Ⅴ. 연속성 인자	불연속인 느낌 – 확실한 느낌
Ⅵ. 특징 인자	특징이 있는 느낌 – 특징이 없는 느낌
Ⅶ. 침착성 인자	침착성이 없는 느낌 – 침착성이 있는 느낌
Ⅷ. 복잡성 인자	복잡한 느낌 – 단순한 느낌
Ⅸ. 고요함 인자	떠들썩한 느낌 – 조용한 느낌
Ⅹ. 입체성 인자	평면적인 느낌 – 입체감이 있는 느낌
ⅩⅠ. 분위기 인자	살벌한 느낌 – 분위기가 있는 느낌
ⅩⅡ. 통일성 인자	뿔뿔이 흩어진 느낌 – 통일감이 있는 느낌
ⅩⅢ. 초록 인자	초록이 없는 느낌 – 초록이 많은 느낌

표 2 주요 3인자축으로 인한 길거리 공간 분류표

그룹명	득점이 높은 그룹	제2그룹	제3그룹	제4그룹	제5그룹	제6그룹	득점이 낮은 그룹
지구명	가미카모 히로산 하라주쿠 우에노공원	산낸 오르막길 기온 사계의 길	선로드 츠키지	긴자 거리 나미키길 오차노미즈	가스미가세키 신주쿠 부도심 우츠쿠시가오카 마루노우치 다카시마다이라	다이칸야마 이케부쿠로 오시아게 고지마 이노카즈라 아사쿠사바시	가와구치 가와사키

22) 목적변수의 변동을 설명변수의 변동으로 설명, 예측하기 위한 통계해석법.

공간의 의미

semantic space

의미에는 외연적 의미와 내포적 의미가 있다. 외연적 의미는 기호가 나타내는 지시대상을 편의적, 경험적으로 범화(汎化)해 '건물', '개' 등의 카테고리로 분류한 것이며 참조적 의미, 인지적 의미, 사전적 의미로 불리고 있다. 내포적 의미는 연상적 의미와 정서적 의미로 나눌 수 있다. 연상적 의미는 연꽃을 보고 '불상'을 연상하거나 '연근'을 연상하는 것이다. 한편, 연꽃을 '아름답다', '청순하다', '크다'라고 느끼는 것을 정서적 의미라 한다. 연상적 의미와 정서적 의미는 독립적인 것이 아니라 연상한 '불상'으로부터 '아름답다', '청순하다' 등이, '연근'으로부터 '크다' 등이 느껴지기도 하며, 많은 경우 연상적 의미로부터 정서적 의미에 반영이 크다. 내포적 의미는 과거의 경험, 문화적 배경, 현재의 심리상태 등에 의해서 영향을 받는 것이 많아 '의미'가 유동적이다.

J. B. 왓슨, C. W. 모리스, C. E. 오스굿 등이 내포적 의미에 대한 탐구를 '의미의 과학'으로 발전시켰으며, 그 중에서도 오스굿의 공헌이 크다. 왓슨의 생리학적 연합설은 '의미의 효과'의 다양성을 충분히는 설명하지 못하였고 모리스가 '행동 소인'이라고 하는 생각을 도입하였다. 이 '의미'로서 행동 소인에 대한 설명 중 하나는 오스굿의 '표상 · 매개과정' 모델이며, 이것이 SD법으로 대표되는 '의미의 측정'의 기초가 되었다.

SD법은 언어학, 심리학으로부터 교육학, 건축학 등 응용분야가 다방면에 걸쳐 있으며 또한 측정대상도 정서적 의미(의식)로부터 대인적 · 대물적 이미지, 커뮤니케이션 효과, 행동(태도)까지 다양하다.

건축 혹은 공간의 연구로 다루어지는 '의미'는 물건(공간)과 인간과의 관계 중에서 다루어지고 있어 행동과학의 주요한 분야인 심리학에 속하고 있다. 한편, 건축론 등에서 다루어지는 공간의 의미는 문맥 중에서 말하는 것이 많아 언어의 의미론에 가깝다.

오스굿에 의하면, 의미공간은 평가, 역량, 활동의 세 개의 의미 차원을 주축으로 하며, 그 중 가장 중요한 차원이라고 가정하고 있다. 그러나 그 후의 연구에 의해서 감각 개념(개인의 내포적 혹은 정서적 의미)에 특유인 '의미공간'의 구조는 오스굿이 말하는 언어 외 생각이 '의미공간'의 구조와 일치한다고는 할 수 없는 것이 분명해졌다. 즉, 같은 단어(기호)에서도 개인차와 다른 언어 · 문화를 가지는 집단에서 정서적 의미가 반드시 같지 않고 차이만이 공통의 현상이다.

(야스하라 하루키 安原治機)

공간의 연구

studies of architectural space

건축계획학에 대해서는 같은 이념에 의한다고 해도 평면계획학(기능의 연구)과 그 4반세기 후부터 발전한 공간계획학(공간의 연구)과는 취급하는 대상이나 연구방법이 완전히 다르다. 전자는 요인분석으로 정성적이고 후자는 상관분석으로 정량적이다 라고 하는 것이 많다.

우선 공간의 연구에는 '공간의 분위기 연구'가 있다. 이것은 인간이 공간 안에 있을 때, 그 공간으로부터 느끼는 분위기를 알아내어(심리적 공간으로서 나타낸다) 그것이 실제로 공간의 어떠한 방법(분위기를 보존하면서 m개의 물리량으로 나타내는 m차원의 물리적 공간)에 유래하는지의 상관관계를 분석하는 것이다. 가로의 도시적 공간, 움직임, 참배길의 시퀀스, 다실 등의 단위공간(후나코시 도오루 · 츠미타 히로시)이나 교실 안의 사람의 밀도감(우에노 준) 등 심리량이나 물리량을 간략화하는 것도 많다.

그것에 대하여 인간에게 축적된 이미지(기억)를 해석하고 현실공간(물리량 · 형으로 표현)과의 관계를 분명히 하는 <공간 이미지의 연구>가 있다. 생활영역, 중심지구의 이미지, 주택지의 의식 펼쳐짐, 내부공간의 알기 쉬움 등이 이것에 해당된다. 방법으로서는 정성적인 이미지 맵, 정량적인 구성요소의 구상기법 등이 있지만 전이자에게 결함도 존재한다.

이 그 밖에 인간행동, 경로탐색(후나바시 구니오 · 와타나베 아키히코) 등 공간의 연구에 가까운 연구도 많이 있다.

(후나코시 도오루 船越 徹)

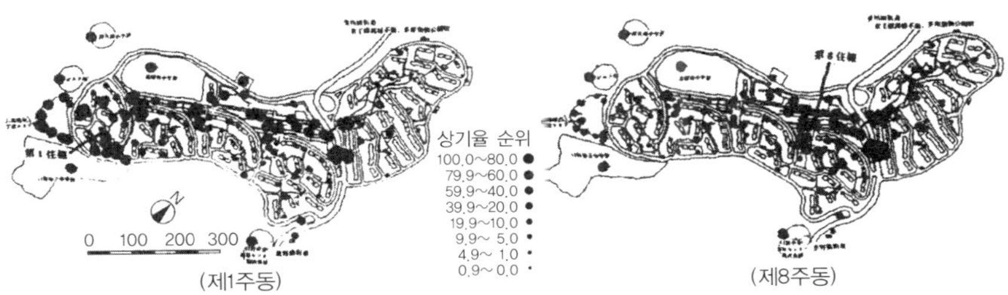

상기율(想起率)의 크기에 따르고 점으로 나타내 보인 것.('종합주택지의 〈의식〉의 펼쳐져에 관한 연구)후나코시 도오루 · 츠미타 히로시 외)

그림 1 다카하타의 대단지 구성요소 상기도

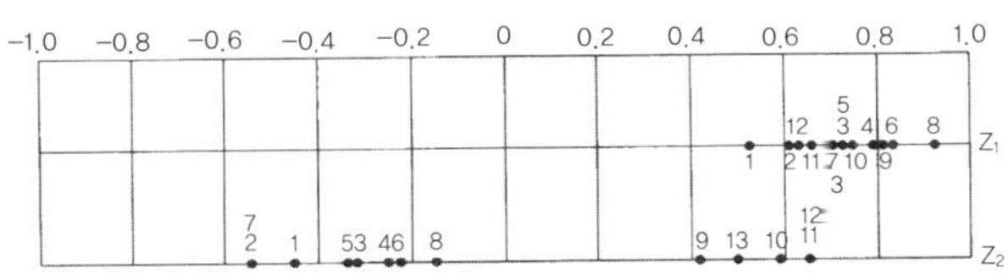

상기율(想起率)에 분포를 주성분분석에 걸치는 것에 의해서, 그 단지의 공간구성을 수량적으로 분명히 할 수 있다.

그림 2 다카하타다이 단지의 주성분분석에 의한 인자 부하량 플롯도

실존적 공간

existential space

실존적 공간이란 자기의 신체를 중심으로 하여 체험이나 학습 등에 기초를 두어 주체의 의식에 형성된 공간 · 환경의 이미지를 가리키는 말이다. 의미를 내포한 공간에서 주체의 외부에 존재하는 실재적 · 객관적 공간과 대립한 공간개념이다.

주체가 성장과정으로의 공간체험과 뗄 수 없는 관계로 개인의 성향 · 학습 · 행동 · 기억 등에 깊게 의존하는 '살 수 있었던 공간'이다.

'실존'이라고 하는 개념은 실존철학의 용어이지만 건축 · 도시 계획학으로 '실존적 공간'의 용어가 사용될 때에는 엄밀한 의미에서 상기의 철학 용어는 대응하지 않는다. C. N. 슐츠의 '실존 · 공간 · 건축'에 있어서의 실존적 공간의 의미로 이용되는 것이 많다.

슐츠는 이 책에서 "실존적 공간과는 비교적 안정된 지각적 스키마의 체계, 즉 환경의 이미지이다"라고 정의하고 있다.

실존적 공간의 특징이 주체의 신체를 중심으로 형성되는 공간이라고 하는 점에서는 J. V. 윅스퀼의 '생물공간'이나 E. T. 홀의 '거리공간'에 관련한다. 또 '환경의 이미지'라고 하는 점에서는 K. 린치의 '도시의 이미지'의 연구와 관련한다.

그러나 슐츠의 실존적 공간은 주체 내지는 생물적 개체가 가지는 고유의 공간이나 환경의 이미지에 머무르지 않는다. 이미지의 공동성, 보편성이 전제로 되어 있다. J. 피아제의 '스키마-Schema' 개념 등을 원용해 공간의 보편성을 인정하고 있는 점 등에서 상호 주관적 내지는 구조주의적 개념을 포함한 입장에서 이 용어를 이용하고 있다고 생각할 수 있다.

(후쿠이 도루 福井 通)

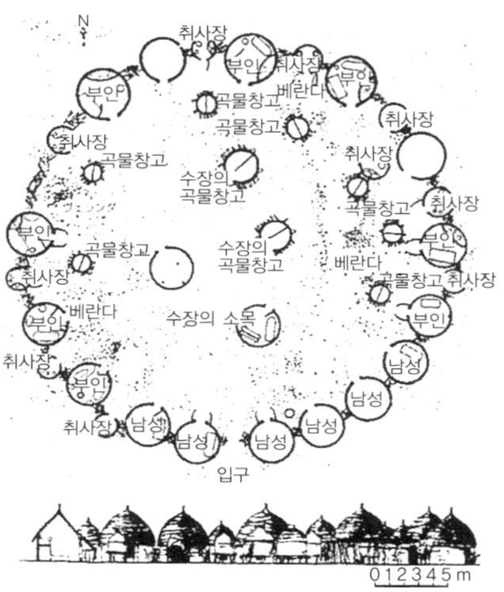

그림 1 수호의 형태의 원형(맛사족의 주거군)

그림 2
여러 가지 수호의 형태
(좌상 : 개평의 망루주거,
우상 : 예멘의 락 팰리스,
좌 : 하카의 도루군)

공간론

theory of space

공간론이라고 하는 용어가 애매하여 광의에는 공간개념의 역사적 해석, 협의에는 건축 · 도시공간론, 설계 방법론, 공간연구론 등 다방면에 걸친다. 협의의 의미는 '공간연구', '심리적 공간' 등의 용어를 참조하기를 바라며, 여기에서는 광의의 의미에 대해 말한다.

공간론의 계보는 크게 두 개로 나눌 수 있다. 하나는 주체의 밖에 있는 객관적 · 균질공간의 계보, 다른 하나는 주체를 중심으로 하는 상호 주관적 · 의미공간의 계보이다. 이 두 개의 계(系)는 인간이 세계를 파악할 때의 자세 · 양태에 관련한다고 생각된다. 하나는 정신 · 의식이며 다른 하나는 육체 · 신체이다. 두 개의 계(系)는 시대에 의해 '그림' 혹은 '땅'으로서 서로 출현한다.

고대시대에는 원자론자의 데모크리스토스(전460−370)가 전자의 예이다. 그는 물건의 원소로서 아토마(atoma)를 생각하여 아토마가 운동되는 것은 케논(kenon)이라고 불리는 공허가 있기 때문이라고 생각하였다. 플래튼(전427−347)의 공간론도 이 계보에 속한다. 공간은 실재세계(idea)와 그의 모사라고 할 수 있는 현실의 세계와 달리 영원불변의 제3개념이라고 생각하였다.

후자의 예로 아리스토텔레스(전384−322)의 사물은 있는 장소를 차지하지만, 사물이 장소를 떠나면 사물의 형태는 비어있게 되고 장소만 남는다. 이 장소의 총화가 공간이다. 장소는 단순히 공허하지 않게 고유의 힘을 가진다고 생각할 수 있었다.

중세시대에는 공간=신과 신학적으로 해석되었다. 신과 공간을 동일시한 생각은 크리스트교에 계승되어져 의미로 가득 찬 구(求)심리적 공간개념이 된다.

근세에 있어서의 공간개념은 중세의 영향을 받으면서도 근대의 균질공간의 개념으로 연결되는 생각에서 나온다.

칸파넬라(1568−1639)는 공간을 신의 속성이라 하면서도 균질에서 차이가 없고 비물체적이라고 생각하였다. 데카르트(1596−1650)는 공간=물=연장으르서 공간을 마음 · 의미와는 독립적으로 경합하여 근대의 균질공간으로 연결되는 개념을 제시하였다.

근대의 공간론으로 주목해야 할 것은 뉴턴(1643−1727)의 절대공간이다. 그의 공간은 모든 사물에 앞서 존재하는 영구 부동으로 무한의 공허(空虛)이다. 칸트(1724−1804)는 공간을 선험적인 지식의 형식의 하나로 생각하여, 생물의 종에 의해 환경이 다르듯이 공간도 인간이라고 하는 존재에 규정된다고 생각하였다. 이 생각은 오늘의 '공간도식(스키마schema)'이라는 유사한 측면을 가지지만 도식=형식이 경험 · 학습 등과 관계없이 선구적으로 인간의 완성에 처음부터 있다고 여겨지는 점이 다르다. 현대로는 실존적 공간, 신체적 공간 등 균질공간 후에 다시 의미공간의 계보가 '그림'으로서 등장하고 있다. (후쿠이 도루 福井 通)

인지지도

cognitive map

미국의 신행동주의 심리학[23]의 E. C. 톨맨에 의해서 만들어진 용어·개념이다. 사람들은 일상생활의 건물 내부나 지역의 이동행동에서 익숙한 것이 있는 장소에서는 자신이 있는 위치나 목적지에의 방향·경로를 정확하게 파악해 틀리지 않고 이동하고 있다.

이것은 반복된 경험의 축적에 의해서 공간구성의 지식이 습득되고 있으므로, 이 지식은 인지지도이다. 톨맨은 쥐의 탐이행동(探餌行動)에 의해서 이 개념을 이끌어냈다. 우측방향에 먹이가 있는 장치로 훈련한 쥐를 놓고, 그 길을 막아 180도를 등분으로 분리한 경로를 만든 장치에 넣어 실험하였는데 처음의 먹이가 있던 우측방향의 길이 상당한 빈도로 선택되었다. 이것은 쥐가 먹이까지의 구체적 경로만을 기억하고 있는 것이 아니라, 출발점과 먹이의 위치와의 공간관계를 학습하고 있는 것을 의미하며, 이것을 인지지도라고 명명했던 것이다.

인간에게도 이러한 능력은 갖춰지고 있지만, 행동의 장소인 건축·도시공간은 쥐의 실험장치보다 복잡하며 광대하다. 그러한 장소의 알기 쉬움과 상기의 하기 쉬움을 K. 린치는 '도시의 이미지'에 대해 분석하였다. 그 후, 이 분야의 연구는 피험자에게 여러 가지의 지도-루트맵(노선도-路線圖), 이미지 맵, 멘탈 맵(심상 지도-心象地圖)을 그리게 하는 것에 의해서 크게 발전하였다. 이러한 인지지도 연구는 디자이너에게 알기 쉽고 이미지하기 쉬운 건물, 복합건축, 근접, 도시를 창조하는 방법에 대한 이해를 준다. (다카하시 다카시 高橋鷹志)

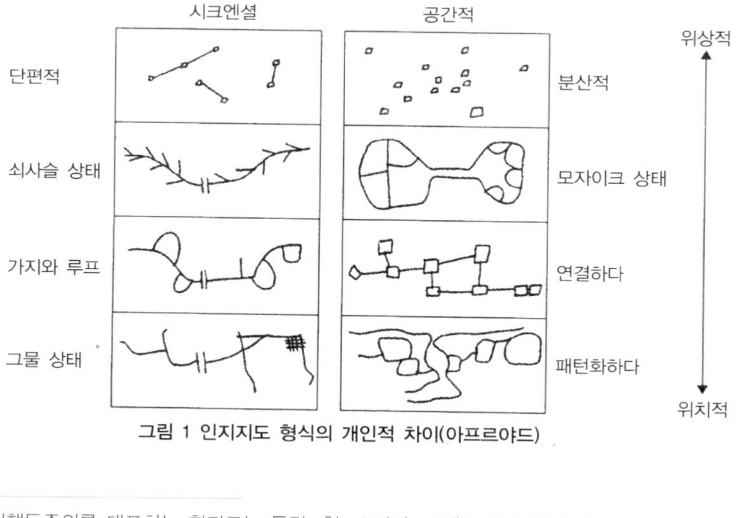

그림 1 인지지도 형식의 개인적 차이(아프르야드)

23) 1930년대 신행동주의를 대표하는 학자로는 톨만, 헐, 스키너, 스펜스 등이 있다. 톨만(Tolman)은 인간의 행동이 결정되는 방식을 제안하였다. 왓슨의 행동주의에서 제안하였던 자극-반응의 모델이 아니라 행동주의자로서 최초로 자극-유기체-반응 모델을 채택하였다. 신행동주의의 특성은 인간의 행동이 단순히 반사에 의해서 설명될 수 없으며 신경계의 원리가 관련 있다고 보고 있다. 인간을 이해하기 위해서는 선험적 원리에서 출발하여 가설연역법으로도 해석할 수 있다고 하였다.

인지영역

cognitive area

생활장면 속에서 사람들이 인지하고 있는 장소나 사물의 지리적인 구성을 인지영역이라고 부른다. 영역이라고 하는 개념에는 단순히 지리적으로 넓어지는 의미 외에 개인의 행동에 밀착한 세력권, 생활권이라고 하는 의미가 포함되어 있으며, 고바야시 히데키(小林秀樹)의 '집합주거의 세력권'에 대해 '개인이나 집단이 자신 혹은 스스로의 것이라고 하는 의식을 갖고, 거기를 지배하는 곳의 일정한 공간이다.'라고 정의되는 '생활영역'이 잘 알려져 있다.

이와 같이 소유, 지배, 책임이라고 하는 공간과의 관계를 가지는 생활영역에 대해서 인지영역은 '알고 있다'고 하는 장소나 사물(가본 적이 없는 것을 포함해)이 지리적으로 넓어지는 것을 의미한다. 어느 지역의 주민이 '우리 마을'이라고 인지하고 있는 영역을 지도상에 둘러싸거나 지역 내의 시설, 공원 등의 지정대상을 알고 있는가, 없는가로 대답하는 것으로부터 인지영역을 고찰하는 연구가 있다.

이러한 지리적으로 넓어짐이라고 하는 물리적 환경뿐만 아니라, 사회문화적 환경, 환경의 질에 대한 인지까지를 포함한 개념으로 확장할 필요가 있다. 공사(公私), 접근의 가부(可否), 영역문화 등의 인지 또한 생활에서 빠뜨릴 수 없다. 이것들은 사람들의 발달과정에서 어느 문화에 있어서 고유의 구조로서 학습된다.

인지영역의 형성은 일상생활에 있어서의 이동에 의해서 학습된다. 이 이동 기억에 의한 인지영역은 지도에 의하여 기억된 지도 기억과는 다르다고 말하고 있다.

(다카하시 다카시 高橋鷹志)

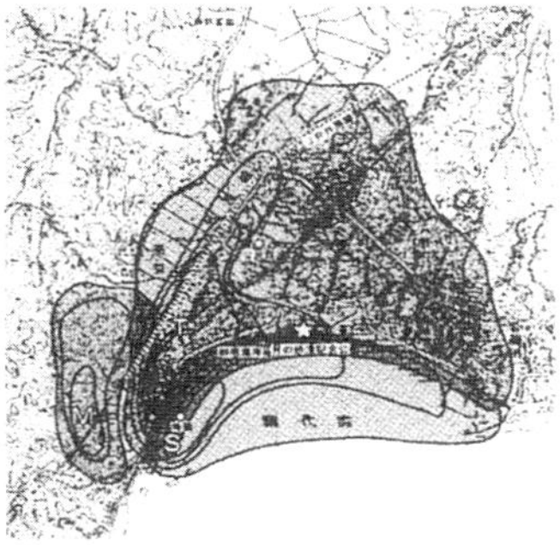

그림 1 온쥬쿠의 인지영역도

표 1 지도 기억 · 이동 기억의 각각을 기초로 거리 평정을 실시하는 경우의 처리 과정의 모델(Thorndyke & Hayes-Roth, 1982)

경험의 타입	평정의 타입	
	직선거리	도 로
지 도	지도를 시각화한다. 목표점의 위치를 판단하는 거리를 측정하는 반응을 생성한다.	지도를 시각화하는 목표점의 위치를 판단한다. 길의 거리를 측정한다. 거리를 합계한다. 반응을 생성한다.
내비게이션	심적으로 경로를 모의 실험을 한다. 길의 거리를 평정한다. 모퉁이의 각도를 평정한다. 개산을 행한다. 반응을 생성한다.	심적으로 경로를 모의 실험을 한다. 길의 거리를 평정한다. 거리를 합계한다. 반응을 생성한다.

인지거리

cognitive distance

물건과 물건과의 위치관계를 나타내기 위해서 다양한 거리가 있지만 인간과 환경과의 관계를 나타내기 위해서는 감각이나 지각, 인지에 근거한 거리도 있다.

생명체의 방어범위나 인간의 지배범위를 의미하는 테리터리(territory)나 세력권이라는 말이 있다. 세력권은 경우에 따라서는 행동권을 의미한다.

익숙한 장소나 그 범위를 나타내는 말로서 인지영역과 인지거리가 있다. 아이가 성장과정에서 자신의 생활영역을 서서히 넓혀 가는 경우에 인지거리는 확대된다. 한편, 어른의 경우 아이와 비교하면 행동범위가 크고 인지거리도 클 것이라 생각하게 된다. 그러나 근린생활에 대해서는 아이보다 발달했다고 할 수 없다. 결국, 근린생활에서는 어릴 때 형성된 인지영역이 어른이 되어서도 그대로라고 할 수 있다.

인지거리를 아는 방법으로 근린생활의 지도를 그리게 하는 방법(이미지 맵)이나 마을 안의 요소를 떠올려 주는 방법이 있다. 상기(想起)거리라는 말도 있지만 이것은 인지거리 중 하나이다.

아래의 그림은 사람들이 자신의 생활환경 속에서 떠올릴 수 있는 시설이나 장소에 도착하여 주변을 조사하고, 자택으로부터 시설까지의 상기거리를 집계한 것이다. 이 결과에 의하면 연령이나 도시의 규모에 의한 차이는 적으며 상기거리는 자택으로부터 겨우 700~800m 정도의 범위까지로 나타나고 있다.

(마츠모토 나오시 松本直司)

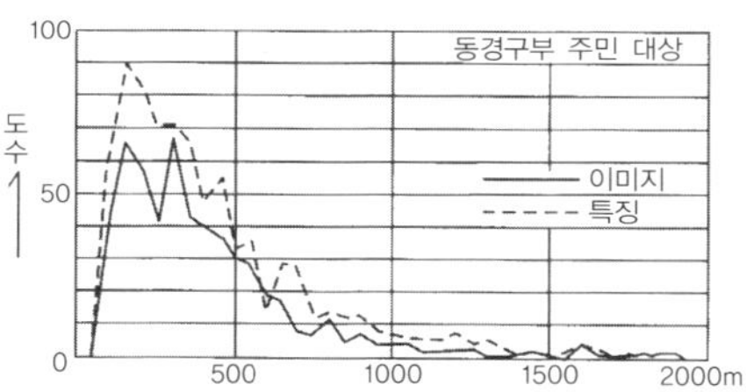

그림 1 자택으로부터 시설까지의 상기 거리

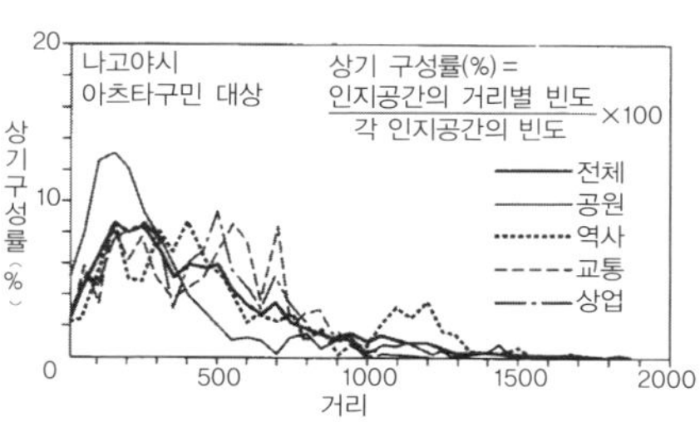

그림 2 자택으로부터 시설의 인지거리

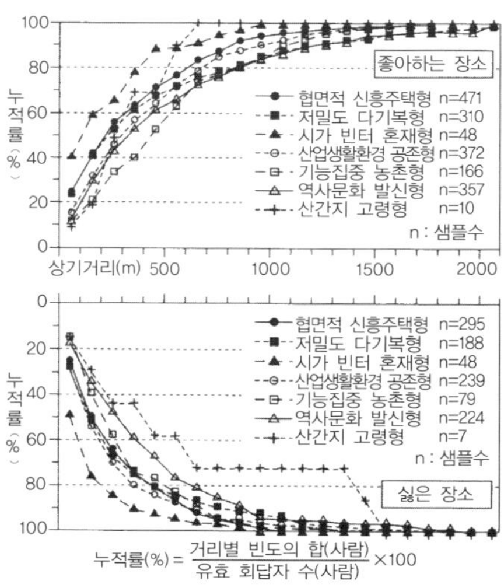

그림 3 초등학생(5학년)의 상기거리

인지 스타일

cognitive style

인지 스타일은 인지형 혹은 인지양식이라고 하는 용어가 사용되고 있으며, 외부세계의 반응에 관한 개인차를 취급하는 인지심리학의 분야에서 사용되는 말이다. 즉, '넓은 의미로 정보의 체제화와 처리에 관해서 개인이 일관되게 나타내 보이는 양식을 말한다. (중략) 인지 스타일은 자극과 반응을 잇는 고체 내부의 인지적인 매개과정을 설명하기 위해서 구성된 개인차에 관한 가설적인 개념이다'(신판 심리학 사전)라고 정의되고 있다.

이 경우, 내부의 인지과정에는 지각 · 기억 · 사고뿐만 아니라 동기 마련 · 태도 등의 인격과정도 관여된다. 그 결과, 환경에 대한 개인의 독자적 · 심리적 의미가 부여되어 행동에 일관성이 생기는 것이다.

인지 스타일의 사고방식을 건축 · 도시공간인지의 분석에 도입한 것은 도이 히로시의 일련의 연구이다. 여기에는 인지 스타일의 개념을 집단으로 확장한 것으로 집단 종별에 있어서의 인지 차이, 구체적으로 같은 환경에 대한 접촉양태가 다른 두 개의 집단(거주자와 방문자)의 인지 스타일 차이, 각각 이용하는 물리적 환경 안의 정보 차이를 분명히 하고 있다.

한편, 각 집단 내의 개인의 인지 스타일도 개인차에 따라 추측할 수 있으며 각 집단의 시간의 길이에 긴 추적이 필요하다. 즉, 개인의 인지 스타일에 있어서의 사회적 감수성의 강약 등 변동하는 장소 의존성–장소 독립성, 혹은 인지에 있어서의 심사숙고–충동성 등의 차원을 도입하여 행동에 있어서 사람들이 개인적 행동 특성의 분석이 요구되고 있다.

(다카하시 다카시 高橋鷹志)

* 수치는 %의 레벨
(예 0 : 0~9%, 1 : 10부터, 10 : 100%)
** 인지도 95% 이상의 지구

그림 1 인지도 분포도(거주자)

* 수치는 %의 레벨
(예 0 : 0~9%, 1 : 10부터, 10 : 100%)
** 인지도 60% 이상의 지구

그림 2 인지도 분포도(방문자)

선호태도

preference attitude

선호란 '좋아하는 것만 골라서 취함–많은 것 중에서 기호의 것만을 선택하는 것'을 음독한 조어이다.

시각발달에 관한 연구방법으로서 R. L. 판트가 실시한 preference method의 역어가 선호법(편호법이라고도 번역되고 있다)이다.(신판 심리학사전) 유아에게 자극패턴을 보여주고 주시하는 시간을 측정하면 특정 패턴이 보인다는 결과를 얻었다. 자극패턴은 직경 6인치의 도식적 안, 동심원상 모양, 인쇄문자, 백 · 황 · 적의 반복 제시의 6종이었지만 얼굴의 주시시간이 전체의 30%로 가장 길었다고 한다. 엄마의 얼굴이 기억에 새겨 넣어지고 있었기 때문일 것이다.

건축 · 도시공간적 사물, 장소 혹은 공간 자체에 대한 개인이나 집단 선호태도는 공간의 인지 · 평가 속에서 중요한 위치를 차지하고 있다. 유아의 얼굴 주시와 같이 각자가 익숙해진 장소의 위치나 사물의 배열은 선호적으로 학습되어 새로운 환경에서 그 구성이 변했을 때 위화감을 느끼고 이전에 학습한 구성을 지속적으로 고집하게 된다.

이러한 환경에 대한 선호태도는 인생의 발달과정에서 귀속하는 물리적 · 사회 문화적 환경 구조에 규정된다. 시간이 걸려 형성된 선호태도는 안정적이고 변화가 있는지 없는지에 관하여 질문한다면, 그 모두의 가능성이 있다고 할 수 있다.

계획이나 입주 후의 선호태도에 관한 연구조사가 넓게 행해지고 있지만 사람들의 환경 · 행동에 대해서 단순한 결정론이 아닌, 상호 침투적 교육에서 생각하기를 바란다.

(다카하시 다카시 高橋鷹志)

그림 1 이바라키 겸영 츠쿠바 마츠시로 아파트 전경 (설계 : 오노히데토시 외)

표 1 마츠시로 아파트에 거주했던 감상을 간추린 글

【주민 A : 4층 주민】 살기 쉽다. 둘러싸는 형태는 좋다고 생각한다. 햇빛을 만들면 좋겠다. 위에 담쟁이는 세균이 들어갈 걱정이 있어 아이에게는 좋지 않다. 놀이터의 나무로 된 놀이기구에서 가시가 박혀 좋지 않다.(현청에 전했다) 필롯트에 시계를 두었으면 좋겠다(전체적 만족 : 약간 만족).
【주민 B : 4층 주민】 건물이 변화하고 있다. 안뜰에 아이들이 없기 때문에 주차장을 더 많이 갖고 싶고, 한 가구당 2대씩 주차공간을 갖고 싶다. 친가는 4명이서 4대이다. 근처에 쇼핑하기 좋은 장소가 없다(전체적 만족 : 약간 만족).
【주민 C : 1층 주민】 이웃과의 교제가 큰 문제. (주차장의 문제 등) 시끄럽다. 둘러싸는 형태에 관해서 간섭 받는 기분이 듦. 친가 가까이의 민간 임대주택을 잘못 짓기 때문에 좋다고 생각한다(전체적 만족 : 약간 만족).

* ( ) 안은 앙케트로 조사한 만족도에 대한 회답

개인차

individual difference

환경의 지각이나 평가에는 개인에 따라 차이가 있다. 예를 들어, 촛불로 비춰진 레스토랑은 젊은 커플에게는 분위기가 있는 공간이 되지만, 고령의 부부에게는 메뉴를 읽을 수 없을 정도의 어두운 공간이 된다. 흰색으로 통일된 병원의 실내디자인은 의료업에 종사하는 환경에서 청결해 보일 수 있는 공간이지만 환자에게 있어서는 차가운 공간이라고 인식할 수 있다.

P. 실은 환경으로부터 정보의 해석방법에 대한 개인차를 인간에 대한 3단계의 차이(지각필터)로 설명하고 있다.(그림 1)

'생리적 특성'은 몸의 크기나 감각기관의 감도라고 하는 연령이나 장애의 유무 등에 따라서 다른 환경에 대한 신체적 능력의 차이, '정보선택 특성'은 교육의 정도, 지식, 직업, 문화, 생활양식이나 입장에 의한 차이, '심리적 구조'는 그 시점에서 욕구의 상황이나 각성상태에 따라서 다른 것이다. 상기의 예로 전자는 '생리적 특성'에 의한 차이라고 생각할 수 있으며, 후자는 '정보선택 특성'에 의한 차이라고 생각할 수 있다.

최근에는 개인이 환경에 요구하는 질이 다양화되고 있다. 따라서 연구자는 표준적인 인간모델이나 평균적인 평가치를 나타내는 것만으로는 불충분하며, 개인의 다양성을 계통적으로 정리한 후에 그러한 차이를 일으키게 하는 배경에 과학적인 의미를 부여해 줄 필요가 있다.

또한, 디자이너 역시 연구적 지식과 의견을 참조하여 각각의 특성을 올바르게 이해하고 요구에 정확히 대응한 디자인을 하는 것이 필요하다. (소에다 마사시 添田昌志)

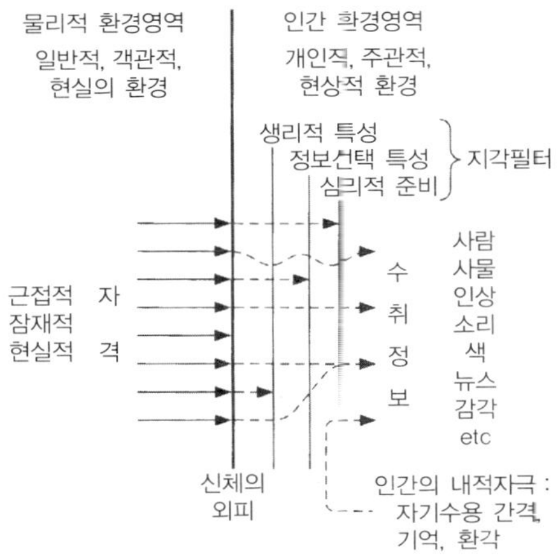

그림 1 지각의 개인차에 관한 필터 모델

공간파악

appreciation of space

공간의 인식, 이해, 해석을 의미하는 포괄적 용어이다. O. H. 보르노의 '인간의 공간'에서 '생활은 공간 안에서 영위된다고 하나 정확하지 않은 표현이다.(중략) 생활은 근원적으로 공간과의 관계에 의해 성립하며, 비록 사고 안에 있어도 공간으로부터 해방될 수 없는 것이다' 라고 표현되고 있는 공간, 사람들은 의식적 · 무의식적으로 어떻게 파악하고 있을까에 초점을 맞추는 것은 공간연구의 근간을 이루는 것이다. 공간파악은 연구의 장면에서 여러 가지의 차원으로부터 분석되고 있다. 건축 · 도시에 존재하는 공간의 물리적 차원의 측정, 기술, 그림이 되는 물적 요소 추출과 그것들이 사람들에게 주는 심리적 효과 분석이 있다.

측정의 차원에는 공간의 거리 · 용적의 추정으로부터 시작되며 사람들의 생리 · 심리적 자아영역(보이지 않는 공간)의 계측이 있다. 공간의 기술로서는 체험되는 공간 시퀀스의 언어적, 시각량으로서의 기술 시도가 있다. 또한, 보다 개념적인 차원으로서 건축형태의 표층에 대한 기호론적 해독 연구가 있다.

그리고 사람들이 매일 체험하고 있는 건물의 공간구성에 대한 기억형태나 이미지 등 기억의 재생을 추출, 해독하는 여러 가지의 방법으로 이미지 맵, 사인 맵, 요소 상기(엘리먼트 상기), 퍼즐 맵 등으로 불리는 공간 재생법이며, 사람들의 공간기억의 양상을 해명하는 것이다. 이것들에 의해서 건축 · 도시공간의 알기 쉬움, 사람들이 인식하고 있는 의미 등에 초점을 맞출 수 있다. 설계의 장면에서는 전문가와 비전문가의 공간파악의 차이를 알 필요가 있다.

(다카하시 다카시 高橋鷹志)

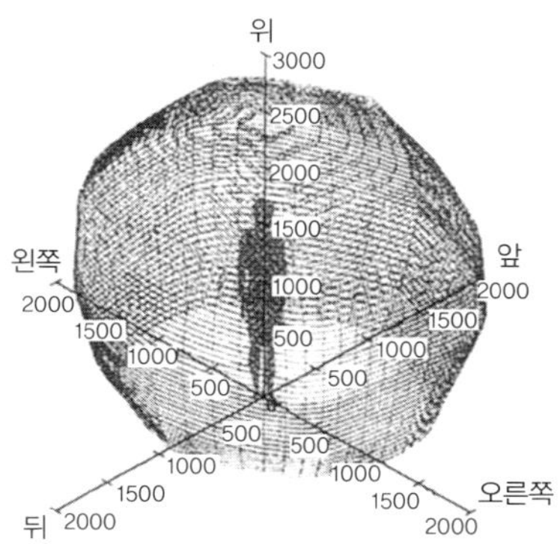

그림 1 '코레' 영역의 3차원 형상

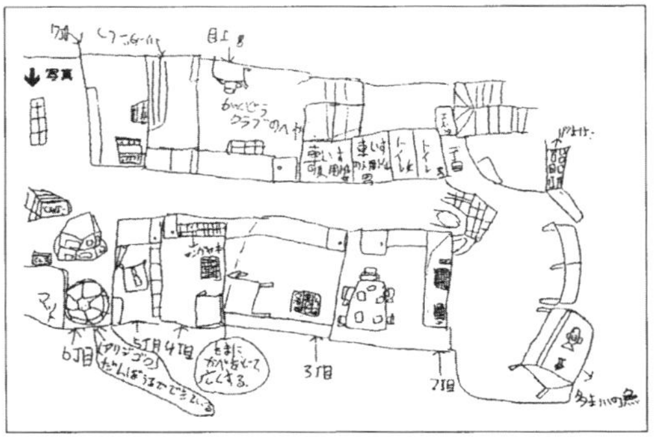

그림 2 세타가야구 후카자와 아동관의 이미지 맵

공간평가

appraisal of architectural space

공간평가에는 2개의 측면이 있다. 첫째, 공간을 도시 · 건축환경의 물리적 속성으로서 파악하여 넓은 의미로서는 구축환경을 완수해야 할 목적의 충족도를 평가하는 것이다. 건축의 목적에는 옛부터 내려오는 설이 있지만, 비트루비우스의 용(用) · 강(强) · 미(美)가 출발점이다.

이 세 개의 요건은 근대주의 운동에서는 그로피우스에 의해서 기능 · 기술 · 표현이라고 바꿀 수 있었지만, '미'에 관해서는 마키 후미히코가 주장하듯이 17세기 영국의 시인 워톤 경이 주장한, 사용되는(用)(commoditie), 강한(强)(firmnes), 기쁨 혹은 즐거움(喜, 樂)(delight) 쪽이 건축 역할을 적절히 나타내고 있다는 견해가 있다.

L. B. 알베르티(L. B. Alberti)도 『건축서』에서 '미(美)란 하나의 마음이 다른 마음을 즐겁게 하는 가장 필요한 조건이다."라고 말하고 있다

둘째, 도시 · 건축 총체의 분리로 사람들의 일상생활을 포함하여 담는 도구로서의 공간에 초점을 맞춰 공간의 물리적 속성(사이즈, 형태, 색채)이나 사회 · 행동적 영향으로서의 평가를 묻는 것이다. 이런 종류의 평가에는 물리적 환경의 정서적 의미를 언어에 의해서 평가하는 SD법(실내의 색채조화에 적용되고 나서 넓게 사용하게 됨)이 유명하다.

계획이나 설계의 결과로서 공간에 관한 것보다 행동에 초점을 맞춘 평가, POE(post-occupancy evaluation)-사용 후 평가가 있는데, 주거, 오피스부터 시작하여 각종 건축에 적용되고 있다. 평가에는 해석적 분석 이외에도 참여 관찰, 문장 분석(소설 · 수필), 심층면접(depth interview)도 필요하다.

(다카하시 다카시 高橋鷹志)

매일 그 나름대로 건물의 성능을 평가하고 있다.

POE에서는 이용자의 요구에 초점을 맞춘다.

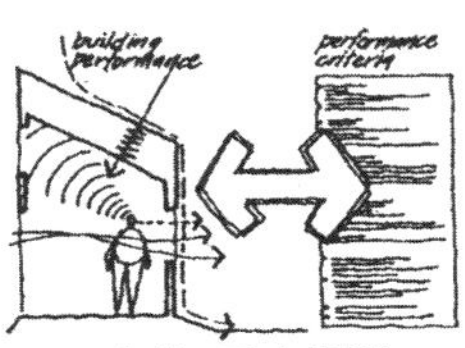

POE에서는 평가기준에 따라 건물을 평가한다.

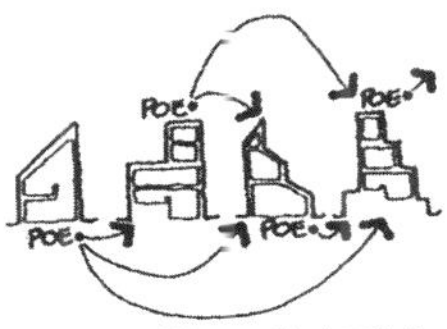

POE로 얻을 수 있던 정보는 장래에 활용된다.

건물 등을 이용하는 사람들의 시점으로부터 건물의 성능 · 문제점을 평가한다.

그림 1 POE의 사고방식

평가구조

mechanism of appraisal

사람들이 건축 · 도시 등의 구축환경의 좋고 나쁨을 평가할 때 그 판단의 틀, 내적 구조를 평가하는 것, 심리적 차원에 관한 '실제로 공간을 이용하는 사람들이 그 공간을 평가할 때, 어떤 기준에 어떠한 우선순위를 주는가를 명확히 하는 것을 목적으로 하는 연구'의 중요성이 지적되고 있다. 이러한 접근은 공간계획 · 형성에 있어서의 목표 설정에 관련되는 지식축적의 환경계획 · 설계에 빠뜨릴 수 없다고 하는 인식을 근거로 하고 있다.

이 문제해결을 위한 연구방법인 SD법에 대해서 형용사대로 제시되는 질문사항이 '다양한 가치관을 가지는 사람들의 공간평가의 관점을 모두 망라하고 있다고는 생각하기 어렵다', '개인의 가치관에 의해서 공간의 평가의 방법이 크게 차이가 난다'라는 의견에도 불구하고 '개인차에 대한 고려가 적다', '평가의 우선순위, 계층성을 파악할 수 없다'와 같은 문제점이 지적되고 있다.

이것을 해결하기 위해 사누이 준이치로의 '레퍼터리 그리드 발전기법'이 제안되고 있다. G. 케리의 퍼스널 컨스트럭트 이론(경험을 통해 각자에 고유한 인지구조가 형성됨)을 발전시킨 것이며 거실의 평가구조와 개인차와의 관계가 해명되고 있다.

평가에 대해서는 개인이 가지는 심리적 유형에의 고려도 필요하고, 결정의 차원에서 논리적 사고형과 개인의 생각을 강조하는 감정형이 있다는 것을 유의해야 한다.

(다카하시 다카시 高橋鷹志)

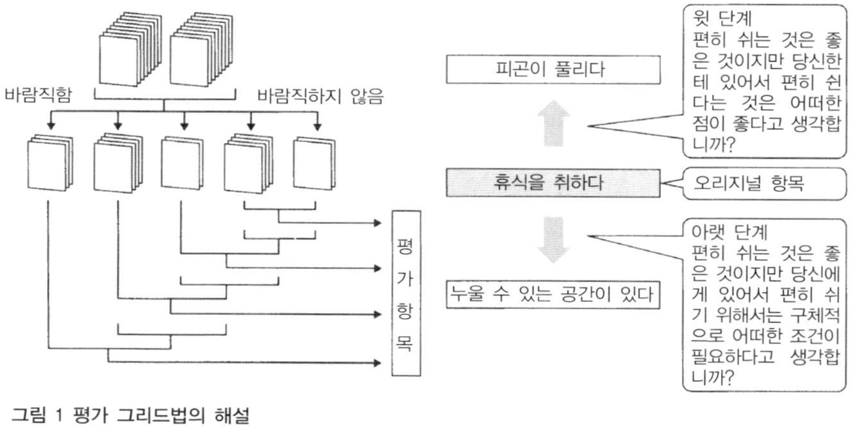

그림 1 평가 그리드법의 해설
(사누이 준이치로 · 이누이 마사오 '레퍼터리 그리드 발전기법에 따르는 주 환경평가구조의 추출 – 인지심리학에 근거하는 주 환경평가에 관한 연구(1)' 일본건축학회 계획 논문 보고서 No.367, 1986을 기초로 작성)

POE

post-occupancy evaluation

POE란 건축평가의 한 방법이며, 그 평가는 건축이 실제로 지어진 후에 그 성능을 이용자에게 평가받는 사후평가이기 때문에 '거주환경평가', '입주 후 만족도 조사' 등으로 번역되기도 한다.

이용자를 대상으로 한 앙케트조사로부터 해당 건축의 만족도를 요구하여 물적 환경과의 상관관계를 분명히 하는 것으로 향후 계획 시에 유효한 지침을 얻는 것을 목적으로 하고 있다. 그러나 POE가 건축디자인의 의사결정 지원 툴로서 유효하게 기능하기 위해서는 사후평가뿐만 아니라, 개선 후의 평가 예측까지 실시할 필요가 있으며 평가 이행의 구조파악이 중요해진다.

Wolfgang Preiser와 Harvey Rabinowitz의 저서인『post-occupancy evaluation(1988)』에 POE에 대해 자세하게 소개되고 있다. 여기에서는 '건축 내부에 있어 주된 요소는 기술적인 면, 기능적인 면, 행동적인 면으로 크게 나눈다.'고 한다.

POE는 물적 환경의 종합적인 평가를 얻을 수 있는 유익한 방법이지만, 이러한 일은 종래의 '계획 연구'에 대한 같은 방법을 이용한 많은 연구가 축적되어 있으므로 결코 새로운 방법이라고는 할 수 없다.

연구 사례로서는 고마츠 히사시 · 다니쿠치 겐 · 야나기사와 다다시에 의한 일련의 병원 내의 조사를 들 수 있다.

(히로노 가츠토시 廣野勝利)

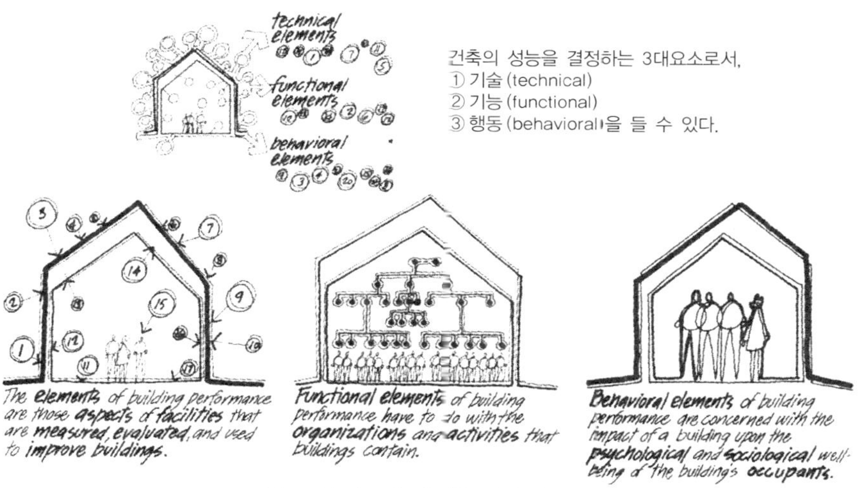

그림 1 기술면 · 기능면 · 행동면의 개념도

궤적 · 동선

locus/traffic line

궤적이란 본래 '자동차의 바퀴 자국의 자취'이지만, 건축학 분야에서는 자동차 등의 행동 관찰대상의 이동경로 또는 그것을 평면도에 정확하게 기록한 노선도를 가리킨다. 일반적으로 이동 주체는 물리적 흔적을 남기지 않기 때문에 궤적을 알기 위해서는 이동 주체를 촬영한 화상처리로 궤적을 읽어내어 도면화 할 필요가 있다.

한편, 동선은 '건축공간에 있어서의 사람, 물건 등의 운동궤적, 즉 운동량, 방향이나 시간의 변화 등을 나타낸 선'(건축 대사전)이라고 정의되지만, 궤적과 동선의 구별은 반드시 정확하지 않다. 굳이 말하자면, 궤적은 형상을 정확하게 기록하는 것이 중요하고, 동선은 시점과 종점의 위치관계, 길이, 통화횟수, 교착상황에 의해 중점을 둔 개념이라고 할 수 있다. 따라서 동선을 통과횟수에 비례한 폭으로 나타내어 '굵은 동선', '가는 동선'이라고 부르기도 한다.

동선의 생각을 가장 의식적으로 평면해석의 수단으로서 이용한 것은 베를린의 건축가 알렉산더 클라인이 최초이다(1928). 클라인은 '동선과 통행경로의 검토', '활동면적의 집중', '평면요소의 기하학적 상사(相似)'의 3점을 측정하여 작은 주택평면의 계획으로 중요한 조건을 객관적으로 그려내려고 하였다.

클라인의 동선은 다나하시 료, 가와키다렌 시치로가 일본에 소개했지만, 니시야마 우조오는 클라인의 고찰에 대해서 비판적 제언을 실시하며 동선에 중량감을 붙여 계수를 산정하는 등 보다 엄밀하게 비교 검토를 실시하였다. (요시무라 에이스케 吉村英祐)

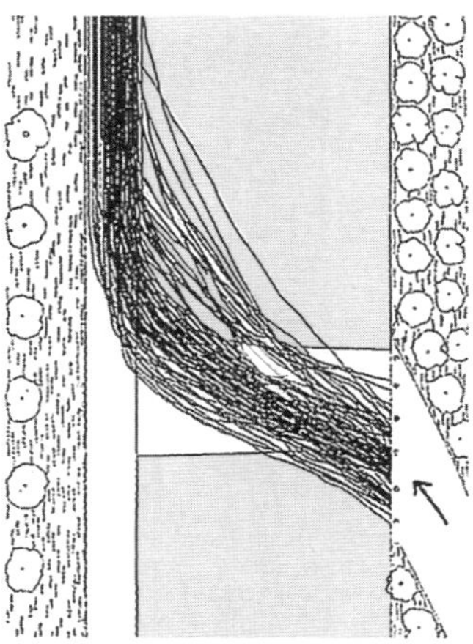

그림 1 횡단보도에 있어서의 보행 궤적의 집적도

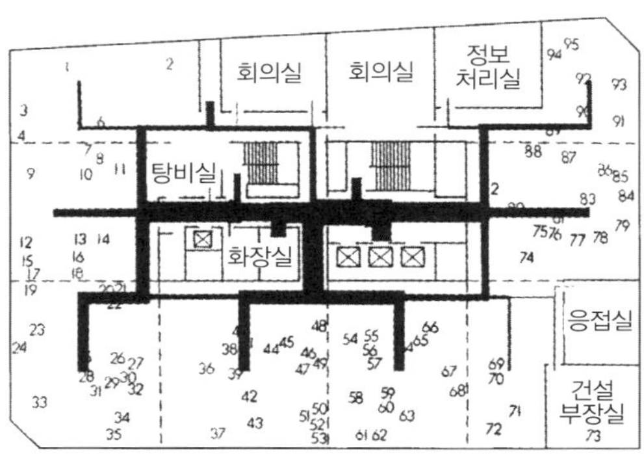

그림 2 오피스 빌딩에 있어서의 일상 동선 (굵기는 통과 빈도에 비례)

경로탐색

wayfinding

경로 선택은 넓은 의미로는 이동행동에 있어서 보행자의 공간적 위치변화를 주체에 의한 선택으로 간주하는 경우를 말하고, 좁은 의미로는 현재 위치에서 목적지에 이르는 다수의 경로가 공간적 관계의 보행 주체에 파악되며 비교되어 행해지는 행동을 말한다. 특히 환경정보가 부족하다거나 보행 주체의 학습수준이 낮고 현재 있는 위치, 목적지와 공간관계가 파악되어 있지 않은 경우(길을 잃는, 퇴보하는, 왕복을 반복하는 등)를 거쳐 경로탐색으로 구별된다. 경로탐색은 환경 인지의 정도나 내용이 탐색행동에 따라 그것들이 변용한다고 하는 동적인 측면을 가진다.

그런데 도시공간이나 건축의 내부공간에 있어서 선택성이 풍부한 미로성이 있는 경로가 기꺼이 사용되는 일도 있다. 하지만 과도하게 복잡한 공간은 재미를 넘어 불안이나 스트레스의 한 요인이 된다. '도시의 이미지' 안에서 K. 린치가 환경 안의 신비 · 미로 · 의외임에 가치를 인정하는 조건으로서 '장소로부터 빠져 나갈 수 없게 되는 위험성이 있어서는 안 된다', '규명하고 조사하여 이해할 수 있는 형태를 갖추지 않으면 안 된다'라고 말하고 있듯이, 미로성에는 경로의 선택성이 확보되는 것과 동시에 처음으로 방문한 사람에게도 공간구조를 이해하는 실마리가 있어야 한다. 이것은 백화점이나 지하보도 등의 불특정 다수가 이용하는 시설에 대하여 재해 시에 대피할 수 있는 안전성 확보의 관점에서도 중요하다.

(요시무라 에이스케 吉村英祐)

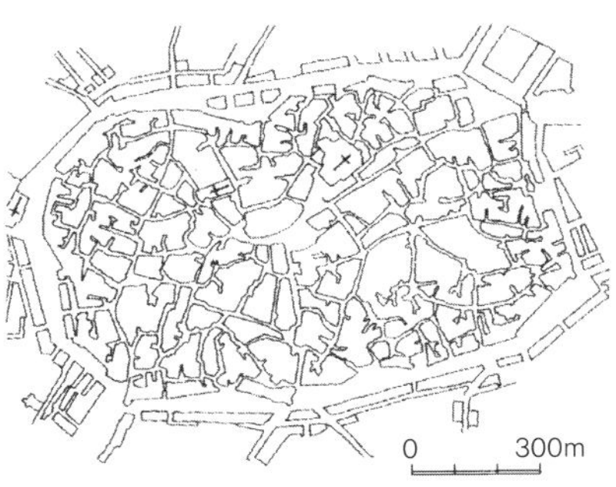

그림 1 탐색의 즐거움과 미혹의 불안이 교착하는 마을(martina franca)

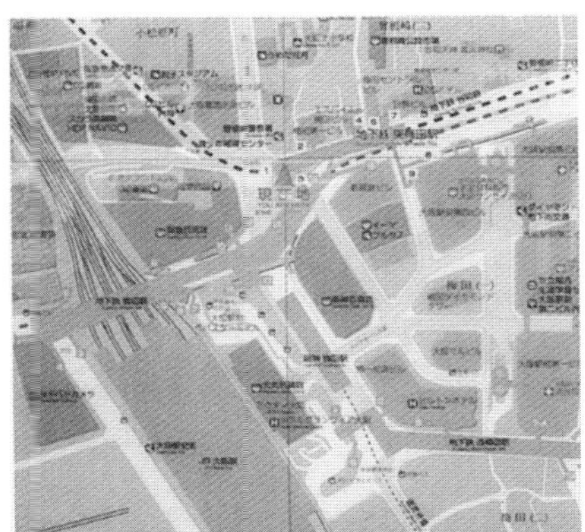
그림 2 정면방향이 의가 되도록 그려 있는 우메다 지하보도의 안내지도(왼쪽이 북쪽방향)

군집 유동

pedestrian flow

다수의 사람이 보행하면서 이동할 때에 개인의 특징이 지워지고 마치 통일된 사람의 흐름과 같이 보이는 현상이다. 이동을 목적으로 하는 교통기관의 역이나 대규모 집합시설인 스타디움, 특정한 때에 사람들이 집중하는 이벤트 등에서 볼 수 있다.

한 방향으로 향하는 군집 유동에는 유동계수 N(사람/ms)＝밀도 ρ(사람/m^2)×속도 V(m/s)와 관계가 있으며, 유동효율의 평가나 건축의 피난계단 등에 이용된다. 유동계수나 밀도의 정도에 의해서 군집의 수평로, 계단의 보행상태를 설명한 보행자 서비스 수준은 A–F의 6단계에서 나타나고 동선계획을 실시하는 데 참고가 된다.

수평로의 일방통행 흐름을 살펴보면 밀도가 증가할 때 보행속도가 떨어진다. 밀도 0.5사람/m^2 정도 미만에서는 자유롭게 추월을 할 수 있으며 자신이 원하는 속도로 보행할 수 있어 자유보행 상태라고 말할 수 있다. 보행속도는 1.4m/s가 된다. 1.0사람/m^{2}를 넘으면 앞지르기가 곤란하게 된다. 4.0사람/m^2 정도 이상이 되면 자주 정지하게 되는 체류상태가 된다.

군집 유동이 흐름의 수와 동선의 교차의 수로 크게 분류된다. 한쪽 방향으로 나아가는 향류, 2개의 흐름이 서로 마주 보는 대향류, 두 개의 흐름이 각도를 가지고 교차하는 교차류, 대향하면서 서로의 사이에 층이 되어 빠져나가는 층류 등이 특징적인 것이다.

군집 유동에서는 집단의 힘에 의해서 개인이 자신의 움직임을 컨트롤할 수 없게 되는 경우가 있어 군집사고가 발생한다. 미연의 사고를 방지하기 위해서는 많은 사람을 집중시키지 않거나 다른 방향으로 향하는 군집동선을 분리하고 넥(통로 폭이 좁은 곳)을 만들지 않으며, 경로와 대기시간 등의 정보를 정확하게 전하는 등 사전의 계획이 중요하다.

(사노 유키 佐野友紀)

그림 1 군집 유동의 분류

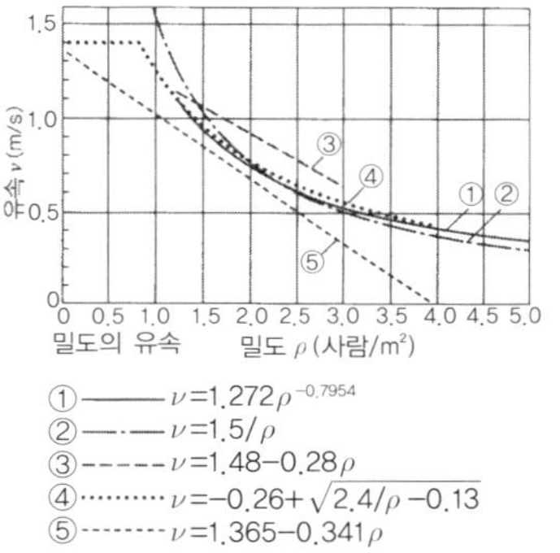

그림 2 수평로–방향류의 밀도와 유속

체류행동

staying behavior

사람이 있는 장소에서 걸음을 천천히 하거나 멈춰서 있거나 모여 있는 행동을 말한다.

체류행동에는 약속이나 휴식, 잡담과 같은 사람의 자유로운 의사에 의하는 것과 역의 러시아워 등 혼잡으로 이동이 곤란하게 되며 사람의 의지와는 상관없다.

사람의 의지에 의한 체류행동은 광장이나 교차로, 모퉁이라고 하는 장소 및 위치, 시간과 시간을 연결하여 자유로움을 유발하는 공간에서 일어나기 쉽다. 이러한 체류행동은 사전에 체류를 위한 목적으로 계획된 공간에서만 일어나는 것은 아니다. 계단이나 약간의 단차, 장소를 단락짓는 울타리를 걷거나 앉기도 하면서 거리나 공간을 지나는 행동을 볼 수 있다. 이른바 대기실도 이 체류행동이 일어나는 장소이다.

사람이 체류를 하게 되면 그 주위에 장소가 생겨난다. 아는 사람이 몇 사람 모이면 그룹의 영역이 생긴다. 또한, 다른 사람이 먼저 있는 장소와 일정한 개체거리를 유지하는 것으로, 또 다른 장소가 형성된다. 이러한 체류행동에서는 사람 몸의 방향과 위치의 관계로 장소를 만드는 방법을 조정하고 있는 것이다.

이와 같은 의지에 의한 체류나 의지하지 않은 체류행동은 통로공간이나 행렬방향 등을 결정할 수 있거나 이용을 유도하는 공간에서 일어난다. 이러한 공간에서의 체류는 불쾌감이나 경우에 따라서는 위험을 수반하기 때문에 가능한 한 피하도록 계획하는 것이 바람직하다. 다만, 유원지의 행렬 등 체류를 하며 기다리는 것으로 기대감을 높이는 시설 등에서는 기다리면서 즐겁기 위해 도중에 어트랙션을 마련하는 것도 유효하다. (사노 유키 佐野友紀)

그림 1 도시에서의 체류행동(서서 이야기)

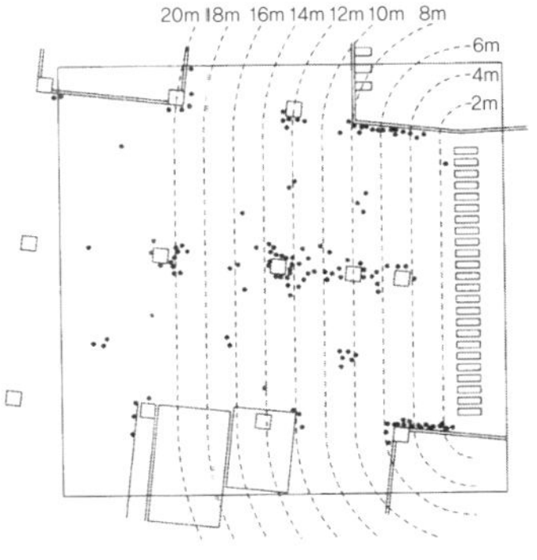

그림 2 개찰구로부터의 거리와 체류분포

유람행동

behavior of circularity

역이나 목적지가 정해져 있는 공간에서는 최단경로를 취하는 행동을 많이 볼 수 있다. 한편, 유원지나 박람회 등에서는 목적지를 최초부터 결정하지 않은 경우가 많고 우선 내부를 산책하며 관람하는 듯한 유람행동이 관찰된다. 이 유람행동에는 공통성 같은 건 없다고 생각되지만 공간이나 속성이라는 패턴이 있는 것이 밝혀지고 있다.

1990년에 오사카에서 개최된 '국제 꽃과 초록의 박람회'를 예로 유람의 패턴을 정리하였다. 박람회장은 넓고 큰 부지를 가지고 있으며 중심에는 호수가 있는 유람식 형태이다. 4개의 영역으로 나누어져 각각 다른 성격도 가지고 있다. 당시 박람회장 내의 약 1,000명의 행동을 조사하여 유람행동을 6개로 패턴화 하였다.

성별이나 연령, 박람회장의 특성으로부터 패턴의 특징을 찾을 수 있다. 예를 들어 성별에서는 남성 쪽이 행동범위가 넓은 관람을 하며, 여성은 비교적 행동범위가 좁은 관람을 실시하고 있다. 또한, 연령별에서는 성인은 박람회장을 걸어 다니는 사람이 많지만 노년층은 행동범위가 좁다는 것을 알 수 있다.

다음은 시설이 나란히 서는 '거리의 영역', 신록이 풍부한 '산의 영역'을 중심으로 유람하는 패턴마다 연령별의 비율을 비교하였다. 거리 중심은 연령이 많아지면 비율이 줄어들고, 반대로 산 중심은 증가한다는 특징을 볼 수 있었다. 이와 같이, 속성에 의한 유람행동의 편향이 생기는 것으로 관객을 박람회장 내에 잘 분산시키는 등 박람회장 계획에 사용할 수 있다.

(하야시다 가즈토 林田和人)

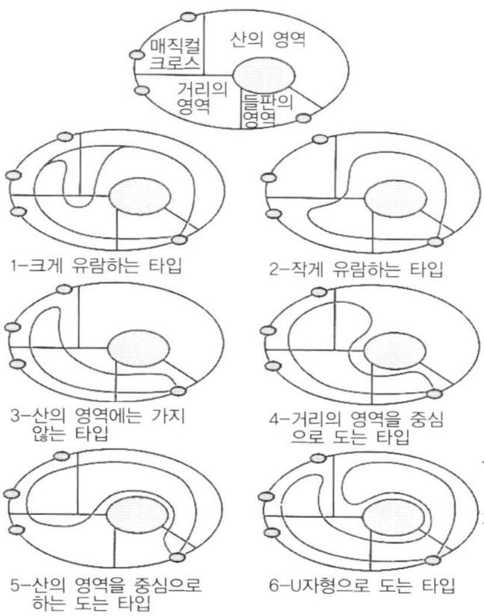

그림 1 회장 내의 유람패턴

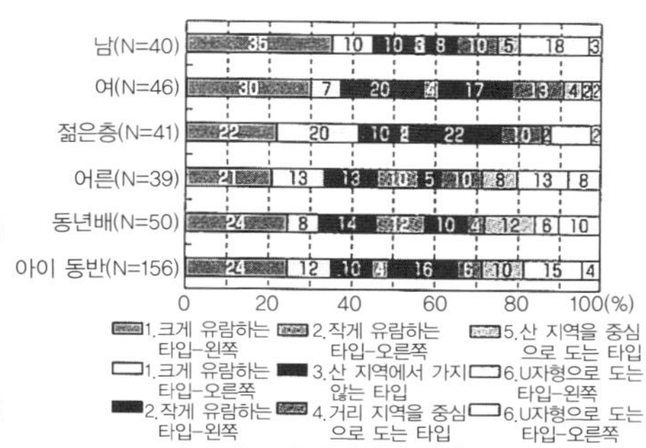

그림 2 유람패턴의 비율

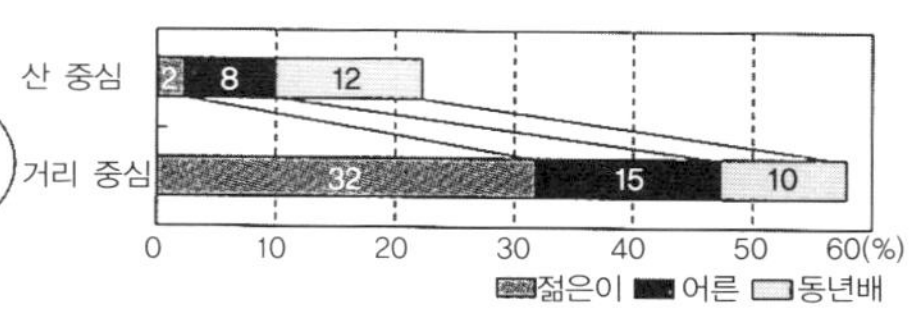

그림 3 유람패턴에 차지하는 비율

피난행동

emergency movement

재해나 화재 시 위험한 장소로부터 안전한 장소에 도달하는 이동행동. 건축 화재 시에 피난 경로를 선택하는 행동의 특성에 있어서 들어온 경로로 돌아가려고 하는 귀소성, 다른 사람이 도망치는 방향으로 가는 추종성, 밝은 방향, 열린 방향으로 향하는 향광성, 향해방성 등이 지적되고 있다. 또한, 긴급한 상황에 출구 등에 사람들이 쇄도하는 등 일정한 조건하에서 패닉이 일어나는 경우가 있다. 패닉은 불특정 다수가 공간을 공유하여 불안한 상태에 있을 때 경쟁이 일어나며 군집이 자기 방위를 하는 상태이다. 따라서 이 안의 몇 개의 조건을 회피하는 대책을 실시하는 것으로 이것을 막을 수 있다고 말할 수 있다.

화재 시 연기는 시야를 차단하고 유해하며 열을 가지고 있는데, 연기에 노출되지 않고 피난할 수 있도록 계획할 필요가 있다. 건축설계에서는 피난계획에 의해서 피난 안전성의 담보를 도모하고 있다. 여기서 요구되고 있는 것은 피난경로의 적정한 배치로서 명쾌한 경로, 다른 방향의 대피경로 확보나 밸런스가 좋은 계단의 배치, 피난경로의 용량 확보로서 문·통로·계단 등의 폭을 확보하고 피난경로의 안전보장으로서 방화구획으로 피난경로를 불이나 연기로부터 지키며, 일정 시간 이상 건물이 붕괴되지 않도록 하는 것이다.

피난계획을 평가하기 위한 하나의 방법으로서 피난 계산이 있으며, 위험이 파급하는 시간까지 건축물의 내부 사람들의 피난이 완료하는 것을 계산에 의해서 확인하는 것이다. 피난 안전성을 확보하기 위해서는 화재의 진전을 고려하고, 피난행동 특성에 적응한 건축계획을 실시하는 것이 중요하다.

(사노 유키 佐野友紀)

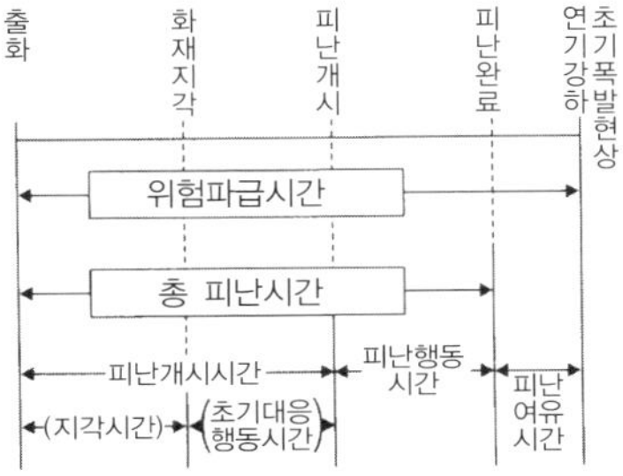

그림 1 피난시간과 위험파급시간

표 1 피난 시의 행동 특성

특성이 뚜렷이 나타나게 되는 경우	피난행동 특성	행동내용
건물에 익숙하지 않은 사람	회귀성 (귀소성)	들어온 경로를 반대로도 돌아오려고 하는 경향으로, 특히 처음으로 들어간 건물에서 내부를 모르는 경우에 많이 나타난다.
	추종성	선행하는 피난자나 다른 사람이 도망치는 방향을 따라간다.
건물에 익숙해 있는 사람	일상 동선 지향성	평소부터 익숙해지고 있는 경로나 계단을 사용하여 도망치려고 한다.
	안전 지향성	인식하고 있는 안전한 피난계단 등의 경로, 혹은 자신이 안전이라고 생각한 경로로 향한다.
건축공간의 특징에 따라	가까운 거리 선택성	제일 가까이의 계단이나 경로를 선택한다.
	눈에 띄기 쉬운 경로 선택성	눈에 띄기 쉬운 피난구나 계단으로 향한다. 혹은 눈에 띈 유도 표지의 방향을 향한다.
	직진성	잘 보이는 곧은 경로로 도망친다. 혹은 부딪칠 때까지 직진한다.
위험이 다가왔을 경우	위험 회피성	연기가 있는 계단을 피하는 등 위험을 회피한다.
	부화 뇌동성	많은 사람들이 도망칠 방향을 뒤쫓아 사람의 소리나 지시에 따른다.
	향광성* 향개방성**	연기가 가득한 곳에서 밝은 방향, 열린 느낌의 방향을 향한다.

* : 빛이 비추는 방향으로 가려는 특성, ** : 열려있는 곳으로 가려는 특성

행동 시뮬레이션

human behavior simulation

다양한 현상을 모델화 하여 복잡함을 정리, 단순화하는 것으로 현상의 예측 · 평가를 실시하는 방법을 시뮬레이션이라고 한다. 대대적인 실험이나 예측이 곤란한 다수의 인간 이동을 검토하는 데 많이 사용된다.

예를 들어 철도역, 유원지, 이벤트회장, 스타디움 등의 대규모 관객시설에서 사람들의 흐름을 예측하거나 건축의 화재, 도시의 화재를 대비하는 데 있어서 피난경로의 검토, 평가 등에 사용된다. 목적에 따라 인간 및 공간을 어떻게 모델화(추상화)할지가 큰 문제가 된다. 사람의 유형(고체형, 유체형), 공간의 유형(네트워크형, 메쉬형), 행동의 유형(기다리는 행렬형, 배분형, 자립형) 등을 조합하여 모델을 결정한다.

계산결과의 정확도의 향상을 위해서는 입력 데이터의 정확도를 줄 필요가 있다. 이용자 인원수, 이동속도 등은 실측조사나 도시의 세대수 데이터 등에서 산출한다.

경로의 선택방법은 수리 모델을 이용하는 것 외에, 대상 공간에서의 조사로부터 요구한 실측치를 이용하는 방법도 있다. 시뮬레이션을 실재조건으로 이용하기 전에 확인 가능한 현상으로의 계산수치와 조사결과를 비교하는 등 타당성의 검토가 필요하다.

행동 시뮬레이션에서는 평가지표로서 보행속도, 군집밀도, 피난시간, 체류시간, 체류 인원수 등이 이용된다. 계산결과의 정확도는 입력 데이터의 정확도에 의존하고 있는 것부터 그 적용범위나 신뢰성에 대한 배려가 필요하다. (사노 유키 佐野友紀)

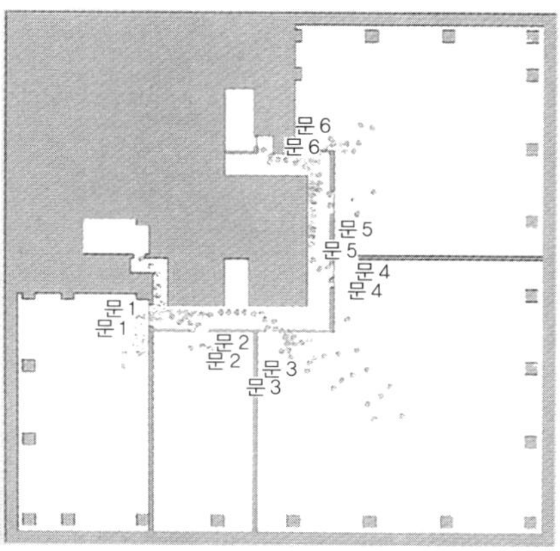

그림 1 행동 시뮬레이션에 의한 건축화재 피난 검토

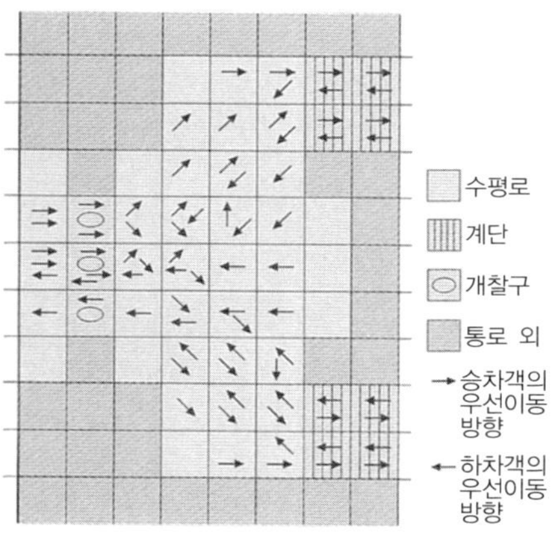

그림 2 역의 군집 유동 시뮬레이션에 있어서의 유동의 설정

내비게이션

navigation

내비게이션이란 차나 휴대전화에 탑재되어 사람을 목적지까지 정확하게 안내하는 시스템이나 기기를 가리키는 것이 많지만, 모든 사람들이 항상 그러한 기기를 가지고 있다고는 할 수 없다. 특히 불특정 다수가 모이는 건축공간에서는 시설 안내서비스를 준비하거나 공간구성 자체의 알기 쉬운 디자인으로 할 필요가 있다.

건축공간 내에서의 내비게이션에는 크게 두 개의 구조를 생각할 수 있는데, 하나는 직감적인 방향 지시의 연속이나 그 네트워크로 목적지까지 차례차례 안내하는 로컬-내비게이션이며, 또 하나는 시설 전체와 목적지의 위치정보를 부감(俯瞰), 제시하는 글로벌-내비게이션이 있다.

전자는 시인성과 연속성을 보다 높이기 위해 통일된 인터페이스를 가지는 것이 중요하다(그림 1). 이 방법은 방향 지시를 유비쿼터스 단말기로 실시하는 것으로, 비접촉 IC카드가 포함되는 개인의 모국어나 사전 설정된 행선지를 인식하여 각각의 요구에 맞은 퍼스널-내비게이션을 가능하게 한다(그림 2).

한편, 후자는 불필요한 안내에 대한 취소 선택의 자유를 주는 합리성뿐만 아니라, 그 보행도중에 안내된 위치에 들러 자유롭게 사용할 수 있도록 한다(그림 3).

어떤 기술이나 기기로 안내하기에서든 글로벌과 로컬의 구조가 동시에 존재하여 제시 포인트의 배치나 인터페이스가 공간에 쓰이는 방법이나 구성과 밀접하게 관련하는 것보다 쾌적한 시설 내 내비게이션 서비스를 제공하게 된다(그림 4).

그림 1 사인 패널에 의한 로컬 내비게이션

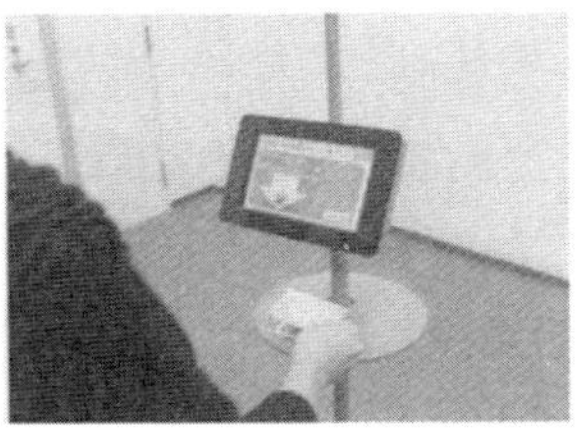

그림 2 유비쿼터스 단말기에 의한 로컬

그림 1–3 제공 : JR동일본 연구개발센터 프런티어 서비스 연구소
그림 4 동연구소 와치바 대학 공학부 시설 디자인 연구실에 의한 공동연구 자료

그림 3 역 환경 정보, 철도 매점 'I-cube'에 의한 글로벌 내비게이션

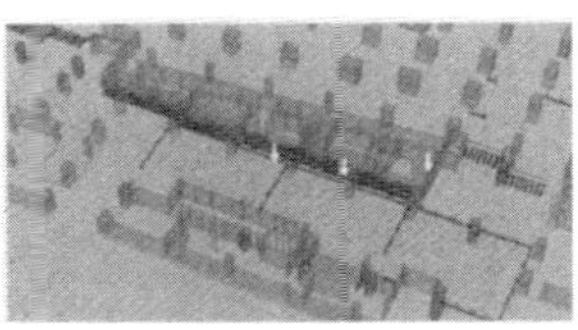

그림 4 행동 시뮬레이션으로 '서비스'를 디자인한다.

사인계획

sign systems

사인은 위치사인, 유도사인, 안내사인(지도)으로 크게 구별된다. 사인계획의 경우, 위치사인은 장소의 의미(명칭)를 나타내는 로케이션 정보를 알려주고, 유도사인은 특정의 장소에 방위를 화살표로 표시하는 오리엔테이션 정보를 알려주며, 안내사인은 경로를 선택하는 내비게이션 정보로서 각각 자리매김 된다. 그 밖에도 설명사인이나 규제사인으로 불리는 종류가 있으며, 이것들은 사람들로 불리는 종류가 있어 사람들에게 행동의 방법이나 규제에 관한 정보를 제공한다.

사인의 설치에 대해서는 이용자의 이동 흐름과 시인성을 분석하고 효과적인 배치를 생각하지 않으면 안 된다. 설치의 종류로는 천장에 매다는 방법, 벽에 붙이는 방법, 벽면 등에서의 돌출하는 방법, 마루에 설치하는 자립형 방법이 있다.

사인 시스템을 필요로 하지 않는 공간구성의 설계가 중요하다는 생각이 있는 반면, 한편으로는 공간구성, 사인 모두가 알기 어려워 이용자가 당황하는 시설도 많이 있다. 대규모 불특정 다수의 사람들이 이용하는 시설에서는 설계의 초기단계에서 공간구성과 사인 시스템을 전체적으로 계획하는 경로탐색 디자인을 실시하는 것이 바람직하다.

(요코야마 가츠키 横山勝樹)

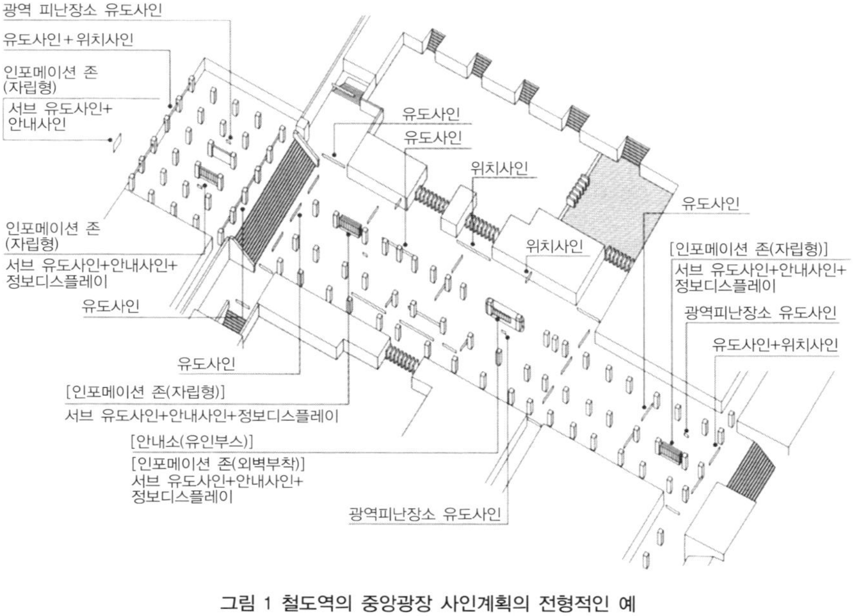

그림 1 철도역의 중앙광장 사인계획의 전형적인 예

어포던스

affordance

어포던스는 영어로 '있는 행동을 가능하게 한다'라고 한 의미의 어포드(afford)로부터 J. 깁슨이 만든 조어이다. 환경 본연의 자세는 특정 동물의 특정 행동을 가능하게 한다. 예를 들어, 수평에서 미끄러지지 않는 단단한 표면은 사람이 서거나 걷거나 하는 것을 가능하게 한다. 수면에서는 인간의 보행이 가능하지 않지만 아멘보우[24]는 가능하다. 즉, 어포던스는 각 동물마다 환경이 준비해 놓은 행동적 잠재성이라고 할 수 있다. 그것은 동물에 있어서 유익한 것도 유해한 것도 있다. 어포던스는 사람이 대상 본연의 자세를 주관적이거나 그렇게 있다고 보거나 해석되는 현상적인 것으로, 환경 그 자체의 속성이다. 그러나 또 한편으로 어떤 상황에서도 변하지 않는 순수 물리적 속성도 아니다. 어느 동물을 상정해 그 특성으로부터 처음으로 생각할 수 있는 개념이다.

생태학에서는 어느 동물의 존재에 적절한 생식환경의 본연의 자세를 니치라고 부르지만, 깁슨은 그것을 어포던스 세트라고 생각하였다. 우리의 일상생활에 있어서의 다양한 행동은 환경의 다양한 레벨의 어포던스에 의해서 유지되고 있다. 인간은 환경이 스스로의 행동을 가능하게 해 주듯이 손으로 변화를 주고 니치[25]를 형성해 온 것이다.

이러한 의미로 환경디자인은 공간의 사용자로서의 인간이 거기서 전개하는 다양한 행동을 지지하는 풍부한 어포던스를 창조하는 행위가 되는 것이다. (오오노 류우조 大野隆造)

그림 2 문손잡이 디자인
잡다, 돌리다, 움켜쥐다, 당기다 라고 하는 행위의 어포던스가 문을 열기 위해서 필요한 동작을 알리고 있다.

그림 1 울타리가 없는 목장의 입구(좌상, 좌하)
인간의 보행은 가능하게(어포드) 하지만 양의 보행은 가능하지(어포드) 않는 철제의 난폭한 그레이징

24) 소금쟁이과 곤충
25) 니치(niche). 서양 건축에서 꽃병 · 조상(彫像) 등을 장식하기 위해 벽면에 마련한 오목한 부분.

행동장면

behavior setting

우리는 일상에서 매우 다양한 종류의 행동을 실시하고 있지만 시간적 · 공간적으로 한정된 상황에서의 행동은 매우 정형적인 경우가 많다. 예를 들어, 영업 중인 빵가게라고 하는 장면에서 볼 수 있는 사람들의 행동은 각각 일정하게 정해진 패턴의 것이다.

이와 같이, 특정 시간대에 공간에 있어 일정한 행동이 반복하여 행해지는 경우의 사회적 · 물리적 상황을 생태 심리학자의 R. 버거는 행동장면(behavior setting)이라고 정의하였다.

행태 세팅은 이하의 4개의 요소로부터 된다. ① a standing pattern of behavior(정형적 행동), ② physical milieu(물리적 환경이 있는 특정의 레이아웃), ③ synomorphy(행동과 환경의 일치한 관계), ④ 특정의 시간대

즉, 행동장면은 장소와 행동과의 안정된 편성이며 단순한 물리적 공간을 가리키는 것이 아니라 그 중에 행동하는 사람들을 포함한 상황을 의미한다. 물리적 환경이 같아도 시간대에 따라서 다른 타입의 행동을 볼 수 있다면 그것들은 다른 행동장면이 된다.

생태 심리학은 실험심리학과는 달라서 현실의 장면에 있어서의 사람들이 있는 그대로의 행동을 기술하는 것에 초점을 맞춘다. 행동장면을 이용한 연구의 성과는 환경–행동 관계의 사회적 측면을 포함한 이해나 평가, 예를 들어, 학교 규모의 타당성이나 오픈 스쿨의 유효성 검증 등에 쓰이고 있다.

(소에다 마사시 添田昌志)

그림 1 꽃집의 점포 앞에 있어서의 행동장면. 손님은 꽃을 고르고 선택하여 점원에게 말을 걸고 지불을 한다.

그림 2 같은 물리적 환경에서 만나도 시간대에 의해서 행동장면이 다르다.(개막전의 극장에서 행렬하는 사람들)(우상, 우하)

차원

dimension

수학에 있어서의 차원은 선 · 면 · 공간에 대응하여 각각 1 · 2 · 3차원으로서 다루어진다. 그것을 확장하여 4차원, n차원의 추상화된 공간으로 다루어진다. 또한 차원의 개념은 거리공간이나 위상공간에도 도입되어 수학적으로 보다 엄밀한 정의가 주어진다.

또한 물리학에 있어서는 길이(L), 시간(T)에 질량(M)을 더하고, 어느 물리량이 그러한 기본량의 어떠한 관계에 의해서 성립되고 있는지를 L · M · T의 차수에 의해서 나타내고 있다.

유명한 뫼비우스의 띠는 종이테이프를 1회 비틀어 끝과 끝을 접착시켜 고리의 형태로 간단하게 만들 수 있지만, 링 상태가 된 하나의 면을 더듬어 가면 표면이 어느새 뒤가 되어있고 계속 더듬어 가다보면 다시 원래대로 돌아와 버린다. 이것은 표면의 겉이면서 뒤이기도 하다.

또한, 클라인의 항아리도 표면을 더듬어 가다 보면 외측이라고 생각했던 곳이 어느새 안쪽이 되어 버린다. 모두 표면을 더듬는 개미의 시점에서 보면 1차원의 표면이다.

공간에 대해서 기준이 되는 축은 필요에 따라서 얼마든지 설정할 수 있고, 실제로는 다차원 혹은 무차원으로서 생각하는 편이 좋은 경우도 있다. 그러나 지금 세계에 있어서는 편의상 직교하는 XYZ의 3축을 기준으로 하는 3차원으로 취급하는 경우가 많고, 이것에 시간적 요소를 더하여 4차원으로 취급하는 것이 일반적이다.

건축이나 도시계획에서 대상이 되는 인간의 활동 장소로서의 공간에 있어서도 마찬가지로 3축을 기준으로서 취급하는 것이 감각적으로 이해하기 쉽다. (야나기타 다케시 柳田武)

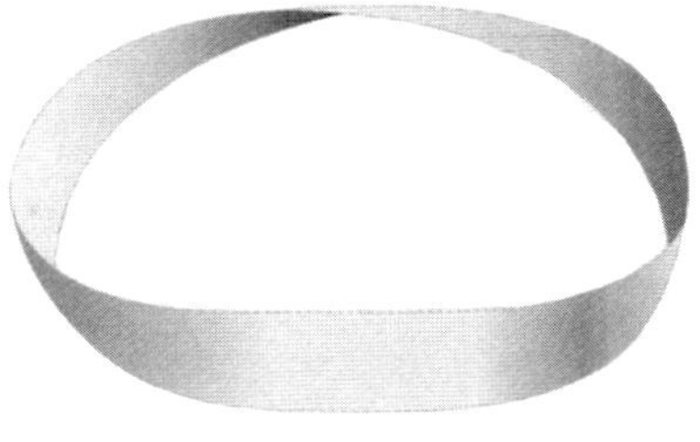

그림 1 뫼비우스의 띠

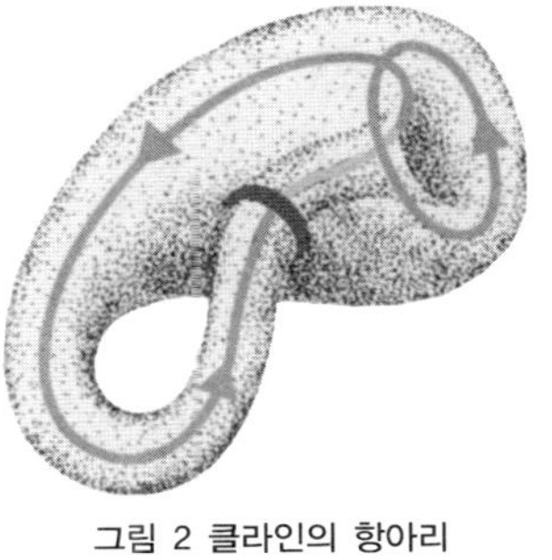

그림 2 클라인의 항아리

스케일

scale

'스케일'의 본래의 의미는 라틴어의 '계단 · 사다리'의 뜻으로 단계가 있는 것 → 눈금 → 축척 → 규모 등의 의미를 나타낸다. 이러한 의미가 전달되어 스케일은 ① 규모 · 크기, ② 축척, ③ 눈금 · 척도, ④ 기준 등을 뜻한다. 여기에는 인간을 둘러싸는 공간을 취급한다고 하는 관점으로부터 기초로 하여 1번으로서 2번의 의미를 파악하면 공간의 확대와 그것을 나타내는 축척이 매우 중요해진다.

네덜란드의 교육자 키스 부케는 1957년에 간행된 『코스믹 뷰, 우주에의 40회 점프』라고 제목을 붙인 한 권의 책 중에서 광대한 우주로부터 마이크로의 세계까지를 49매의 그림으로 나타내고 있다.

의자에 앉은 소녀의 사진부터 시작하여 1회마다 거리를 10배씩 올려 가면서 8번째의 사진은 지구 전체를 나타내고 26번째의 사진은 광대한 우주를 나타내고 있다.

반대로 소녀의 사진으로부터 거리를 10분의 1씩 줄여 가면서 손을 클로즈업하여 피부, 혈관, 혈구로 비집고 들어가 13회의 스케일 다운으로 원자핵의 레벨까지 나타내 보이고 있다. 이것은 우주를 40단계의 스케일로 나타낸 것이다.

공간과의 관계에 대해서는 휴먼 스케일이 그 기준이 되지만 대상 공간의 전체상을 파악하기 쉽다는 이유로 말미암아 도면이나 지도 · 모형 등은 어느 적당한 축척으로 나타내진다. 다만, 인간의 이미지 중에서는 필요한 것만을 꺼내는 것뿐만 아니라 축척을 무시하고 추상화하여 크기나 거리를 무시한 채 자유롭게 관계짓는 경우도 있다.

(야나기타 다케시 柳田武)

①
의자에 앉은 소녀의 사진부터 시작

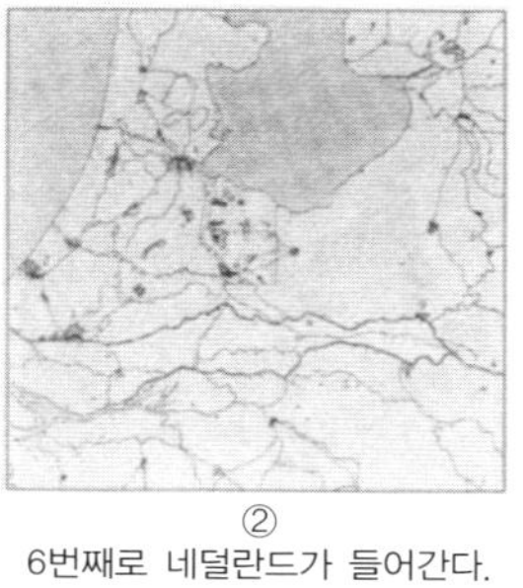

②
6번째로 네덜란드가 들어간다.

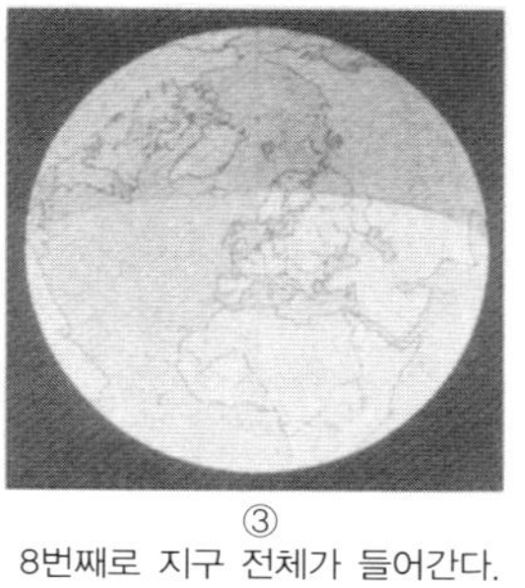

③
8번째로 지구 전체가 들어간다.

그림 1 우주에의 40회 점프

모듈

module

모듈이라고 하는 용어는 고대 그리스의 건축방법 용어(라틴어)인 모듈러스(modulus)에서 기원한다. 고대 그리스건축에서는 주신(柱身) 하부의 직경을 1모듈러스로서 그 정수배, 또는 분수배로 그 외의 치수를 나타냈으며, 다수의 건축 부재 사이에 갖춰지는 치수의 시스템을 기초로 하였다. 유사한 개념으로서 일본에서 기등의 치수가 시스템의 기초로 사용하였는데 기둥의 단면 치수를 기준으로 부재 치수나 건축물의 기둥과 기둥 사이의 비례 관계를 체계로 한 '나무 나누기'가 있다. 모두 모듈에 준거하여 건축을 구성하며, 아름다운 비례를 구성할 수 있도록 한 것이다.

한편, 현재의 건축계에 있어서의 모듈은 건축생산의 합리화와 건설비의 인하를 목적으로 한 '양산 가능한 건축 구성재를 위한 치수 규격'이라고 하는 의미로 사용된다. 특히, 건축 구성 부재의 치수 관계를 모듈로 조정하는 것을 모듈러 코디네이션(modular coordination)이라고 부르고 있다. 그 외에도 다다미의 크기나 벽들의 소량의 길이를 하나의 단위로서 평면이나 부재의 치수를 결정하는 베이직 모듈로 생각하기로 하였다.

또한, 건축을 구성할 때에 건축 부재의 대소에 응한 치수단위가 필요하여 등차수열, 등비수열, 피보나치 수열 등을 조합한 새로운 모듈이 제안되었다. 르 코르뷔지에는 인체치수를 기준으로 황금비에 의한 등비수열에 전개하여 빨강과 파랑 두 개의 등비수열(르 모듈래르)을 제안했다.

(오사라기 도시히로 大佛俊泰)

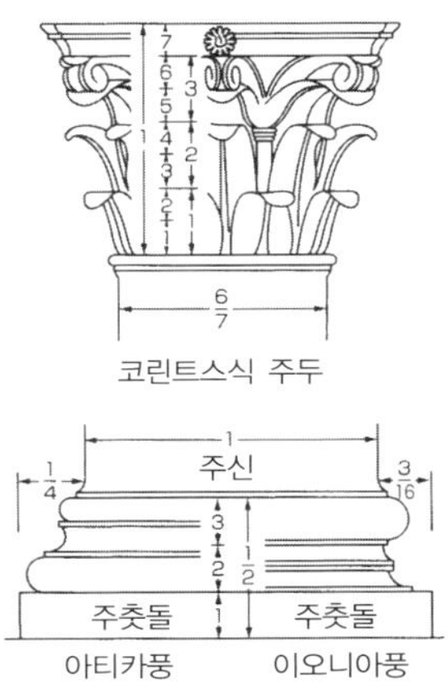

그림 1 고대 그리스건축의 모듈러스의 예

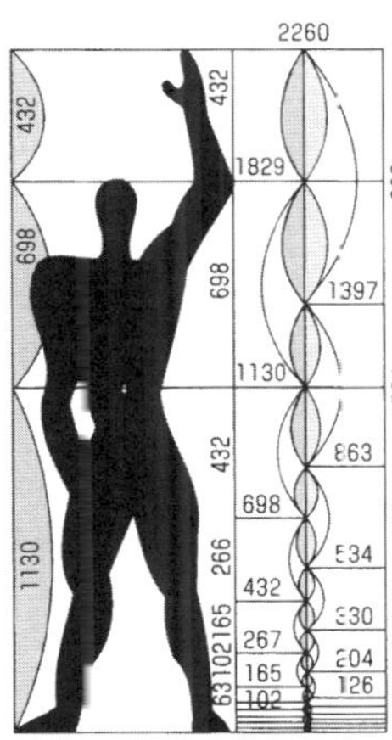

적	청
6	
9	11
15	18
24	30
39	48
63	78
102	126
165	204
267	330
432	534
698	863
1130	1397
1829	2260
2959	3658
4788	5918
7747	9576
12535	15494

그림 2 르 코르뷔지에의 모듈러

단위공간

unit space

현대의 건축은 다양한 기능의 연구에 의해 각각 용도의 시설이 복합적으로 계획되는 것들이 많다. 그러나 다른 종류의 시설임에도 목적의 유사한 부분도 많아 이 부분을 유형화하는 것이 가능하다. 일본건축학회의 편집에 의한 '건축설계 자료집성'에서는 구축환경에 있어서의 인간의 행동을 하나의 장면으로 포착하여 그 장면과 용기=실제 공간과의 대응관계를 다양한 관점으로부터 상세히 서술하고 있다. 이것들은 평면계획에 있어서의 구성요소의 기초가 되어 환경 · 설비계획, 재료계획 등에도 관련되고 있다.

단위공간에 있어 중요한 관점의 하나는 기능마다 구할 수 있는 공간의 크기(치수 계획)이며, 그 기초가 되는 것이 동작공간의 개념이다.

동작공간은 생활행위를 분류하고 그 각각에 대해서 '인체치수 또는 동작치수'+'거리치수'+'여유치수'를 계산하여 구할 수 있다. 예를 들어, 의자에 앉거나 하는 경우에는 첫 시작에 필요한 치수를 포함한다. 또한, 복수의 동작이 동시에 행해질 때의 동작공간은 복합 동작공간으로 불리게 되며 양자의 간섭을 생각할 필요가 있다. 단위공간은 이러한 복합 동작공간으로부터 구성된다.

단위공간에는 일상생활의 기초적 기능을 가진 공간(화장실, 욕실, 세면실 등), 주체가 되는 공간을 지탱하며 그 기능을 보증하는 공간(출입구, 카운터, 복도 · 계단 등), 많은 건축에 대해 구성 주체가 되는 공간(사무, 집회 · 회의, 교실 등)의 종류가 있다.

(요코야마 가츠키 横山勝樹)

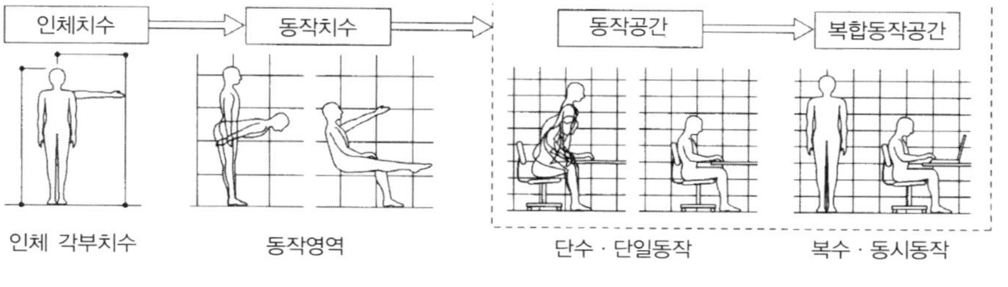

그림 1 인체치수와 동작공간

비례

proportion

건축에 있어서 '프로포션'은 아름다움이나 안정감과 매우 밀접하게 관계하고 있다. 그 때문에 고대 그리스에는 주신(柱身) 하부의 직경을 기준으로 한 '모듈러스(modulus)'가 있고, 일본에는 기둥의 단면치수를 기준으로 한 '나무 나누기'가 이용되어 프로포션(비례, 비율)이 건축 구성원리의 기초를 이루고 있었다.

구체적인 비례 관계로서는 고대 그리스건축이나 중세 고딕건축 등에서 볼 수 있는 '정수비'에 근거하는 비례가 있다. 르네상스 시대에는 인체 치수로 미의 근원과 정수비의 관계를 찾아내어 비례가 미와 조화를 창조하기 위한 기본원리라고 생각하고 있었다.

한편, 유럽에서는 옛부터 '황금비'가 이용되어 왔다. 이것은 $1:(\sqrt{5}\pm1)/2$의 비율이며, 수학적으로는 피보나치(fibonacci) 수열과 관계가 깊다. 황금비로 종횡의 비율을 구성한 장방형(황금비 장방형)은 가장 아름다운 비례로 여겨져 파르테논 신전이나 많은 역사적 건조물에서 사용되고 있다.

그 이외의 비례로서 $\sqrt{2}$의 비례가 있다. 세계 최고의 목조 건축물인 호류사(法隆寺)의 5층탑의 5층과 1층, 그리고 금당(金堂)의 2층과 한 층의 지붕 폭에 대한 비례에 $\sqrt{2}$의 비율이 이용되고 있다고 한다. 이 $\sqrt{2}$의 비례는 건축 이외에도 JIS 규격의 용지 사이즈(A, B계열)나 서적의 종횡비에도 이용되고 있어 반접기로 해도 종횡비는 변하지 않으며 아름다우면서 동시에 기능적인 비례이다.

(오사라기 도시히로 大佛俊泰)

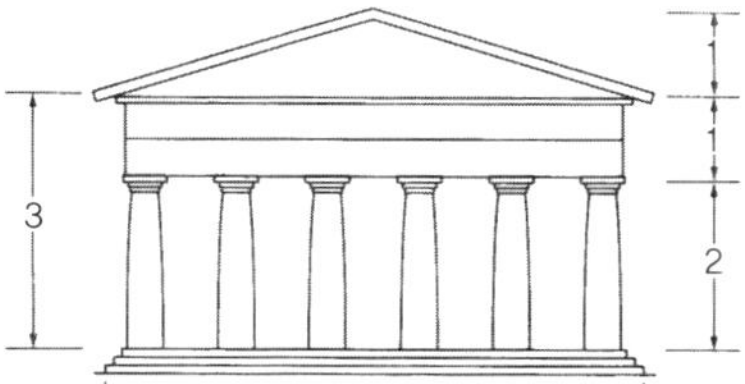

그림 1 정수비의 예(그리스 : Poseidon)

그림 3 가르슈의 슈타인 저택/르 코르뷔지에, P. 잘누레

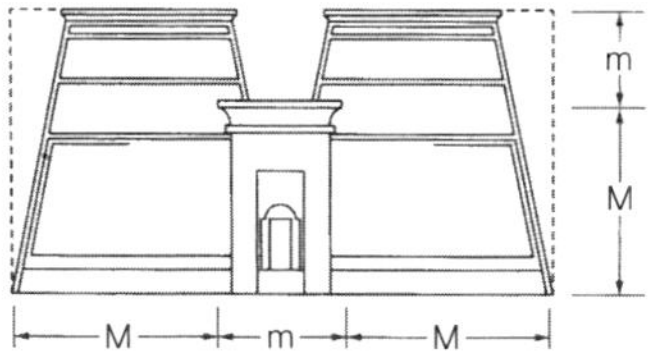

그림 2 황금비(m : M)의 예(이집트 : Edfu)

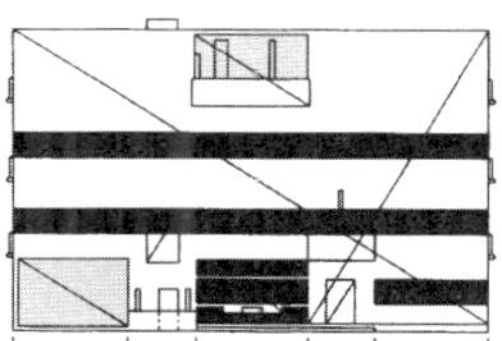

그림 4 보조선의 부분에 황금비 장방형이 사용되고 있다.

웨버-페히너의 법칙

weber-fechner's law

생리 · 심리학에서는 인간이 주로 감각기관을 통하여 외부로부터 받는 광, 열, 음 등을 총칭하여 '자극(stimulus)'이라고 하며, 그것에 대한 인간의 사고방식을 '반응(response)'이라고 부른다. 그리고 그 사이의 관계, 즉 자극-반응 ($S \cdot R$) 관계를 정량적으로 요구하는 분야를 정신물리학이라고 부른다.

옛부터 다양한 감각에 대해서 자극의 물리량과 인간의 감각량의 함수관계가 많은 실험에 의해서 요구되고 있지만, 기본적인 법칙으로서 웨버-페히너의 법칙이 있다.

E. 웨버는 무게가 조금 다른 2개의 물건의 차이를 판단시키는 실험으로, 무게의 차이가 겨우 지각되는 자극의 물리량(변별역)을 조사하고, 비교하고 있는 무게(S)와 그 변별역(ΔS)의 비가 일정한 것을 밝혔다. (예를 들어, 100g으로부터 조금 무겁게 하여 구별하는 무게의 증분(增分)과 비교해서, 그 10배 무거운 것, 1,000g의 경우는 어느 10배의 차이가 필요하다.) 이것을 식에서 쓰면, $\Delta S / S = K$(일정)이 된다.

이것을 G. T. 페히너는 "감각의 양은 그 감각이 일어나게 한 자극의 물리적인 양의 로그에 비례한다"라는 페히너의 법칙을 유도하여 감각의 세기(R)는 자극의 세기(S)의 대수에 비례하는 관계($R = K \cdot \log S$)를 찾아냈다. (k는 상수)

더 나아가 J. 스티븐스는 변별역에 의한 간접적인 방법이 아니고 매그니튜드 추정법에 따라 직접 수량적인 관계를 다양한 감각에 대해 요구하여, 이 법칙을 일반화한 관계로서 차식 관수 함수의 법칙을 이끌고 있다. $R = k \cdot Sn$

물리적 요철과 촉각적인 감각, 소리나 빛의 에너지와 소리의 크기나 밝기 감각 등 모두 이 법칙에 따른다.

(오오노 류우조 大野隆造)

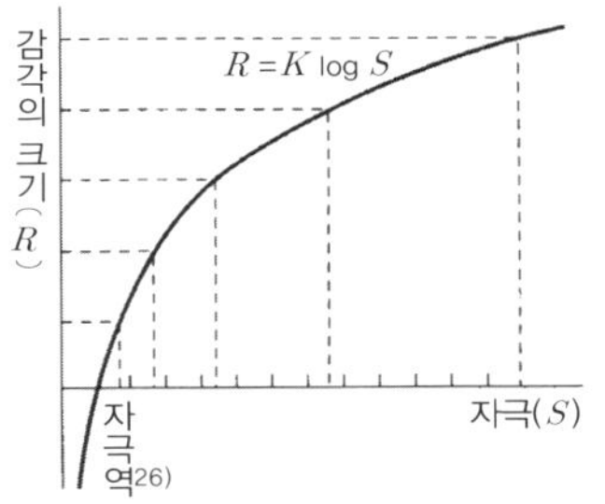

그림 1 웨버-페히너 법칙

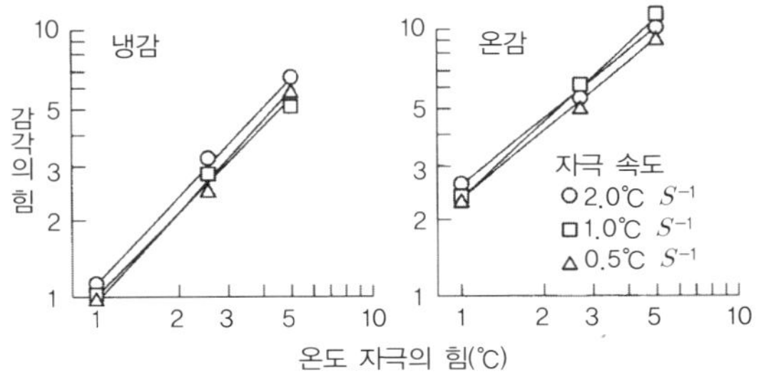

그림 2 스티븐스의 법칙에 따르는 온 · 냉감각
(Molinari, Greenspan, & Kenshalo, 1977)

26) 자극역 : 감각을 일으키는 데에 필요한 최소의 자극량 또는 물리적 에너지.

모델

model

'모델'이라고 하는 말은 모형이라든지 형식 · 원형, 견본 · 전형적인 사례 등 폭넓은 의미에 사용되지만, 여기에서는 특히 '대상으로 하는 사상을 모방하여 단순화한 것, 혹은 어느 관점에서 보고 추출한 구성요소 간의 관계나 구조를 논리적으로 형식화하는 것'을 의미한다.

모델화하여 취급하는 방법으로는 대상으로 하는 사물이나 현상이 가지는 특징이나 성질을 대표할 수 있는 것이며, 많은 과학적 방법론으로서 가설로부터 예상 · 발견에 이르는 아주 유효한 방법이다.

공간의 '모델화'라고 하는 것에 한정지어 생각해 보면 대상 공간을 어떠한 형식에 의해서 기술 · 표현할 것인가로 생각할 수 있으며 목적에 따라 다양한 형식의 모델화를 하게 된다. 주된 것으로는 수리 모델(수학 모델), 기호 모델, 언어 모델, 도식 모델 등이다.

모델은 대상이 가지는 요소를 가능한 한 많이 고려하여 넣으면 현실의 상황에 가까워지며 반면에 복잡하게 되어 명쾌함은 없어진다. 반대로 많은 요소를 제거하게 되면 단순화가 되는 명쾌함이 있지만 누락되는 부분도 많아진다.

어쨌든, 어떠한 관점에서 모델화를 하였는지 항상 염두에 둘 필요가 있다. 모델화가 되는 것은 어디까지나 대상의 일면이며 모두는 아니다. 따라서 모델에 대한 고찰로부터 얻을 수 있던 결과를 현실세계 그 자체에 적용시키는 경우는 충분히 주의해야 한다.

(야나기타 다케시 柳田武)

표 1 모델의 종류

모 델	특 징	예
물리 모델	형태를 흉내 내는 것 성질을 흉내 내는 것	모형 자동차, 건축 모형, 모형정원, 수류와 전기, 색, 빛, 소리
도식 모델	개념적인 것 기하학적인 것	벤 도식, 개념도, 약식 지도, 통계 도표, 계산 도표, 설계도
언어 모델	술어에 의하는 것 문장에 의하는 것	개념과의 대응, 엔트로피, 분산, 학설, 이론
수리 모델	수식에 의하는 것 준 수리적인 것	물리법칙($f=ma$ 등), 계산기 시뮬레이션

시뮬레이션

simulation

시뮬레이션은 '모의실험'이라고 말하며 '실제로 시험해 보는 것이 곤란하거나 불가능한 대상에 대해서 모의적 · 의사적으로 검증해 보는 것'으로 알려고 하는 사상 · 현상의 특성을 단적으로 나타낼 근사적인 모델을 작성하여 미리 예상할 수 있는 결과를 확실하게 해두려고 하는 것이다.

물리적인 모형도 모델의 일종이며, 그것을 사용한 모형실험도 넓은 의미에서는 시뮬레이션의 하나라고 할 수 있지만, 대부분의 경우에는 수리적인 모델을 이용하여 컴퓨터상에서 시행을 반복하는 것을 의미한다. 특히, 대대적으로 실험하기가 곤란한 사회과학 분야에서는 컴퓨터에 의한 시뮬레이션으로 새로운 과학적인 연구방법을 제공하고 있다.

건축공간을 대상으로 한 시뮬레이션의 사례로는 인간의 보행이나 이동을 모델화하거나 군집의 유동이나 건물 내에 있어서의 피난행동을 사전에 예측하는 등 계획, 설계의 내용을 미리 체크한다고 하는 목적으로도 사용되고 있다. 또한, 도시나 지역을 대상으로 하고 시설의 입지나 규모, 배치의 검토 등에도 응용되고 있다.

설계에 있어서의 디자인의 검토도 여러 가지 시점에서 보고 어떻게 보이는지를 체크한다고 하는 의미에서 일종의 시뮬레이션이며, CAD · CG에 의한 디자인 시뮬레이션은 외부나 내부의 보이는 방법뿐만 아니라 재료의 질감이나 조명의 차이에 의한 보이는 방법의 변화까지 표현할 수 있다. 게다가 워크스루로 불리는 동영상을 이용한 방법에서는 공간 내를 이동할 때에 눈에 보이는 외관의 변화까지 모의실험할 수 있다. (야나기타 다케시 柳田武)

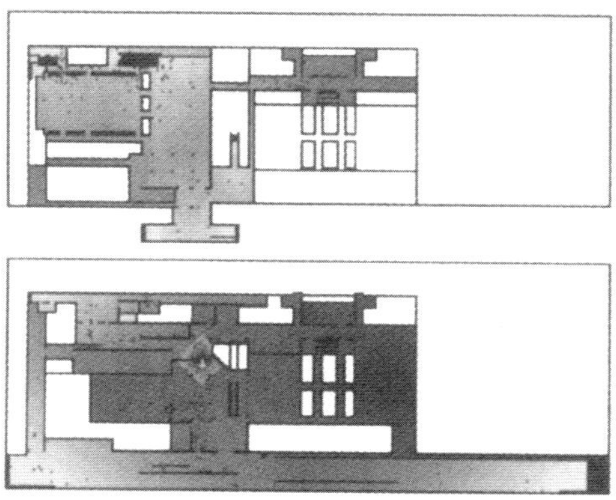

그림 1 화재 시의 군집 피난 시뮬레이션의 예

가시화

visualization

통상적으로 직접 눈으로 볼 수 없는 대상물이나 현상을 눈에 보이는 형태로 나타내는 것을 의미한다.

한때의 망원경의 능력을 넘어서 아득한 먼 천체로부터 극한의 작은 세계까지 광학적인 방법에 따라 직접 눈으로 보는 것을 가능하게 했지간 최근에는 컴퓨터에 의해서 원래 눈으로 볼 수 없는 가시광선 외의 대상이나 음, 열, 실체가 없는 현상 등을 눈에 보이는 형태로 변환하여 가시화하는 것까지 가능해져 왔다.

예를 들어, 1972년에 발사한 지구관측 위성 랜드새트 이래 급속히 발전한 원격탐사 기술은 대상물로부터 방사 또는 반사되는 전자파를 파악하고, 떨어진 곳부터 대상물을 계측하거나 그 성질을 분석하는 방법으로 기상관측이나 광물자원의 탐사 등에 폭넓게 응용되고 있다. 또한, 의료용 화상처리 분야에서는 초음파를 이용하여 인체 내부를 가시화하는 검사나 치료에 유용하게 쓰고 있다.

더욱이 이러한 기술은 정지화면의 가시화에 머무르지 않고 시간적 요소를 더하여 유체의 운동을 모델화하여 흐름의 성질과 상태를 관찰하거나 유체의 변화를 지배하는 법칙을 찾아내거나 하는 실마리를 주는 이른바 '흐름의 가시화'라고 말하는 방법으로까지 발전하고 있다.

도시, 지역, 환경계획에 있어서의 응용의 예로 토지이용 · 토지개발의 상황, 녹지, 식생 등의 실체 파악이나 건축 · 설비계획에 있어서 실내에 퍼지는 소리나 열의 분포의 가시화 등에 사용되고 있다.

건축재료에 있어서 물체 내부의 온도나 밀도의 변화를 빛의 간섭을 이용하여 굴절률의 차이에 따른 농담의 분포로 나타나는 간섭무늬에 의해서 가시화되거나 고체에 힘을 더했을 때의 내부 변형이나 응력을 광탄성을 이용하여 가시화시켜 재료의 성질과 상태를 파악하는 방법 등도 일종의 가시화라고 할 수 있다.

게다가 가시화 기술을 응용한 VR(가상현실), 홀로그래피 등의 출현은 공간에 대한 이미지의 구체화, 공간의 가시화나 공간의 유사체험을 가능하게 하고 있다.

(야나기타 다케시 柳田武)

VR공간

virtual reality

군사기술로부터 발전한 VR은 가상 현실감 등으로 번역되며, 컴퓨터에 의해서 사람의 감각 기관에 생성되었지만 실제로는 존재하지 않는 가상현실 세계이다.

이 기술에 이름이 붙여진 것은 1980년대 말이며 현재에는 과학 분야에만 머무르지 않고 폭넓게 응용되고 있다.

VR에 요구되는 요소로 다음의 3가지를 들 수 있다.

① 자신이 주위에 형성된 가상현실 세계 안에 있다는 감각을 주는 실재감(presence).

② 그 세계를 바라볼 뿐만 아니라 걸어 다니며 문을 여는 것과 같은 행위를 가능하게 하는 상호작용(interaction).

③ 손에 가진 컵을 놓으면 마루에 떨어져서 깨지는 자율성(autonomy).

일반적으로는 VR의 실현수단으로서 고글과 같은 HMD(Head Mount Display)나 데이터 글로브, 데이터 수트 등의 입출력기기가 이용되고 이것들을 몸에 걸친 사람이 VR공간을 체험하게 된다. 어뮤즈멘트 파크 등에서 체험할 수 있는 롤플레잉 게임 형식의 VR이 이것에 해당하며, 현재 새로운 많은 형식이 개발되고 있다.

VR의 요소기술은 인간의 오감에 대한 움직임이지만 시각, 청각, 역각(力覺) 등의 연구가 진행되고 있다.

건축의 응용 사례로서 HMD를 사용하여 가상의 조리기구 사용에 의한 시스템키친의 치수 조정이나 고층 맨션의 모델 룸 창에 들어오는 임의의 건물에 의한 경관 예측 방식이 현장에서의 응용이나 클라이언트에게 프레젠테이션을 할 때 사용된다. 또한 원격지에 자신이 있는 것 같은 텔레 프레젠스(Tele Presence)의 응용으로서 사람이 접근하지 않는 환경에 불도저나 시공기계 등을 보내어 시각정보나 역각 피드백을 이용하여 조작하거나 설계단계에서 그룹웨어(협조작업 지원)에 도입되어 설계자가 원격으로 동일 건물 모델을 조작하는 시스템 등이 개발되고 있다.

(이키 가즈히사 位寄和久)

영상공간

imaginary space

2차원 평면의 투영화상이면서 3차원적 깊이(안길이)를 풍부하게 느끼게 하며 스토리에 끌어들이는 영화적 기법으로 건축공간의 연출기법이라 할 수 있다. 또한, 지각이나 인지, 공간평가의 실험에 대해서도 영상공간이 피험자에게 자극으로서 많이 활용된다.

사진이나 슬라이드라고 하는 정지화면, 영화나 CG애니메이션의 동영상 등 여러 가지의 영상미디어를 통해 사람들은 공간을 체험할 수 있다.

영상이미지는 명확하게 분절되지 않는 언어이며, 그것으로부터 주어지는 메시지는 언어와 같은 의미를 수반한다는 생각에서 프랑스 기호논리학자 R. 발트는 광고나 사진, 영화의 영상을 대상으로 한 분석을 전개하고 있다.

현재 영상표현의 도구로서 가장 많이 활용되고 있는 것이 CG이며, 화상 합성에 의한 정지화면의 시뮬레이션이나 CG애니메이션에 의한 동화상의 시뮬레이션은 다양한 영화의 특수효과 도구로서 오늘날 많이 이용되고 있다. 또한 컴퓨터 네트워크상에서 동영상이나 CG애니메이션 미디어로서의 영상 활용이 도모되고 있다.

그림 1은 풍력발전시설의 경관 검토를 위해서 CG화상으로 나타내고 있다.

이것은 사이트를 실사한 화상에 CG로 작성한 풍차를 합성한 것으로 실제로 검토할 때에는 풍차의 브레이드를 회전시키는 애니메이션으로 만들어 검토하는 것으로 진행시켰다.

(이키 가즈히사位寄和久)

그림 1 풍력발전시설의 경관 검토 CG

CG

computer graphics

CG(컴퓨터 그래픽스)란 디지털환경에서의 화상 생성, 실사에 디지털 가공기술이나 방법을 통하여 결과가 나타나는 화상 · 동영상을 포함하여 CG라고 부르는 것이 일반적이다.

건축디자인에 있어서의 CG라고 하면 CAAD(Computer Aided Architectural Design의 약어. 건축설계지원을 위한 디지털환경의 총칭)에 의한 3차원 투시도를 나타내는 것이 많으며 특히, 그것이 정지화면일 경우에는 CG퍼스, 건물 내부를 워크스로(walk-through)[27]하는 동화상의 경우는 CG애니메이션이라고도 불린다.

이러한 CG 표현방법은 하드웨어나 소프트웨어 등 디지털환경의 고성능화를 중심사상으로 하여 보다 고도화가 이루어지고 있으며 엔터테인먼트, 영화 등에 자주 사용하고 있다. 실재 영상과 혼동할 정도의 물질감이나 빛 환경, 역학운동의 재현까지를 가능하게 하고 있다. (그림 1)

그러나 사진의 사실적인 표현에 항상 적절하다라고는 할 수는 없으며, '현실에서 불가능한 것만을 시뮬레이션'하거나 '평상시에 잘 보이지 않는 정보를 가시화하는' 것이야말로 CG기술의 본질인 것이다. 그림 2는 역에서 통근자의 '눈에 잘 안 보이는' 개개인의 영역이 다른 사람의 영역과 어떻게 융합하여 인구유입을 형성해 나가는지를 시시각각의 형태로 나타내는 것으로, 버블로서 가시화하여 비정상인 동적 프로세스를 '눈에 보이는' 상태로서 파악한 예이다.

CG란 단지 표현하기 위한 기술이 아니고 새로운 지식 창조로 연결되는 시행, 조작을 위한 표현기술이기도 한 것이다. (다카야나기 히데아키 高柳英明)

그림 1 사실적인 CG표현

그림 2 사고 조작을 위한 CG표현

27) 프로그램 설계자가 작성한 설계나 부호의 세그먼트를 통하여 개발팀의 다른 구성원을 리드하는 동안 구성원들은 질문을 던져 기법, 스타일, 가능한 오류들, 개발 표준 등의 위반 여부에 관하여 논평하는 과정.

셰이프 그래머

shape-grammer

건축을 성립하는 기능적인 구조와 형태 그 자체를 구성하는 룰을 기술하는 '건축언어'라고 한 것을 정의했다면, 그것을 이용하여 새로운 건축을 만들어 낼 수 있을 것이다. 기능과 형태의 관계를 기술할 수는 없어도, 건축의 각 부분끼티의 관계를 만들어 내는 내부 구조 · 형태상의 구성규칙을 모델화할 수 있을 것이다.

셰이프 그래머는 자연 언어에 문법 규칙을 찾아내도록 건축의 평면이나 3차원적 형태를 기술하는 언어로서 깁스와 스타이니에 의해 제안된 개념이며, 언어학에 있어 톱스키가 제창한 구문분석의 생각(생성문법 이론)을 건축의 형태로 만드는 형태규칙에 적용시켜 전개해 보인 것이다.

스타이니는 예를 들어, 2차원 공간 내에 있어서의 평면형태를 점과 선, 표시로부터 이루어지는 것으로 정의하고, 구성 규칙은 도형의 한 부분을 다른 형태로 바꾸는 방법으로 지정한다. 그때 매개변수를 바꾸는 것에 의해서 심상변환[28]하기 쉬운 형태의 문법을 나타냈다.

건축의 각 부분끼리 만들어 내는 관계를 어떤 종류의 문법규칙을 가지는 도형의 체계로서 나타냈다.

그러나 셰이프 그래머에 있어서의 문법규칙이 자칫하면 구문적 구조에 치우치게 되어 수리적, 규칙적으로 되기 쉽다는 점을 지적하여 문법규칙이나 도출과정 그 자체가 건축형태의 특징이나 의미를 반영한 것이어야 한다는 의미적 구조를 중시한 관점으로부터, '스키머 그래머'라고 하는 개념과 이것에 근거하는 공간분석의 방법이 제안되고 있다.

(야나기타 다케시 柳田武)

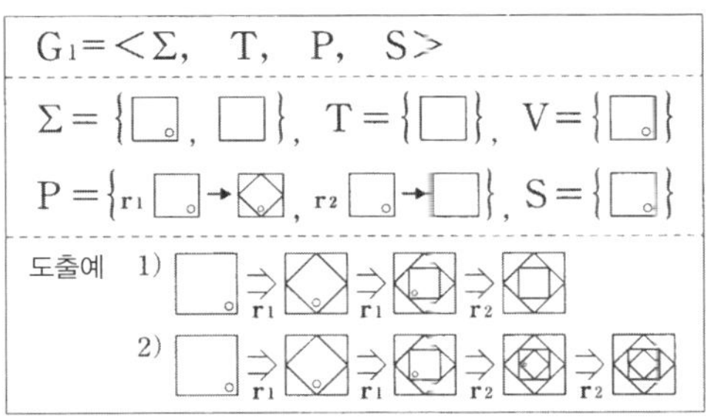

그림 1 셰이프 그래머의 예

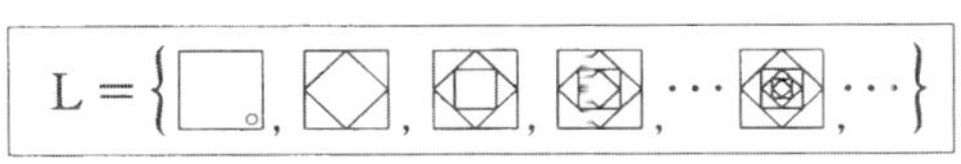

그림 2 셰이프 그래머 G1에 의해 성성되는 스키머의 집합

28) 상사변환(相似變換) - 정방행렬 A를 정칙행렬 P를 이용해 별도의 행렬 B=P-1AP로 이동하는 변환.

패턴 랭귀지

pattern language

건축에서 요구되는 기능이 복잡해지면 건축을 사용하는 사람(사용자)과 만드는 사람(설계자)의 거리는 더욱 멀어지게 된다. 건축을 사용하는 사람의 요구가 계획 · 설계단계에서 충분히 반영되기 위해서는 사용자와 설계자가 건축에 대해 공통적으로 이해하기 위한 공간적인 공통의 언어가 필요하다.

'패턴 랭귀지'는 환경을 구성하는 요소를 패턴으로서 건축이나 환경을 만들어내려고 하는 방법으로 크리스토퍼 알렉산더가 제안한 계획 · 설계방법이다.

그는 자신의 저서 「패턴 랭귀지」 속에서 250여 곳에 이르는 장소에서 패턴(원형)을 추출하고 있지만, 여기서 추출되는 패턴은 다양한 레벨에 대하여 본질적이라고 생각되는 이론을 모은 것으로, 이용자 스스로가 환경을 만들어 가는 데 있어 기본적인 합의사항 · 공통 인식사항이라고 할 수 있다.

또한 패턴은 그물과 같이 얽힌 세미라티스(semi−lattice) 상태의 네트워크구조로서 파악하여 관계를 정리하는 것에 따라서 환경을 형태로 만들어 가려는 것이다.

사람들이 자신의 손으로 집이나 거리 환경을 만들어 가는 안내수단으로서의 공통언어가 되는 것을 의도하고 있다. 그 의미로 패턴 랭귀지는 사용자 참가에 의한 디자인 프로세스의 공통언어를 목표로 하는 것을 말한다. (야나기타 다케시 柳田 武)

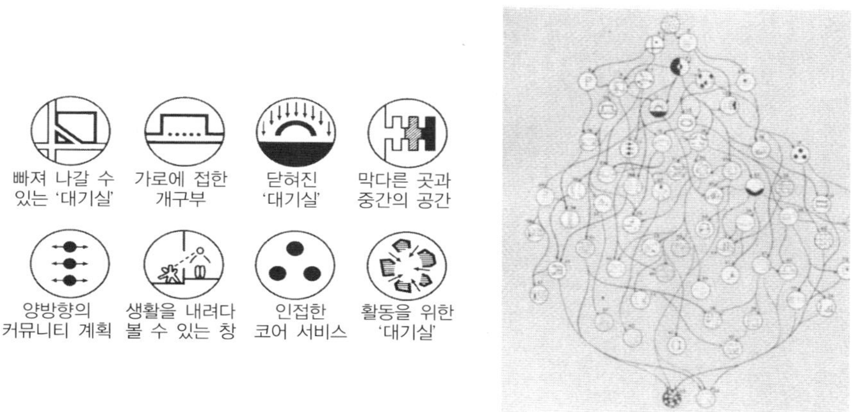

그림 1 패턴과 상관도

공간악보(譜) · 노테이션(공간 이미지의 도시기록/표기법)

urban score of space image/notation

공간을 기술하여 상대에게 전하는 방법으로는 지도나 도면이 일반적이지만 공간이 가지는 분위기나 정감, 이동이 되는 연속적인 변화를 전달할 수 없는 단점이 있다. 한편 회화, 사진, 영화 등은 공간정보를 충실히 전달하는 유력한 수단이지만 공간의 의미 정보를 해석적으로 전달하는 것은 곤란하다.

공간악보는 양자의 공극을 묻는 것으로서 오감을 통해 느껴지는 공간의 분절 정도, 매력, 분위기 등을 기호화하여 마치 오선지 위에 음표를 기입하듯이 보(score)로서 공간의 의미 정보나 구조를 기록하는 시도이다. 공간악보는 새로운 공간 창조의 수단을 모색하는 일도 의도하고 있지만 아직 보편적 방법이 완성되진 않았다

한편, 노테이션(표기법, 기호법)은 공간의 시퀀스를 이해하고 조작하기 위해서 주체(즉 관찰자)가 있는 경로를 이동할 경우에 경험하는 공간이나 환경의 이미지를 제요소로 나누어 그것들을 기호화하여 연속적으로 기술(note)하는 공간기록 기법의 하나이며, P. 실, L. 헐 푸딩, G. 카렌, D. 애플 야드, K. 린치, R. 마이어 등이 각각 독자적인 방법을 시도하고 있지만 악보를 이용해 작곡하는 것 같이 활용하려면 상당한 숙련을 필요로 한다. 노테이션은 인간이 공간을 연속적으로 지각하는 것을 명확하게 지적한 점에서 보다 큰 의의가 있다고 할 수 있다.

(요시무라 에이스케 吉村英祐)

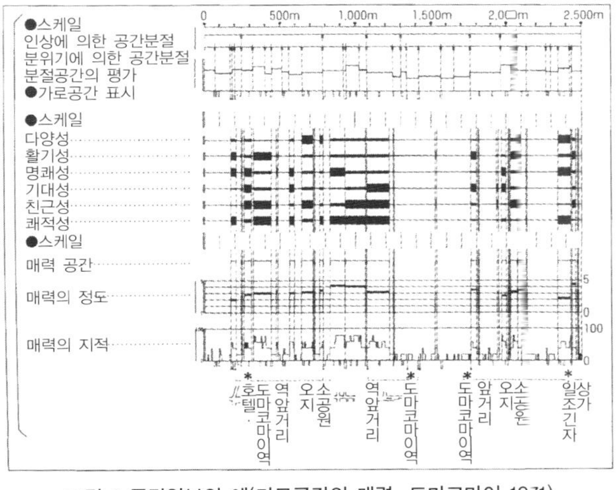

그림 1 공간악보의 예(가로공간의 매력, 도마코마이 1971)

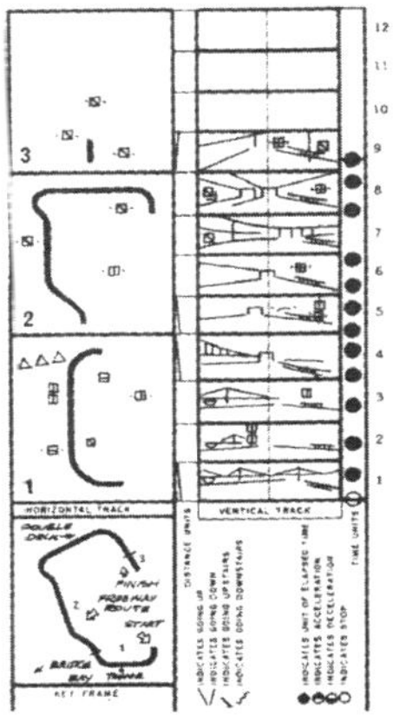

그림 2 헐 푸딩의 NOTATION (MOBEMENT NOTATION) 샌프란시스코 · freeway의 예

원근법 · 투시도

perspective-drawing

같은 크기의 사물이라도 가까이 있으면 크게 보이고 멀리 있으면 작게 보인다. 또한, 가까운 것일수록 분명하게 보이고 멀리 있는 것일수록 흐리게 보이는 것을 우리는 경험적으로 잘 알고 있다. 이것을 이용하여 평면상에 원근감 · 입체감을 표현하기 위한 회화기법으로서 원근법 · 투시도법이 고안되어 점차 체계화되어 왔다.

보고 있는 위치로부터 멀어질수록 작아지면서 모든 투사선이 일정 점에 수렴하듯이 표현하는 방법을 '선원근법', 빛의 영향에 의한 색채의 상태나 농담의 변화에 의해서 안길이를 나타내는 방법을 '공기 원근법'이라고 한다. 또한 세세하게는 멀어지는 것에 따라 색을 변화시키는 '색채 원근법', 먼 것(정도)만큼 세부를 생략하는 '세부생략 원근법'으로 나눌 수 있다.

투시도법에 관한 이론은 15세기의 건축가 브루넬레스키를 시작으로 이탈리아 르네상스를 대표하는 레오나르도 다빈치, 독일의 화가 알브레히트 뒤러 등의 연구가 유명하지만, 그 후 도법 기하학의 시조로서 알려진 프랑스의 가스파르 몬쥬에 의해서 체계화되었다.

최근에는 컴퓨터에 의한 3차원 CAD · CG에 의해서 대상물을 평면상에 투상했을 때의 형상을 투시변환에 의해서 요구하는 방법이 넓게 행해지게 되었다. 원리적으로는 투시도법과 같지만, 이것에 시간적인 요소를 더해 CG애니메이션으로서 동영상화하거나 현실에는 존재할 수 없는 가상의 공간을 표현하는 것에 의해서 공간표현의 폭이 크게 넓어졌다.

(야나기타 다케시 柳田武)

그림 1 1점투시에 의한 투시도의 예

지도

map

산이나 강 등의 지형의 특징이나 사람들이 사는 거리, 도로, 광장 등의 위치를 파악하여 공간적인 확대를 평면상에 그려 나타내는 방법으로 옛부터 각종 지도가 고안되어 왔다. 지도란 '지표의 물리적 사상을 일정한 약속에 따라서 도형 등으로 표시한 것'이라고 정의하고 있으며 점이나 선에 의한 도형 및 기호, 문자의 모임으로 표현된다.

대상으로 하는 공간의 규모나 범위에 의해서 축척이나 표현은 다양하지만, 예전부터 만들어 온 다양한 세계지도는 각각의 시대 사람들의 세계관을 그대로 나타낸 것이기도 하다.

일반적으로 이용되는 도도부현(都道府縣)[29] 지도나 도로 맵, 관광지도 등 대부분의 지도는 실측에 의한 근거 하에 만들어진 국토지리원의 5만 분의 1, 혹은 2만 5천분의 1의 기본도를 기초로 작성된다. 이와 같이 기본도를 편집하여 만들어지는 지형도, 지세도, 지방도라고 하는 지도는 편집도로 불린다. 더욱이 특정의 사상을 테마로서 지질도나 식생도, 토지 이용도, 도로교통망 지도라고 하는 주제도가 만들어진다.

그러나 목적에 꼭 맞는 지도가 없을 때에는 이러한 경우 기성 지도를 베이스로 하여 시설의 배치상황이나 권역도 · 세력도 · 영향권을 나타내는 영역지도 등을 목적에 따라 작성한다.

또한, 실측 등에 의한 정확한 지도와는 별도로 대상 공간을 인식하는 측면에서 본 이미지 맵 · 사인 맵이라고 하는 공간인지 지도도 포함한다. 지도는 공간을 취급하는 데 가장 중요한 도구 중 하나이다.

(야나기타 다케시 柳田武)

그림 1 프트레마이오스의 세계도

29) 일본의 광역자치단체 단위

지리정보 시스템(GIS)

geographic information system

지금까지 지도의 대부분이 종이와 같은 매체 위에 그려진 것에 비해 지리정보 시스템은 지리적 특징을 나타내는 도형정보와 관련지을 수 있었던 다양한 정보를 복수의 속성데이터로 링크시켜 컴퓨터상에서 수정, 가공 등의 조작을 할 수 있도록 각종의 집계, 공간해석 등을 실시할 수 있는 시스템을 말한다. 지형정보를 디지털화한 도형정보와 공간정보로서의 속성정보로부터 만들어지는 데이터베이스 관리시스템이며, 지금까지의 지도에 의한 정보와 각종의 통계정보를 관련지어 취급할 수 있도록 한 것이라고 말할 수 있다.

그 원형은 1960년대에 캐나다에서 개발되었다. 광대한 토지를 관리하려면 하천이나 삼림 등의 자연자원의 분포상황이나 농업을 시작으로 하는 토지의 이용상황을 파악하기 위한 지리적 정보가 필요하지만, 지금까지의 종이지도를 사용하여 이와 같은 일을 처리하려면 방대한 작업이 수반되기 때문에 도형을 수치데이터에 옮겨놓고 컴퓨터로 처리할 수 있도록 한 것이 시작이다.

그 후, 같은 생각에 의한 시스템이 개발되었다. 컴퓨터의 고성능화, 소형화, 저가화에 의한 저렴하면서 실용적인 시스템이 보급되었다. 토지이용계획이나 환경보호 등의 대규모 응용 분야뿐만 아니라 소규모의 경우에도 이용되며 급속히 확대하고 있다.

표면정보의 취급방법으로 당초부터의 메시데이터[30]가 사용되고 있지만 최근에는 위상구조를 가지는 다각형데이터가 주류를 이룬다. 컴퓨터로 지도를 작성하거나 그 도형정보를 기초로 도형 간의 기초적인 해석을 더하는 '컴퓨터 맵핑'이라고 불리는 기초기술이 확립되고 있다.

(야나기타 다케시 柳田武)

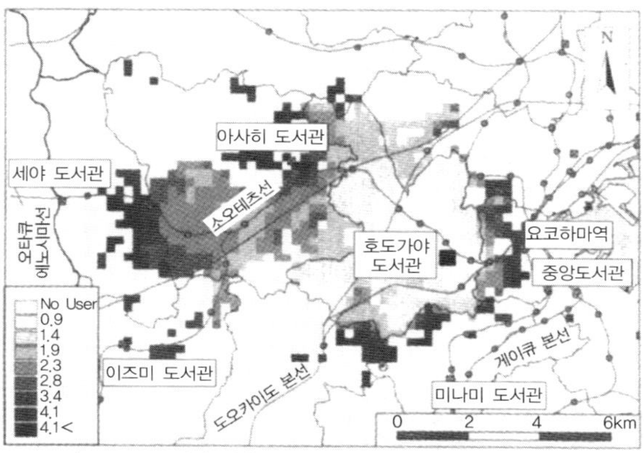

그림 1 공공도서관 이용자의 이동과 관계되는 공간분포의 예

30) 지역의 특성을 살피기 위하여 일정한 넓이의 면적마다 수치를 입체적으로 표시하는 것.

공간구성 요소

space-constructing elements

P. 실은 사람이 경험하는 물적환경을 기술하기 위해서, 어느 한 지점으로부터의 시야를 SEEs(space-establishing elements)의 형성하는 최소공간으로 도식화하였다. SEEs는 '대상', '표면', '스크린'의 구별과 그 위치(위쪽, 측면, 하부)에서 분류된다.

'대상'은 우산(위쪽), 포스트(측면), 디딤돌(하부) 등의 3차원적인 형태를 가지는 것을 가리킨다. 이것들은 최소공간보다 큰 공간에서 고립하여 존재한다.

'표면'은 천장(위쪽), 벽(측면), 융단(하부) 등의 2차원 평면을 가리킨다. 이것들은 최소공간보다 큰 공간에 있어 '대상'의 일부가 된다. '스크린'은 '대상'과 '표면'의 중간으로 좁은 간격으로 나란히 있는 '대상'이나 열린 '표면' 등이다. 공간에 실제로 확립되어 있는 요소(SEEs)에 대상, 표면, 스크린을 없애면 공간에 영향을 받는다. 반대로 제거되어도 공간에 영향을 주지 않는 요소는 SEEs가 아닌 내장물(內裝物-furnishings)로 불린다.

한편, K. 린치는 도시계획을 하는 데 있어 중요한 것은 단지 물적환경을 조작하는 것은 아니고 그 선명한 이미지를 만들어 사람이 외부세계와 조화를 이룰 수 있는 관계를 확립하는 것에 있다고 생각하였다. 린치는 주민의 대다수가 갖는 도시의 전체상-퍼블릭 이미지의 내용을 조사하여 그 형태적인 특징으로부터 도시의 이미지가 다섯 개의 엘리먼트(패스, 엣지, 지역, 노드, 경계표지)로부터 구성된다고 생각하였다('이미지 어빌리티' 참조).

(요코야마 가츠키 横山勝樹)

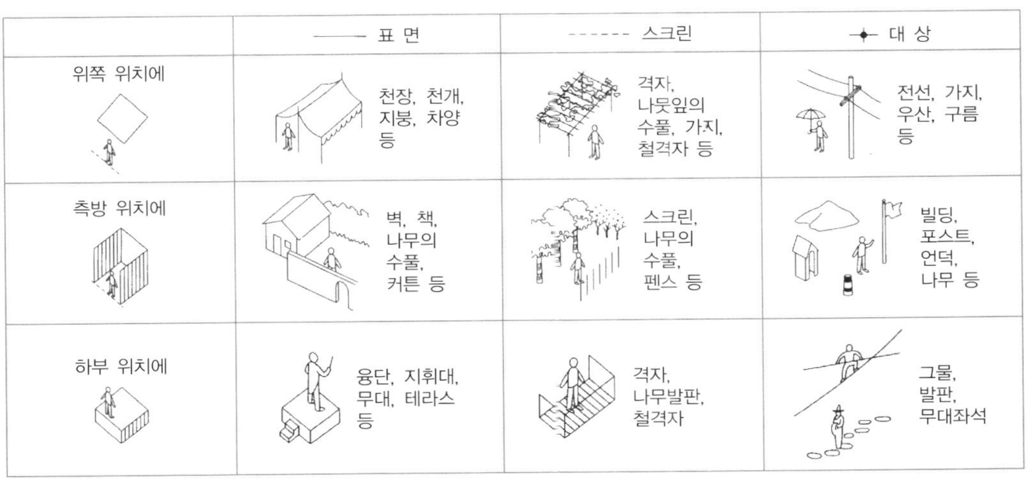

그림 1 공간구성 요소(P. 실에 의함)

다이어그램

diagram

방대한 정보나 복잡한 구조를 알기 쉽게 하고 정보를 받는 사람(수취인)의 직관력에 매력을 갖게 하는 '그림'으로 제시하는 표현방법에 다이어그램이 있다. 공간구성이나 시설의 이용 동선 등을 3차원적으로 전개하는 방법으로, 건축설계에서 필요에 따라 시간축도 포함한 4차원 정보를 효과적으로 표현할 수 있다.

그림 1은 대규모 역의 디자인 안을 다이어그램으로 표현한 예이다.

여기에서는 건물 전체와 그것을 구성하는 시설요소를 극히 객관적으로 표현하고 있으며, 그 입체적인 관계만을 강조하는 아이소메트릭을 이용하고 있고 또한, 이 역의 이용경로를 나타내기 위해 이용자나 전철, 택시 등을 애니메이션으로서 표현하고 있다. 기획력뿐만 아니라 복잡한 제안내용을 얼마나 심플하게 제시할 수 있는가도 디자이너의 실력이며 이를 표현할 수 있는 기회이다.

한편, 공간계획학의 연구에서는 방대한 조사정보를 '그림'에 표현하여 숫자의 나열상태로 파악하기 힘든 미세한 변화나 차이를 전달하기 쉬운 표현으로 변환하지만, 동시에 표현 그 자체가 정보의 총체에 대한 깊은 이해가 연결되도록 생각한다.

그림 2는 스키장의 리프트 배치와 그 이용 인원수를 나타낸 것인데 화살표의 크기나 형상으로 이용자 수나 종류를 나타낸다. 실제의 시설배치와 이용특성을 표현하는 것으로 합리적인 리프트 수송력이나 전체의 최적 가동패턴의 검토 등 전략적인 시설 운영에 깊게 관련되는 다이어그램이다.

연구 종사자에게는 연구성과가 문제에 대하여 알기 쉬운 해답이 되도록 유의하는 것이 중요하다.

(다카야나기 히데아키 高柳英明)

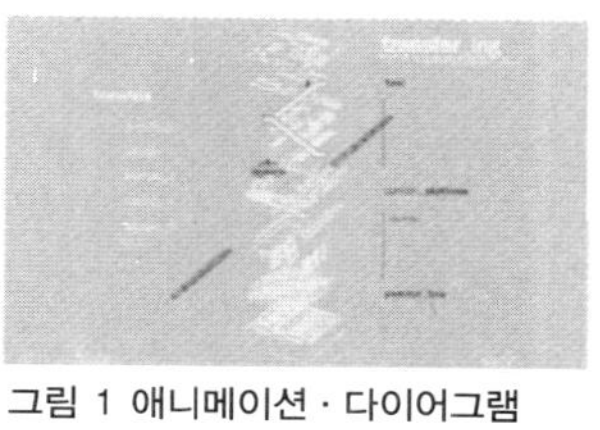

그림 1 애니메이션 · 다이어그램

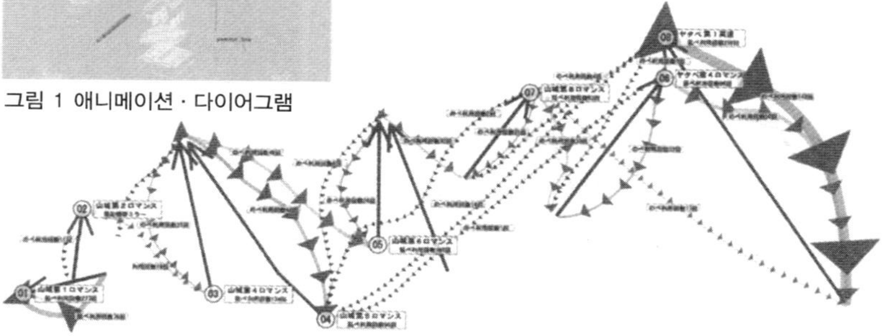

그림 2 고객 이용 특성 다이어그램

공간도식

spatial schema

I. 칸트에 의하면, '공간'(raum)은 인간이 가까운 시일 내에 외부세계의 모두에게 줄 수 있는 관계의 원리이다. 이것은 물건의 모습에서 인간이 환기되는 것으로 처음으로 표현된다. 이 공간의 표현이 개개의 사물의 다양성을 일반화하여 그 개념에 형상을 준다.

사물은 그것이 '무엇으로 있는 것인가'라고 하는 동시에 '어디에 있는 것인가'에 의해서 인간에게 있어서의 의미가 다르다. 건축도시계획은 직접적으로는 물건을 만드는 동시에 물건에 둘러싸인 장소가 형성되어 그러한 위치 관계에 인간의 생활장소를 만든다.

배치도나 평면도에 대해 표현되는 건축 · 도시공간은 전체가 동시에 존재하여 고유의 형태를 가지는 것을 모습으로서 나타내지만, 생활장소로서의 건축 · 도시공간은 인간의 심리, 신체나 물건의 이동 등 시간의 흐름 안에서 지각된다. 기능도, 조직도, 동선도 등은 한 명의 인간이 지각할 수 있는 범위 혹은, 생활상의 기능으로 분절된 요소나 장소를 재구성하는 것으로 건축 · 도시공간을 표현하고 있다.

'도식'의 '그림'은 요소에 분해되지 않는 전체적인 모양, '식'은 분해된 요소를 기호화해 그 관계를 나타낸 것이다. 건축 · 도시공간은 이 이면성에 있어 파악할 필요가 있다.

C. N. 슐츠에 의하면, 다양한 건축 · 도시공간의 보편적인 종류로서 '중심과 장소', '방향과 통로', '구역과 영역'의 3개의 도식이 있다. 그리고 이것들은 위상적 공간개념에 있어서의 근접, 연속, 폐합의 각 관계에 대응하고 있다. (요코야마 가츠키 橫山勝樹)

그림 1 건축 · 도시공간으로 보이는 세 개의 도식(C. N. 슐츠)

공간개념

conception of space

공간적 관계를 기술하는 기하학은 당초에는 토지 측량방법으로서 이집트에서 시작되었다. 그 후, 그리스 문화 안에서 이론화하여 유클리드(Euclid)는 그 집대성으로서 스토이케이아(Stoicheia, 기하학 원본)를 정리하였다. 이것은 오랫동안 자명(自明)의 진리로부터 이끌리는 절대 체계라고 불려왔다.

그러나 19 세기 이후, 그 이외의 공리계(公理系)[31]에 의해서 성립되는 비유클리드 기하학이 만들어졌다. 그 결과 기하학, 공리라고 부르고 있는 가정으로부터 이끌리는 상대적인 논리 체계라고 생각할 수 있게 되었다. 르네상스기의 투시도법으로부터 발전한 사영기하학, 일필(一筆) 쓰기의 연구 등에서 발전한 위상기하학(topology)도 각기 독립한 기하학이며 다른 공간개념에 대해서 성립하고 있는 것이다.

한편, 어린아이의 공간개념은 잡거나 찾거나 하는 외부세계에서 제의하는 행위를 머릿속에서 이미지화하는 것이 반복되면서 점차 발달한다. J. 피아제에 의하면, 이 획득은 기하학의 역사와 반대의 순서를 더듬어 보면 처음은 위상적 공간개념의 획득단계(6~7세 정도)이다. 포함관계, 근방관계, 순서관계 등에서 물건의 속성이나 위치가 추상화된다. 다음으로 획득되는 것은 투영적 공간개념으로(9~10세 정도) 어느 하나의 시점으로부터의 위치관계가 파악되어 시점의 위치에 의해 전후, 좌우 등이 보이는 방법이 변화하는 것이 이해된다.

마지막으로 유클리드적 공간개념이 획득되어(11세 전후), 거리, 각도 등의 양의 개념과 그 보존, 좌표축 등을 사용할 수 있게 된다. (요코야마 가츠키 横山勝樹)

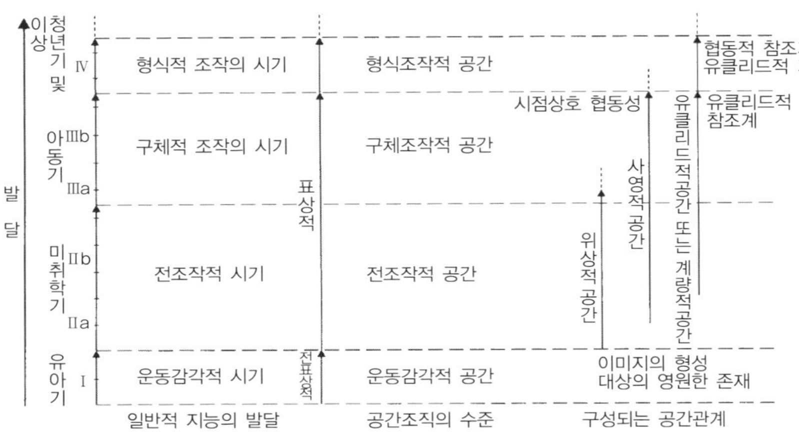

그림 1 공간개념의 발달 단계(J. 피아제)

31) 공리계(公理系) : 수학이론의 기초를 이루는 공리 전체.

공간유형

type of space

무엇이 어떤 유형에 속한다는 공통되는 패턴이 찾아질 때, 전형적인 예를 가지고 분류 · 기술을 실시하는 연구를 유형학(typology)이라고 한다.

F. 틴에 의하면, 제일의 목표인 형태는 원과 거기에 내접하는 정다각형 및 그것들을 이동, 회전하는 것에 의해서 얻을 수 있는 입체이다. 그 이외의 형태는 치수에 의한 변형, 뺄셈적인 변형, 덧셈적인 변형이라고 생각할 수 있다(그림 1). 그 중에 덧셈적인 변형은 5개의 형태로 나눌 수 있다.(그림 2)

구심적(求心的) 형태는 지배적인 중앙의 형태와 몇 개의 2차적 형태로부터 성립되고, 방사상 형태는 중심의 형태로부터 외측에 성장하는 선상 형태로부터 각각이 성립된다. 클러스터 형태는 서로 근접하는 형태, 혹은 같은 시각적 특징을 공유하는 형태에 의해서 성립되고, 그리드 형태는 상호관계가 3차원 그리드로 규정된 형태이다.

또한 형태는 상관(相貫)과 분절에 의해서 한층 더 전개된다. 상관은 다른 형태 혹은 방향이 다른 동일한 형태가 서로 겹쳐 서로가 그 형태의 지배성을 경쟁하는 경우이다. 원과 정방형의 상관, 회전한 그리드 형태끼리의 상관 등이 있다. 분절은 출구와 입구의 처리, 표면의 재질감 등의 차이로부터 이끌린다.

F. 틴은 이상의 형태 및 공간이 복수로 구성되는 경우에도 같은 유형화를 실시하여 구심적 구성, 선상 구성, 방사상 구성, 클러스터 구성, 그리드 구성이라고 부르고 있다.

(요코야마 가츠키 横山勝樹)

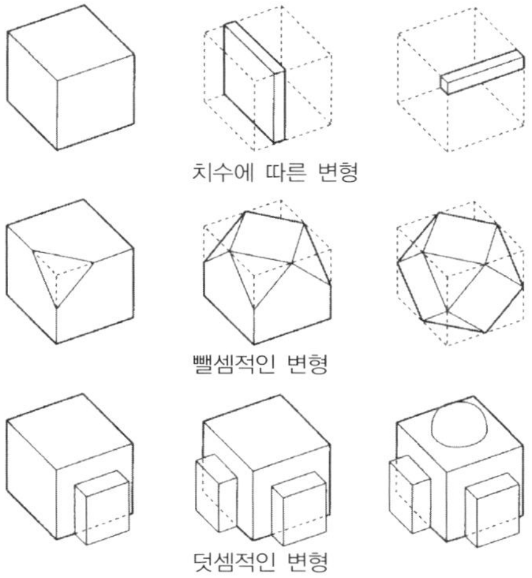

그림 1형의 변형(F. 틴에 의한다)

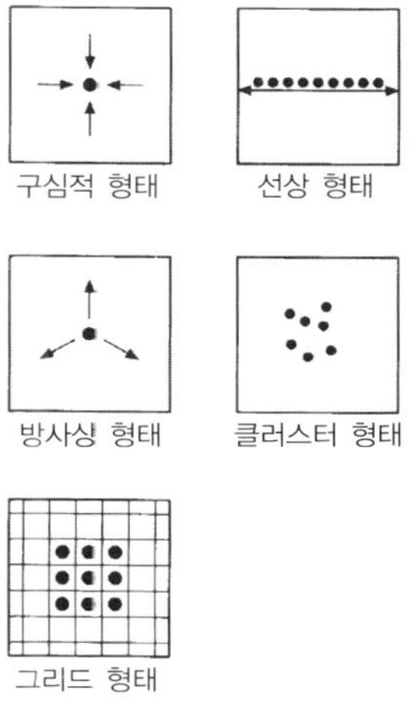

그림 2 덧셈 형태의 종류(F. 틴에 의한다)

구조

structure

구성의 질서는 요소의 통합을 넘어 전체적으로 자립기능을 형성한다.

F. 틴은 형태 및 공간의 구성 질서를 정하는 6개의 원리를 들어 "다양성이 없는 질서는 단조롭고 시시하지만 질서가 없는 다양성은 혼란에 지나지 않는다" 라고 말하고 있다.

축선은 2점에 의해서 형성되는 선이며 그 주위에 요소가 배열된다. 대칭은 축선을 기준으로 중심점의 주위에 같은 밸런스로 요소를 배분하는 원리이다. 계급구성(hierarchy)는 다른 요소와 크기, 형태, 배치 등에 변화를 붙이는 것으로 하나의 요소를 눈에 띄게 하는 원리이며, 리듬과 반복은 패턴의 반복과 리듬에 의해서 일련의 같은 요소를 구성하는 원리이다. 기준선은 선이나 면 등에 의한 연속성과 규칙성에 의해서 요소의 패턴을 구성한다. 변형은 일련의 조작과 변형에 의해서 보관, 유지되고 강조되어 구축된다.

한편, K. 린치에 의하면 도시 이미지에 있어서의 중요한 구조는 현실의 도시공간과의 상위기하학적인 대응관계이다.

사람들의 이미지는 고무판에 그려진 지도와 같아서 방향을 비틀 수 있고 거리는 길게 늘어지거나 압축하는 경우가 있다. 그러나 지도가 찢어져서 다른 곳에 꿰매어 맞추는 것과 같을 수는 없고 시퀀스는 정확하다. 환경 이미지의 중요한 기능 중 하나인 경로 탐색의 용무를 충족시키기 위해서는 연속성이 중요하다. (요코야마 가츠키 横山勝樹)

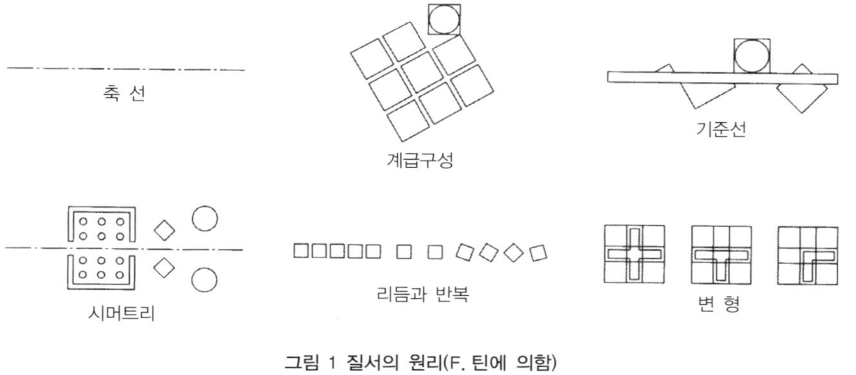

그림 1 질서의 원리(F. 틴에 의함)

계급구성

hierarchy

클러스터분석은 계층도를 작성하는 것으로 복잡하게 서로 작용하는 다양한 사상을 단계적으로 그룹화하고 직감적으로 이해할 수 있는 관계로 바꾸는 것으로 행하여진다.

C. 알렉산더에 의하면, 디자인의 최종 목적은 형태이지만 현대디자인은 전통적인 물건을 만드는 방법과는 달리 개인이 직감적으로 풀기에는 그 문제의 양이나 복잡함이 너무 크다.

그렇기 때문에 디자이너는 프로그램을 통하여 문제를 생각해볼 필요가 있다. 프로그램이란 전체를 부분 문제로 분해하고 하나씩 해결해 나가는 방법이다. 이것에 의해서 무한한 요구를 유한하게 축소할 수 있어 형태와 콘텍스트로부터 생기는 조화로 전체의 앙상블을 만들 수 있다.

분석은 앙상블의 질서를 방해하는 부적합한 것을 찾아내는 것에서 시작되며, 그것을 피하기 위한 요구 간의 상호작용을 수량화하여 상관을 측정하는 것으로 행해진다. 이것에 의해서 문제는 하부조직에 분해되어 서열(hierarchy)을 구성한다. 알렉산더는 이것을 집합론에 근거한 정의를 주어 트리라고 불렀다('세미라티스' 참조).

한편, 프로그램의 실험은 하부조직에 작은 다이어그램을 주어 서서히 합성하여 복잡한 다이어그램을 얻는 것으로 달성된다. 다이어그램은 형태의 성질을 설명하는 측면과 화살표나 인공 밀도도와 같은 문제를 기호화하는 측면을 겸비하여 도식적이고 건설적인 물건이 아니면 안 된다.

(요코야마 가츠키 横山勝樹)

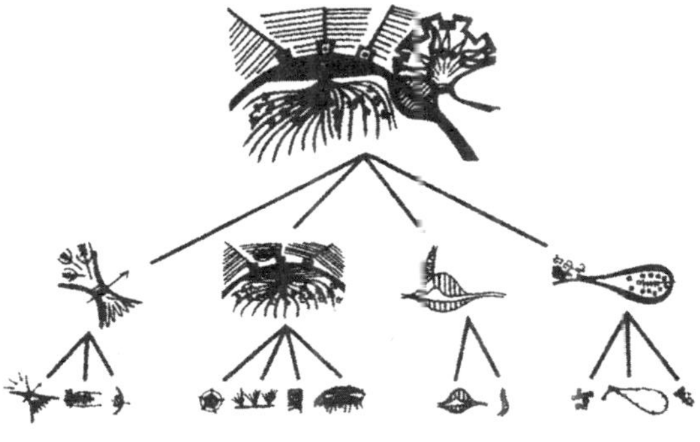

그림 1 건설적 다이어그램의 계급구성

세미라티스

semi-lattice

C. 알렉산더에 의하면, "계획된 도시는 나무구조를 가지고 긴 세월에 걸쳐서 형성된 도시는 보다 복잡한 세미라티스로 불리는 구조를 취하고 있다"고 한다.

나무는 1개 이상의 노드를 갖는 집합으로 노드들은 다른 노드들의 원소와 중복되지 않는 n개의 부속 나무로 나뉜다. 나무를 구성하는 집합은 어느 2개의 집합을 보아도 진부분집합이지만, 2개의 그룹은 서로 간의 공통부분이 존재하지 않는다. 한편, 세미라티스를 구성하는 집합은 공통부분을 가지는 어느 2개의 집합을 보더라도 그 공통부분이 다른 그룹에 공통으로 속한다.

알렉산더는 나무 도식의 대안으로 세미라티스를 제안하면서 다음과 같이 정의한다. "집합들의 특정 모임이 세미라티스의 형식을 취하는 것은 서로 중첩되는 두 집합들이 그 모임에 속하고, 그리고 두 집합 모두에 공통된 요소들의 집합 또한 그 모임에 속할 때뿐이다." 나무 도식의 경우 하위집합 간의 관계가 배타적인 반면, 세미라티스의 경우 하위집합 간의 관계에 마치 그물망처럼 복잡하게 겹쳐져 있다. 놀랍게도 세미라티스는 오랜 시간 동안 디자이너의 개입 없이 자연 발생적으로 생성된 '자연도시'에서 쉽게 발견된다. 이는 나무 도식의 인공 도시와는 큰 대조를 이룬다.[32)]

즉, 세미라티스의 구조를 취하는 도시에는 각각의 시스템에 공통부분이 있으며 그것이 또 도시의 구성요소가 된다. 그런데 나무에 대해서는 공통부분이 없다. 많은 사람들이 인공의 도시에 무엇인가 본질적인 물건이 빠져 있다고 느끼는 것은 이 때문이다.

예를 들어, 도시공간을 분할하는 근린주구(近隣住區)[33)]는 같은 근린주구의 요소끼리 긴밀히 결합되지만, 다른 근린주구의 요소란 그것이 속하는 상위 레벨을 매개로서 처음으로 결합된다고 가정하고 있다. 그러나 실제의 사회시스템에 대하여 청소년 클럽, 성인 클럽, 우체국, 중학교라는 성질이 다른 센터는 개인이 동시에 필요로 하는 시스템이 아니다. 따라서 그 요소(회원, 이용자, 학생)의 공간적 확대는 서로 겹치고 있다. 또한, 이러한 시스템은 하나의 근린주구(공간적 확대) 안에 들어간다고는 할 수 없다. (요코야마 가츠키 横山勝樹)

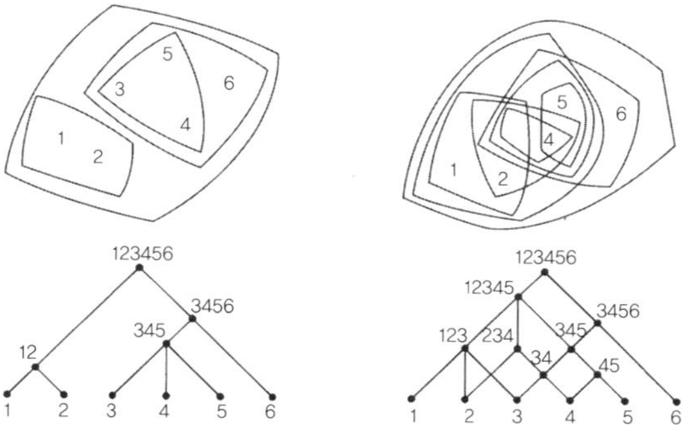

그림 1 트리의 구조　　그림 2 세미라티스의 구조

32) http://blog.naver.com/ecri11/34371979
33) 적절한 도시계획에 의하여 거주자의 문화적인 일상생활과 사회적 생활을 확보할 수 있는 이상적 주택지의 단위. 일반적으로 초등학교 하나와 점포, 녹지 따위의 시설을 갖추고 있다.

정위(定位)[34] · 방위

orientation/direction

인간이 목적지로 이동할 수 있는 것은 한 지역에 한정된 참고자료를 이용하면서 그것들을 서로 관계 지은 광역적인 참고범위를 만드는 것으로, 항상 자신이 있는 곳을 평가할 수 있기 때문이다.

K. 린치가 말하는 이미지 역할 중 하나는 넓은 범위를 참고범위로서 움직이지만, U. 나이서는 이미지와 지도 같은 정적인 구조를 의식시키는 용어가 아닌 능동적으로 정보를 찾아 요구하는 구조로서 정위도식(orienting schema)이라고 하는 용어를 쓰고 있다.

정위와 이동은 인간과 환경의 상호작용, 즉 정보추출과 도식의 수정이라고 하는 지각순환 속에서 가능해진다. 따라서 이것은 추상적인 공간개념의 획득과 동시에 환경 자체의 물적 구조나 사람의 생활양식에 영향을 받는다.

요시다 슈우지에 의하면, 동남아시아가 있는 반도의 동해안에서 어획을 중심으로 생활을 영위하고 있는 부족의 언어는 바다와 육지의 방향을 나타내는 언어와 이 축으로 직교할 방향을 나타내는 언어(상 · 하)가 있으며 이 언어에 의해서 해상의 선단위치를 서로 확인하고 있다고 한다.

이것은 상대적 방위이며, 만일 서해안 바다에 나왔다고 한다면 상하의 방향은 역전한다. 그러나 그들의 생활권은 동해안 역에 한정되어 있어 상하의 방향이 역전되어 문제가 생기는 일은 일어나지 않는다. 많은 민족은 태양의 운행이나 계절풍의 방향에 근거하는 절대적 방위를 갖고 있다. 그러나 북극권에서는 태양의 운행이 계절에 의해서 완전히 다르다. 에스키모의 일부에서는 강의 상류 · 하류가 주요한 방위가 되고 있었다고 한다.

(요코야마 가츠키 横山勝樹)

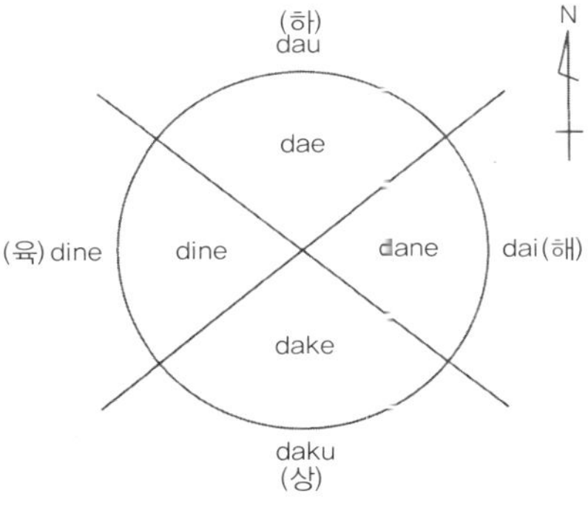

그림 1 바다와 육지의 방향으로 제작된 방위

34) 생물체가 몸의 위치나 자세를 능동적으로 정함. 또는 그 위치나 자세.

공간요소

elements of space

공간요소란 대상 공간을 부분별로 나누어 기술, 표현하는 단원을 가리킨다.

일반적으로 공간연구에서 물리적 공간과 심리적 공간이 구별된다. 특히 물리적 공간은 기술되거나 표현되는 목적이나 방법 등에 의해 요소가 분절 가능하고 다양하다.

그러나 이 책에서는 아래의 항목으로 해설하는 요소인 '장소', '중심 · 주변', '경계 · 결계', '출입구', '통로', '경계표지', '아이 스톱', '전망'의 관계에 대해서만 서술하였다.

이러한 용어 속에서 중심이 되는 개념은 '장소'다. '장소'는 '경계 · 결계'의 본연의 자세에 의해 확대되거나 윤곽이 규정된다. 또한 '경계 · 결계'의 형태, 스케일, 재질 등에 의해 '장소'의 공간 특성이 규정된다. 반대로 '장소'가 고유의 공간 특성에 어울리는 '경계 · 결계'를 요청한다.

'중심 · 주변'은 '장소' 내부 및 그 외측의 특성에 서로 관련지어 설명할 때에 유효한 개념이다.

'출입구'는 '경계 · 결계'의 사이에 만들어져 '장소'를 다른 공간과 연결하여 활성화하는 요소이다. 때로는 '장소' 내부의 공간특성은 외부를 상징하는 요소가 된다. '출입구'는 '통로'의 입장에서 '장소'와 같은 역할을 한다.

'경계표지', '아이 스톱'은 '장소'나 '통로'를 상징하는 '표시'의 개념에 통합하여 사용 가능한 용어로 공간의 특이점에 설치되는 요소이다. '전망'은 '통로'의 양상 중 하나로 '전망'이 표현된 통로의 막다른 곳에는 '경계표지', '아이 스톱'이 놓여진다. (후쿠이 도루 福井 通)

그림 1
경계 · 장소 · 출입구 · 통로 등 공간요소의 원형을 볼 수 있는 부락 (인디언의 취락)

그림 2
공간요소의 도식화된 르네상스의 이상도시 (파르마노바)

열주형의 경계에 의해 타원형의 장소가 만들어져 중심으로 오벨리스크가 선다.

그림 3
공간요소의 관계가 명확한 산 피에트로 광장

장소

place

장소란 중심을 가지는 내부로서 체험되는 면적이 확대되는 요소로서 경계에 의해 특화된 시공간이며, 유한의 확대와 중심성을 특성으로 하며 기본형태의 원형이다.

장소의 의미는 보호성에 있다. 외계로부터 지켜진 존재의 근거가 되는 곳, 정위의 원점, 세계에의 출발점이며 중심이 되는 시공간이다. 주거로서의 집은 그 전형이다.

장소의 획득은 안전성과 아이덴티티에 밀접한 관계가 있다. 인간이 환경 가운데에 장소를 획득하는 과정은 생물이 구역을 만드는 것과 같이 동적이다. 거미가 둥지를 치는 것처럼 인간도 동화와 조절을 실시하여 환경에 의미를 부여해 장소화한다. 여러 가지의 장소의 경험이 보다 안정되는 쾌적한 장소의 획득에 중요한 경험이 된다.

장소는 단독으로 존재하고 있는 것이 아니라 다른 장소와의 관계로 구조화되고 있다. 예를 들어, 주거 내부의 제실은 서로 관련하여 주거로서의 집을 형성하고 집은 산과 물 등 익숙한 기억 속에 속한다고 하듯이 장소는 계급구성(hierarchy)과 네트워크를 가지는 공간구조를 형성하고 있다.

또한, 장소는 경계 · 출입구 · 통로 등 다른 요소와 함께 환경으로서의 공간구조를 구성하고 있다. 이러한 관계가 장소의 중심을 한쪽으로 치우치게 하여 장소에 방향성을 주는 등 장소 본연의 자세에 영향을 준다. (후쿠이 도루 福井 通)

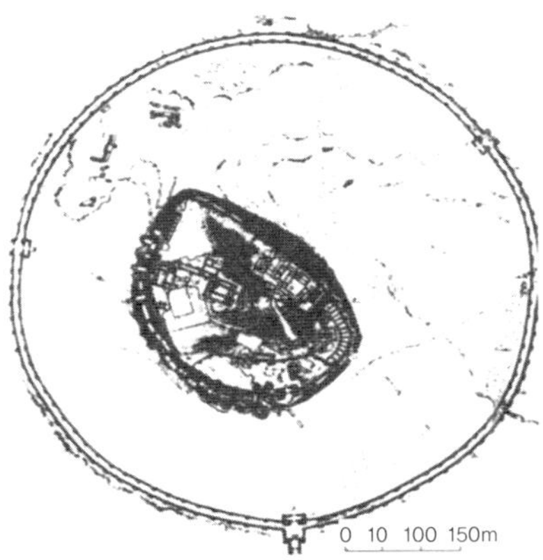

그림 1 장소의 원형이 보이는 샘 알의 평면도

그림 2 장소의 중심성이 마루에 패턴으로 보이는 원형(캄피돌리오 광장)

그림 3 특수한 장소 아달라지의 지하 계단 우물

중심 · 주변

center/periphery

주위나 양끝으로부터 같은 거리에 있는 점과 그 주위의 부분을 중심이라 하고 모든 것이 거기에 모여 있고 거기에서 나온다 라고 하는 기능을 하는 장소에서, 주변은 그 주위를 말한다.

중심과 주변은 어느 문화현상 등을 주로 공간적으로 설명하는 경우, 서로 대립하는 일체의 개념으로서 이용된다. 그 의미는 양자가 대립하면서도 불가분인 한 쌍의 의미를 가지는 개념으로, 예를 들어 코스모스–카오스, 지배–비지배, 집중–분산, 그림–땅, 의식–무의식, 빛–어둠 등을 상징한다. 이와 같은 하나의 개념에 공통되는 이미지는 중심은 일원적으로 질서를 지을 수 있는 명확한 가치체계를 갖고 빛나는 무대와 같이 시선을 집중시키는 초점이 되는 곳, 주변은 애매하고 다양 · 다의적인 가치가 혼재한 상태, 어두워서 전망이 나쁘고 이산적(離散的)이고 무정부 상태인 곳의 의미 내용을 가진다.

공간연구에 있어서 중심은 장소나 영역의 핵의 개념에, 주변은 경계나 주역의 개념에 대응한다. 그러나 중심과 주변과의 관계는 반드시 고정적인 것은 아니다.

예를 들어, 공간적으로 중심을 차지하고 있던 장소도 시간이 경과하여 주변이 될 수도 있고 그 반대가 될 수도 있다. 물건의 견해에 의해 중심과 주변이 단번에 역전할 수도 있다. 인간의 의식의 지향성에 의해 공간의 스케일이 변화하여 거기에 따라 공간의 이미지나 의미의 동적 변화를 설명할 때에도 유효한 도구가 된다. 실제로 이러한 다이내믹한 현상을 설명할 때에 도움이 되도록 생각한 개념이다. (후쿠이 도루 福井 通)

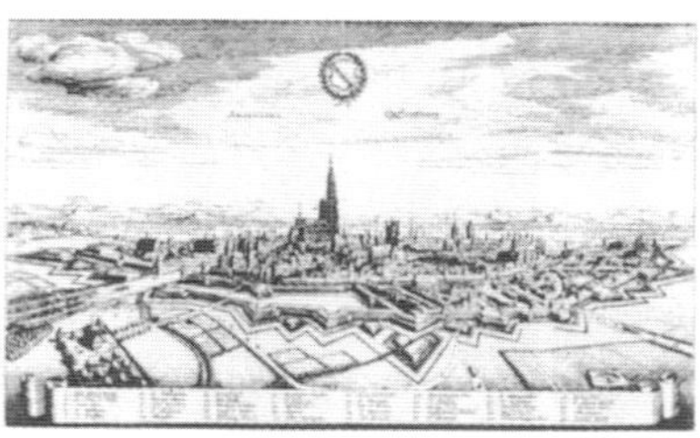

그림 1 중심 · 주변의 관계가 명확한 중세도시 (스트라스부르)

그림 3 죠드풀의 중심과 주변

그림 2 무스금족의 주거 평면도 (아프리카 · 카르메인 · 가이아)

경계 · 결계

boundary

경계란 구역을 뜻한다. 끝없는 범위를 단락지어 공간을 한정하는 요소이다.

결계란 연결된 계의 뜻으로 구획을 묶어 닫는 의미로 공간을 구획의 안 · 밖의 영역으로 한정하는 요소이다. 안쪽이 성역, 밖이 속(俗)역, 즉 세상으로 여겨진다. 결계는 불교 용어로 경계의 1형식이다. 경계 · 결계와도 공간을 한정한 특정의 공간, 즉 장소화 또는 영역화하는 요소로서 함께 '차단성'의 특성을 갖는다.

실재하는 건축 · 도시공간의 경계는 다양하고 건축적으로는 차단성이 강한 석벽(石壁)으로부터 약한 미닫이까지 경계라 할 수 있고, 도시적으로는 성벽에서 경계말뚝까지 서열이 있어 다양하다.

또한, 오르막길, 해변, 산, 강 등의 자연물이 경계라고 볼 수도 있다.

이것들은 예전부터 생활공간의 경계로 많이 사용되어 이야기성도 풍부하고 다양한 이미지를 가지기 때문에 '중심 · 주변'의 주변적 공간으로서 민속학 등의 관심의 대상이 되어 왔다.

경계는 공간을 장소화하여 소유할 때의 기본요소이고, 따라서 공간연구에 대해도 중요한 개념이다. 특히 건축 · 도시공간을 인간이 어떻게 신체화(身体化)하여 이미지를 가지고 있는지, 어느 장소나 영역에 살면서 그 장소나 영역을 이용하고 있는 사람들에게 어떠한 의미를 가지고 행동에 연결되고 있을까 등의 연구는 경계요소에서 관계해 온다. 예를 들어, E. T. 홀의 신체 거리, K. 린치의 도시의 이미지, C. N. 슐츠의 실존적 공간 등은 공간연구에 큰 영향을 준 연구이지만 이러한 연구에서도 경계요소는 중요한 개념이 되고 있다.

(후쿠이 도루 福井 通)

그림 1 만리장성

그림 2 제라쉬의 열주

그림 3 옛 스지타니 학교의 돌담

그림 4 시메 줄(신성한 장소를 의미)에 의한 결계

출입구

gate

경계에서 구획된 내부와 외부 또는 있는 장소 · 영역에 출입하는 개구부를 의미한다. 공간에 구분을 주어 연속한 공간을 단락 지어주는 요소이다. 분절성이 특징이다.

출입구는 종종 경계와 일체적으로 존재하기 때문에 경계의 한 형식이라고 보았으며, 그런 생각도 가능하다. 그러나 경계의 본질은 견고한 벽이 상징하고 있듯이 분절성에 특성이 있다.

따라서 양자는 본질적으로 다르다는 생각이 인식적으로도 계획론적으로도 타당(유효)하다.

경계에는 시간과 공간에서 차단되는 데 비해, 출입구에서는 연속한 시간과 공간이 전제되어 그 연속한 시간과 공간을 연결하는 역할을 한다.

장소와 출입구와의 관계는 중요하다. 경계에 의해 닫쳐진 장소는 출입구에 의해 외부로 열리면서 생기가 주어진다. 즉, 출입구를 개입시켜 외부환경과 교접하는 의미이다. 종종 출입구는 장소의 내부가 어떠한 공간일까를 외부환경에 표현하는 역할을 하기도 한다. 즉, 장소의 의미를 상징한다.

출입구를 들어간다거나 나오는 행위, 즉 빠져나온다고 하는 것은 통과하는 인간에게 공간의 질적 전환 또는 변환의 의식을 가져온다. 따라서 공간연출에 있어서도 중요한 요소이다. 이 요소는 통로에 설치되어 목표에 이르는 통로공간을 연속적인 공간으로 연출하는 역할을 완수한다.

(후쿠이 도루 福井 通)

그림 1 상티의 게이트

그림 2 토다이지 남대문

그림 3 이세징구[35]의 출입구

그림 4 파리의 그랑 아르슈

35) 일본 황실의 선조를 모신 신궁(神宮)

통로

path

통로란 선상에 연속한 사람이나 물건이 가는 길을 말하며 하나의 장소와 다른 장소, 다른 공간을 선적으로 연결하여 구조화하는 요소이며 연결성이라는 특성을 갖는다.

통로에 의해 연결되는 장소나 공간, 예를 들어 성스러운 공간이 세속적인 공간과 관계로 성립하고 있도록 항상 다른 장소와 관계로 의미를 가진다. 일반적으로 이러한 장소는 균질적이지 않게 서열이 있다. 이 장소 간의 서열이 통로에 축이나 방향성을 주어 메인 스트리트, 서브 스트리트 올라가거나 내려가는 등의 개념을 발생시킨다.

통로는 선상에 연결한 공간이기 때문에 경계와 같은 역할을 한다. 특히, 도시공간의 넓은 통로는 강과 토지를 차안(此岸)과 피안(彼岸)[36]으로 분리되는 테두리가 되어 도시를 2개로 나누기도 한다. 이때 통로는 분리와 결합의 2개의 의미를 가진다.

통로의 공간체험은 계기적(繼起的-successive)이고, 시간성이 중요한 의미를 가진다. 시간의 형식에는 직선적인 시간으로 둘러싸는 원환(圓環)의 시간이 있으며, 전자는 역사적 시간과 같이 전방으로 직선적으로 향하는 시간, 후자는 신화적 시간과 같이 둘러싸인 시간에 대응한다. 통로의 형식에는 2개의 시간형식에 대응하는 공간이 있다. 하나는 출발점으로부터 전방의 목표점으로 향하는 직진적 공간, 다른 하나는 장소 내에 혹은 주위를 둘러싼 유람적 공간이다.

공간연구에서 신사 · 불각의 참배길 공간, 제시설의 어프로치 공간, 가로공간 등 통로는 체험자의 연속적인 공간분석으로서 중요한 테마 중 하나이다. (후쿠이 도루 福井 通)

그림 1
페루 차아의 가로

그림 3
키비츠 신사의 참배길

그림 2
몰타도 바렛타의 길

그림 4
하세절의 참배길

36) 차안(此岸) 〈명사〉 ≪불교≫ 나고 죽고 하는 이 세상. ↔ 피안(彼岸) - 이승의 번뇌를 해탈하여 열반의 세계에 도달함. 또는 그 경지.

랜드마크(경계표지)

landmark

그 지역이나 장소를 상징하는 대표적인 심벌(어느 지역이나 지구 또는 장소를 상징하는 표적). 표산, 첨탑, 역사적 건조물, 기념비 등 공간 안에서 다른 존재와 구별되는 것으로 어느 의미를 표시 혹은 상징하는 요소를 말하며 기호성을 특성으로 갖는다.

이 용어는 환경 속에서 눈에 띄는 물리적 구성요소를 가리키는 개념이지만 반드시 스케일이 큰 것이라고는 할 수는 없다.

예를 들어, 저층의 도시의 공간 안에서는 고층건물이 경계표지가 되고, 고층밀도의 도시공간 안에서는 반대로 저층의 교회 등이 경계표지가 될 가능성이 높다. 또한, 어느 역사적 사건이나 발생장소를 적는 작은 비석인 경우도 있다. 즉, 공간 안에서의 특이점으로서 인지, 기억되는 요소로 명료한 형태, 배경과의 콘트라스트, 뛰어난 공간적 배치 등 차이성이 중요하고 '배경'과 '그림'적 존재가 성립조건이다.

이 요소는 공간 안에서의 특이점으로서 인지되어 공간을 도식화하여 이해하는 데 도움을 주는 사인기능과 이야기성 등 특별한 의미를 가지는 존재로서 기억되어 상징적 책임을 다하는 심벌기능을 갖는다.

도시공간에서는 표적이 되어 특정의 장소에 시점을 집중시켜 공간을 조직하는 역할을 완수한다. K. 린치의 도시의 이미지를 구성하는 요소의 하나이며, 중심공간에서 열쇠가 되는 요소, 경관 연구로의 초점 · 중심 · 목표가 되는 요소이기도 하다. 인간이 공간을 인지 · 파악할 때의 중요한 요소로 제공간에 공통되고 인정되는 것부터 공간 · 환경의 '표시'라고 총칭할 수 있는 요소이다.

(후쿠이 도루 福井 通)

그림 1 티베트의 포타라궁

그림 2 히바의 미나레트

그림 3 티칼의 신전

그림 4 에펠탑

아이 스톱

eye stop

전망 좋은 가로공간의 정면 또는 교차점, 혹은 정원의 전망 초점이 되는 장소 등에 배치되는 조형요소를 말한다. 공간을 분절하여 구조화할 뿐만 아니라, 공간에 악센트를 주어 풍부한 채색과 규모가 있는 장소의 감각을 주는 역할을 완수한다.

아이 스톱은 기념비적 건축물, 오벨리스크, 분수, 조각 등 시선을 집중시켜 공간을 장소화하여 구조화하는 점에서는 랜드마크의 개념과 비슷하다. 공간을 분절하여 인식할 때의 공간 인지의 요소로서 유사성이 있다.

도시적 스케일로의 아이 스톱은 랜드마크인 것도 적지 않지만, 건축적 스케일에 대응한 아이 스톱은 기념비나 조각 등 지각의 대상으로서 신체 감각적 특성이 강하다. 이미지에 작용하는 랜드마크보다 지각에 작용하는 플레이스마크적인 특성이 강하다.

아이 스톱의 대상물이 차지하는 위치는 시선을 집중시키는 장소나 공간 안쪽, 혹은 통로의 특이점인 것이 많다. 형태적으로는 다른 형태와의 차이성이 인정되어 기호성이 높다. 특히, 통행로의 연계적 분석, 참배길이라는 공간에 있어서 진입공간의 분석, 또는 정원공간에 있어서의 통로나 장소의 특성을 기술할 때의 개념으로서 이용된다.

계획·설계에 있어서 외부공간의 구성요소로서 이용된다. 도시디자인이나 정원 등의 공간 구조에서는 옛부터 사용되고 있는 계획방법의 하나로 매력적인 공간연출에 자주 사용되는 요소이다.

(후쿠이 도루 福井 通)

그림 1 로마 시내의 분수

그림 2 아시지의 수도원

그림 3 스페인 광장의 트리니티 교회

그림 4 오키나와의 힌푼(오키나와 특유의 울타리)

전망

vista

걸어가면서 보는 경치, 특별히 현재 있는 지점에서 대상으로 향하는 시선이 양측의 건축 벽면이나 가로수 등에서 형성된 내부길이가 깊은 전망을 말한다.

도시경관계획이나 조경계획 등 축성이 강한 원근감을 강조하는 공간구성을 목적으로 하고, 주로 서구 문화권에서 발전한 공간계획 · 설계방법의 하나이다.

이 방법의 특징은 시선을 직선적인 방향으로 향하여 공간을 구조화한다는 점이다. 단순 명쾌하게 공간을 구조화할 수 있는 유효성이 높은 것으로부터 오늘날 도시디자인을 계획하는 방법 중 하나로 사용된다.

구체적인 사례로 도시 내의 목표가 되는 중요한 장소에 진입하는 도로나 주요 시설들을 묶어주는 주 도로 등이 있고, 종종 비스타를 교통의 중심이 되는 도로의 경관구성에 사용한다. 역사적으로는 특히 수도의 권력을 상징하는 중심시설에 이르는 가로 공간구성에서 이 방법이 이용되었다. 예를 들어, 16세기 후반부터 18세기 전반에 걸친 바로크 · 로마의 가로 공간구성에는 도시 내의 주요 지점을 비스타가 있는 직선적인 도로에서 축선의 도달점 및 축선의 교차 장소에는 아이 스톱이 되는 오벨리스크, 분수, 조각, 또는 랜드마크가 되는 건축이나 탑을 두고 도시공간을 구조화하였다. 입구 광장인 포폴로 광장으로부터 곧게 뻗은 3개의 가로, 스페인 광장으로부터 테베레 강의 축선, 테베레 강으로부터 산 피에트로 사원으로 계속되는 진입 공간 등은 후대에 남는 가로 공간구성의 사례이다. (후쿠이 도루 福井 通)

그림 1 카르나크 신전의 열주

그림 2 펄 미라의 메인 스트리트

그림 3 쉔브룬 궁전의 정원

그림 4 시뇨리아 광장의 전망과 경계표지

공간연출

space production

건축 · 도시공간은 여러 가지 계획이나 설계방법, 설계기법이 이용되어 각각의 문화가 가지고 있는 고유의 매력으로 공간연출을 하고 있다. 그러한 공간구성에 의해서 자아내는 공간의 분위기 또한 다양하다.

일본의 전통적인 공간인 신사 참배길은 공간연출의 다양한 방법이 잘 나타나는 좋은 예이다.

닛코 토쇼 궁(日光東照宮)은 참배길의 시점으로서 색이 칠해진 신교[神橋—신사(神社)의 경내에 놓인 다리]가 일상의 공간과 비일상의 공간을 단락짓는 경계가 되며, 그 고장을 지키는 신, 숲이 울창한 나무들의 초록색과 <대립>적인 배색으로 자연경관 안에서 보기 좋게 <조화>를 이루고 있다. 또한, 수목 사이에 참배길 공간을 구성하는 탑두의 문과 같은 요소가 <보일듯, 말듯>하여 그 자리의 경치 <광경(scene)>을 만들어 다양한 시각적 변화를 주고 있다. 참배길의 공간분위기는 연속하면서도 분명하게 다른 의식의 전환이 있는 4개의 공간으로 <분절>되어 있다. 하나의 진입공간으로서의 <연속성>을 느끼게 하면서 본전으로 향하는 심리적 고양을 연출하고 있다. 참배길의 공간 종점에 양명문(陽明門)[37]이 모습을 나타내면 배전 · 본전의 배치는 상징으로서의 진북(북극성의 방향)을 <초점>으로 하는 <축선>에 의해서 대칭으로 구성되어 있다. 이러한 구성요소의 변화나 심리적인 변화가 연속적인 공간체험을 만들고 있다.

다양한 공간연출은 계획이나 시설의 의도, 지형이나 방향, 장소성이라고 하는 주변의 상황이 자연환경과 밀접하게 관련되어 있으며, 의도적으로 조작하여 사용하기도 한다.

(쓰미타 히로시 積田 洋)

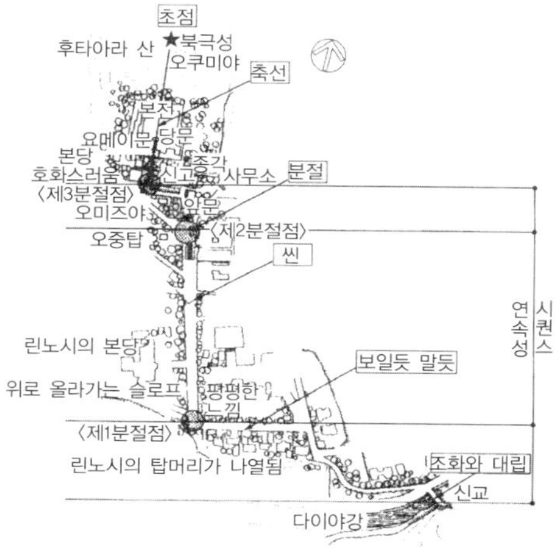

그림 1 닛코 토쇼궁 배치도 그림

그림 2 신교(일상의 공간과의 단락짓는 경계)

그림 3 양명문을 바라본다(분절점)

37) 제대로 보자면 하루 종일 걸릴 만큼 볼거리가 많은 문이라 하여 히쿠라시몬(日暮らし門)이라고도 불리며 국보로 지정되어 있음.

초점 · 축선

focus/axis

건축이나 도시의 공간에서 원근법으로 보이는 산이나 에펠탑 등의 심벌이나 랜드마크는 시선을 집중시키는 초점으로 방향성을 가지고 있으며 상징적인 의미를 가진다.

원의 초점은 중심이지만 원형의 건축은 그 중심으로 향해 강한 구심성이나 일체감을 가진다.

판테온 신전의 반구형 돔의 중심에 초점을 뚫어 지붕에 만든 창문으로부터 스며드는 빛은 시간과 함께 시시각각 변화하는 공간을 생생하고 다이내믹하게 연출하고 있다.

축선으로는 파리의 루브르, 콩코드 광장, 샹젤리제를 지나 개선문이 있는 에투왈 광장, 라데팡스의 아치까지 일직선에 북서쪽에 연결되는 축의 구성은 유명하다.

이탈리아 라베나의 산타 포리나레 인 크라세 교회 등의 바실리카식의 교회에서는 아트리움과 본당이 대칭구성을 이루고 있고, 본존(本尊-신앙의 대상)을 안치한 곳을 향하여 강한 방향성이 있는 축선을 형성하여 장엄한 분위기를 자아내고 있다.

초점과 축선을 기준으로 다양한 요소의 위치관계를 결정하고 통일시켜 공간을 연출하고 있으며 도시계획이나 건축계획에 있어서 기본적인 형태를 규정하는 중요한 요소이다.

초점이나 축선은 그 지형이나 방위, 더 나아가 토지가 가지는 장소성이나 도로의 형태, 랜드마크, 심벌, 건축의 성격 등에 의해서 조작적으로 결정된다. 한편, 가쓰라(桂) 별궁과 같이 축선이 없는 혹은, 축선을 강조하지 않는 구성법도 있다. 유기적인 공간의 연결방법에서 볼 수 있는 것이다.

(쓰미타 히로시 積田 洋)

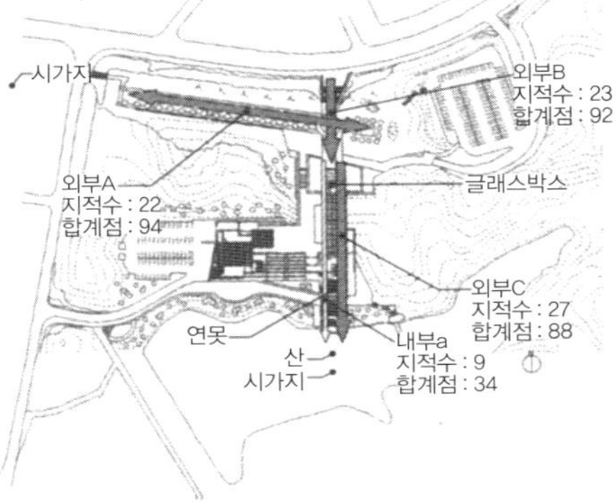

그림 1 축선의 지적(오카자키 미술관)

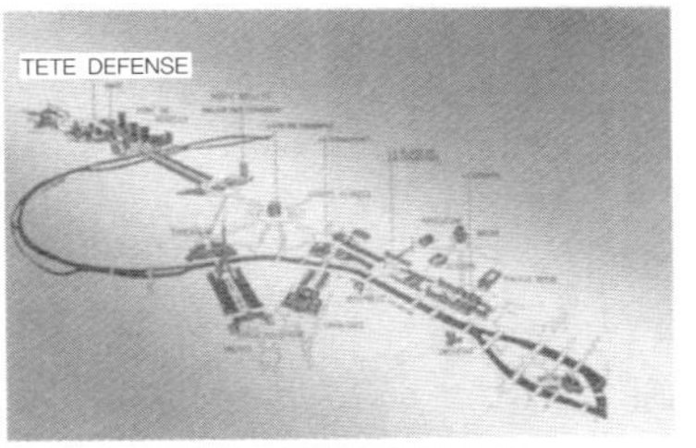

그림 2 파리의 축의 구성

분절

articulation

가나쿠라천(金倉川)에 세워진 오오도리이(大鳥居)[38]와 오미야교(大宮橋)[39]에서 모토미야(本宮)[40]에 이르는 <고토히라궁金刀比羅宮>의 1,700m나 되는 참배길은 양측으로 선물가게와 음식점이 나열된 거리풍경으로부터 천막으로 만든 점포가 계단을 따라 나열되어 있다. 대문으로 조금 더 빠져나가면 참배길의 양측에 나무들과 초록으로 길게 뻗은 정숙한 공간구성이 입구의 분위기와는 다른 분위기로 바뀌어 있다.

이 참배길의 건축물, 계단, 초록, 꺾어진 곡선의 요소가 양적으로 증감하여 변화하고 있는 것을 그림 2를 보면 알 수 있다. 이러한 물리적 구성요소의 변화나 분위기의 변화는 참배길 공간이라고 하는 신사에 참배하는 사람들의 연결공간으로서 연속성을 가지면서 8개의 분위기가 다른 공간이 연결되어 구성되어 있다. 이와 같이 전체적으로 관련을 가지는 구성부분을 분절이라고 한다. 공간을 분절하는(전체의 관련을 가지면서 '단락짓는다') 점을 후나코시 도오루 · 쓰미타 히로시는 <분절점>이라고 지칭하였으며, "공간의 분위기를 불연속적으로 변화시키는 단락이 존재한다. 이러한 분절점의 역할로서 중요한 것은 단지공간을 단락지어 전후의 공간의 질을 변화시키는 것이 목적이 아니라, 그러한 효과를 갖게 하면서 공간의 연속성을 확보하며 변화를 느끼게 하면서 다음의 분절공간으로 유도하는 역할을 한다."라고 하였다.

하나의 단위공간과 다른 단위공간을 분절하는 점 · 접점은 두 개의 공간을 만듦으로써 관련지어 '잇는다'라 하여 그 디자인은 중요한 의미를 갖고 있다. (쓰미타 히로시 積田 洋)

그림 1 고토히라궁 참배길

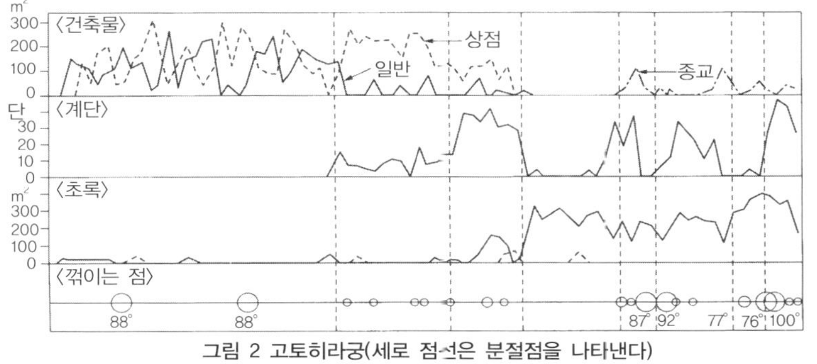

그림 2 고토히라궁(세로 점선은 분절점을 나타낸다)

38) 세계문화유산으로 지정된 이츠쿠시마 신사(厳島神社)의 입구
39) '신사에 참배하기 위해 건너는 다리'라는 의미
40) 중심이 되는 신사(神社).

장면

scene

장면(scene)이란 광경, 풍경, 영화 · 연극 등의 한 장면을 말한다. 공간은 장면의 연속으로서 시각적으로 파악할 수 있다.

건축가는 다양한 스케치를 그리면서 건축의 이미지를 전개시키며 공간을 창조한다. 이러한 스케치도 건축을 하나의 장면으로서 표현하는 것이다.

그 중에는 단지 건축의 물리적 구성을 2차원적인 정보로서 표출할 뿐만 아니라 건축의 전체상을 이미지화시켜 많은 정보를 포함하기도 한다.

여행잡지 등에서 소개되는 거리나 풍경의 사진은 보는 사람에게 있어서 마치 그 거리가 전체적으로 사진으로부터 이미지가 되는 것으로서 구성되는 인상을 받는 일이 있다. 그러나 장면은 고정적 시점으로부터 얻을 수 있는 단시간의 현상이며, 단편적인 정보, 혹은 의도적으로 조작된 것에 주의가 필요하다.

공간연구에 있어 심리분석에 이용되는 SD법 등에서는 대상공간의 피험자에게 보여주는 방법으로서 사진이나 슬라이드, 최근에는 CG화상 등이 자주 이용된다. 이것도 대상공간의 일부를 잘라낸 단편을 장면으로서 대신한다.

당연히 실제의 공간을 피험자가 체험하여 평가하는 경우와 그 평가구조가 다르다.

이러한 방법을 이용하는 경우는 공간의 재현성이나 조작성에 대해 주의 깊게 검토하는 것이 중요하다.

(쓰미타 히로시 積田 洋)

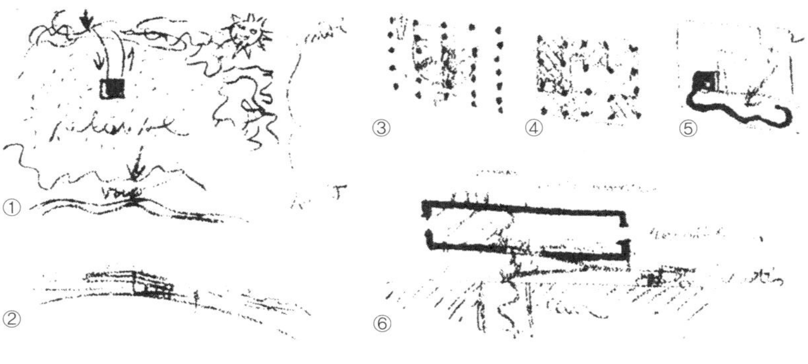

그림 1 르 코르뷔지에의 스케치

시퀀스

sequence

참배길이나 회유식 정원 등에 나타나고 있고 틍로를 따라 이동시에 느껴지는 경관의 연속이나 변화, 장면 전개의 계기적인 연결방식을 시퀀스라고 한다.

파리의 샹젤리제와 같이 동일한 양식이나 형태의 건축이 나열되어 동질적인 구성의 거리풍경에서는 연속적이고 통일감의 강한 공간으로 느껴지지만, 한편으로 단조로운 분위기를 만들어낼 수 있다.

이와 같이 참배길 공간 등의 연속적인 공간은 구성요소가 변화하거나 그 양이 증가하고 감소하는 방식으로 구성하여, 전반적으로 공간을 신사의 본사나 본전이라는 목적지로 향하면서 의식을 고양시키는 분위기로 연출하고 있다.

그림 1은 몇 개의 참배길 공간에 있어 SD법을 이용해 평가한 것이다. 연속적인 분위기의 변화를 읽어낼 수 있다.

<위엄이 있는 느낌-친밀감이 있는 느낌>과 <기대감이 있는 느낌-기대감이 없는 느낌>의 평정척도에 관하여 분절점('분절' 참조)의 전후와 중간에 심리실험의 지점을 정하여 평가한 것이다.

위엄성에서는 신사의 본전 · 본사로 향할 때 심리량이 변화하는 상태를 알 수 있지만, 각 지점에 대한 심리량이 크게 변화하는 곳, 적은 곳이 있어 이것들이 교묘하게 구성되어 전체적으로는 위엄성이나 기대감이 늘어나는 것을 알 수 있다.

공간의 이러한 연출에 연속성이 가지는 의미가 있다.

연속적인 공간을 대상으로 하고 P. 실의 '운동사상(신체이동)'과 '공간사상(시각공간)'이라고 하는 개념으로부터 구체적인 공간을 분해해 표기하는 방법을 제안하고 있다.

(쓰미타 히로시 積田 洋)

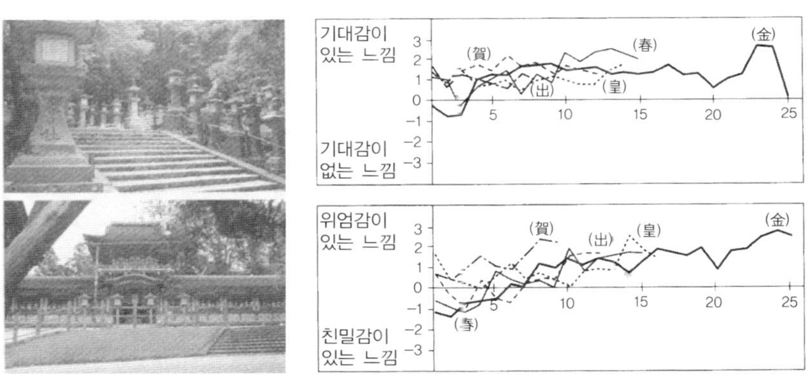

그림 1 심리량 시퀀스도(가스가 다이샤)

연속성

continuity

건축과 건축, 공간과 공간에 대하여 어떠한 맥락이 있는 관계가 있는 것. 그러한 연결이 있는 관련을 가지고 구성되어 있는 것. 이러한 관계에는 형태적인 것이나 심리 · 의식적인 것이 있다.

예를 들어 F. L. 라이트의 모스버그 저택에서 볼 수 있는, 출입구로부터 거실과의 연결은 섬세하면서도 묘하게 위치를 움직여 배치된 벽과 기둥에 의해서 공간의 방향성을 연출하고 있는 이른바 '유기적'인 공간구성을 보여주면서 공간의 '연속성'이 느껴진다.

필자 등이 행한 심리실험에서 가로공간의 '연속성'과는 심리적 평가 후 어떠한 평가의 척도와 관련을 갖고 있는지 그 구조를 조사한 것을 표 1에 나타냈다.

이것은 번화가, 주택가, 역사적 거리풍경 등을 27가지의 거리에 대하여 SD법의 데이터를 인자분석에 의한 인자 부하량을 요구해 그림화한 것이다. 세로축에는 아름다움, 질적으로 좋은 점, 세련 등을 평가하는 척도가 결정되고 있다. 이러한 평가척도가 서로 관련을 가지고 관계를 가짐으로써 평가되고 있는 것이다.

도시적 오픈스페이스나 신사의 참배길 공간, 내부공간에서의 분석결과도 같은 결과가 나타났다. 즉, '연속성'은 의식 안에서 다른 평가와는 관련을 갖지 않고 독자적인 평가구조를 갖고 있다고 볼 수 있다.

(쓰미타 히로시 積田 洋)

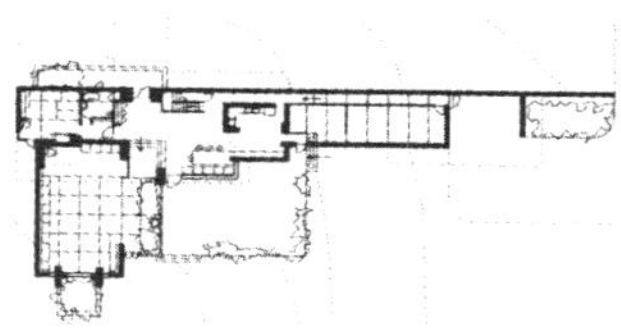

그림 1 모스버그 저택/
F. L. 라이트(1946)

그림 2 기원 신교

표 1 인자 부하도(가로공간)

척도	인자번호	I	II	III	IV	V	VI	VII	VIII	IX	X
21	아름다운 느낌-보기 흉한 느낌	●									
8	질이 나쁜 느낌-질이 좋은 느낌	○									
9	촌스러운 느낌-세련된 느낌	○									
18	불결한 느낌-청초인 느낌	○									
20	음울한 느낌-상쾌한 느낌	○									
25	풍부한 느낌-궁핍한 느낌	△									
16	쾌적한 느낌-불쾌한 느낌	△									
27	상쾌한 느낌-어수선 한 느낌	△									
19	뿔뿔이 흩어진 느낌-통일감이 있는 느낌	◎									
3	살벌한 느낌-분위기가 있는 느낌	□	□								
23	인연이 적은 느낌-연이 많은 느낌	□									
11	따뜻한 느낌-추운 느낌		○								
10	즐거운 느낌-시시한 느낌		○								
5	밝은 느낌-음침한 느낌		○								
15	활기 있는 느낌-침체 한 느낌		△								
13	친밀감이 있는 느낌-쌀쌀한 느낌		△								
14	밝은 느낌-어두운 느낌		×								
26	평면적인 느낌-입체감이 있는 느낌		□								
1	좁은 느낌-넓은 느낌			○							
24	개방적인 느낌-압박적인 느낌			△							
6	거북한 느낌-성장해 성장한 느낌	×		◎							
2	낡은 느낌-새로운 느낌				●						
17	불연속인 느낌-연속적인 느낌					●					
22	특징이 있는 느낌-특징이 없는 느낌	□									
12	침착성이 없는 느낌-침착성이 있는 느낌	×						△			
7	복잡한 느낌-단조로운 느낌		×						△		
4	떠들썩한 느낌-조용한 느낌	×								◎	
인 자 기 여		8.39	4.69	1.93	1.31	1.14	0.86	0.82	0.70	0.56	0.42

● 0.9 이상 ○ 0.8 이상 △ 0.7 이상 ◎ 0.6 이상 × 0.5 이상 □ 0.5 미만에 최대인 것

시간성

nature of time

공간의 시간 변화에 따르는 다양한 성질의 총칭. 일반적으로 시각, 계절, 기후 등에 의한 정점적인 변화를 가리킨다. 넓은 뜻으로 이동에 의한 시퀀스 공간의 변화, 교통수단에 의한 소요시간 등을 포함하는 경우도 포함한다.

공간연출에서는 특히 주위와의 상대적인 변화 차이에 의해서 대상물을 두드러지게 하는 표현방법을 가리키는 경우가 많다.

예를 들어, 시각이나 기후에 의해서 시시각각 변화하는 음영, 바람이나 물을 이용한 풍차, 분수, 혹은 수목의 개화나 단풍 등과 몇 백 년이나 변화하지 않는 역사적 건조물이나 조각 등의 대비에 의한 연출 등이다. 일반적으로 어휘가 분명히 정의되어 이용되는 것은 보기 드문, 추상적인 시간의 흐름에 관계하는 연출방법을 나타내는 말이다.

시간과 공간을 각각 독립한 변수로서 생각하는 경우 다른 시각이나 계절의 공간은 각각 다른 성질을 가지는 공간이다. 그러나 시간성에서는 그때그때 변화하는 다른 표정도 공간의 하나의 성질로 생각하는 것이 기본이다.

이것은 하이데거('존재와 시간'-1927)를 시작으로 그 후의 현상학 연구 중에서 이용되어 온 생각이며, 인간 존재가 시간적인 것, 즉 인간이 중심에 있는 세계에서는 공간과 시간과의 관계를 끊을 수 없다고 하는 생각에 근거하고 있다

기초적인 공학 분야에 있어서도 시간은 빼놓을 수 없는 요인이지만 공간디자인을 목적으로 하는 공간학의 분야에서는 시간성의 의미 해명, 디자인 이론과 방법의 개발은 아직도 시행착오 중에 있어 실증적인 연구는 향후의 큰 과제이다. (다나카 가즈나리 田中一成)

그림 1 공간의 시간 변화(계절 변화)

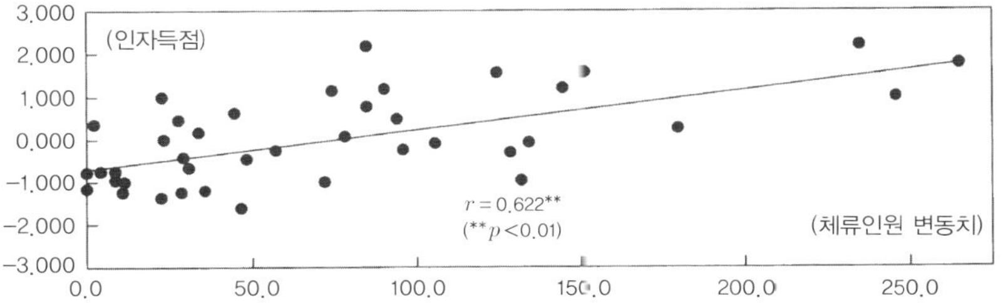

그림 2 시간 변화(체류인원 시각 변화)와 심리량(활동성을 느끼는 인자)의 관계

보일 듯, 말 듯

시점의 이동에 따라 대상을 보이거나 숨기는 것으로서 이러한 요소를 인상 깊게 보이게 하기 위한 방법이며, 공간을 연속적으로 드라마틱하게 연출시킨다.

신사의 참배길 공간이나 회유식 정원에서 꺾여있거나 곡선의 경로, 단차이 등의 전체를 보이지 않게 하는 방법으로 심리적 변화를 주고 있다.

예를 들어, 번개형의 계단으로 유명한 나라(奈良)의 하세절(長谷寺) 참배길은 인왕문(仁王門)을 빠져 나가면 똑바로 뻗은 아래계단에 들어간다.

열주와 구배가 있는 돌계단의 어슴푸레한 아래계단에서는 본당의 관음당은 전혀 볼 수 없다.

아래계단의 차양 아래에 나오면 갑작스러운 경사면을 오르는 중간계단과 수목 너머로 관음당의 지붕을 볼 수 있고 흥미를 준다. 한층 더 중간계단에 이르면 관음당은 기요미즈절(清水寺)과 구조의 무대다리가 상야등(常夜燈-밤새도록 켜놓는 등)과 나무 사이로 모습을 나타낸다. 그러나 관음당 그 자체는 볼 수 없다. 위의 계단에 들어가면 그 무대의 다리가 박력 있게 시야에 들어온다. 약 400단의 계단의 종점을 왼쪽으로 돌면 본당에 들어간다. 무대에서는 산들의 풍경이 극적으로 시야에 뛰어 들어온다.

이 계단의 구성은 본당을 보거나 숨기거나 하는 보일 듯, 말 듯의 효과를 의도하고 참배길의 진입공간을 연출하고 있다. 이츠쿠시마(厳島) 신사의 오오도리이(大鳥居)도 이러한 보일 듯, 말 듯한 의미에서 장면의 전개가 보이는 방향을 바꾸어 측면, 정면과 신사 앞 기둥문의 모습이나 크기를 바꾸어 아이 스톱으로서 인상 깊고 상징적으로 보이고 있다.

또한, 회유식 정원 등에 있어 정원수, 등롱(燈籠)[41], 폭포, 정 등의 특정한 요소 전체를 보이지 않고 그 일부를 '장애-障り'라고 불리는 수목 등으로 숨기듯이 표현하는 전통적인 조원 기법이 있다.

(쓰미타 히로시 積田 洋)

그림 1 하세절 참배길

그림 2 야사카의 탑(방해)

41) 등롱(燈籠)은 걸게 된 등기(燈器)인데 요즈음의 외등양식과 비슷하며 처마 및 기둥 외부에 걸어 사용하였다. 등롱에는 양각등, 사방등, 유리등이 있고 의례용 등롱으로 청사등롱, 홍사등롱이 사용된다.

조화 · 대립

harmony/contrast

'조화'란 요소와 요소가 잘 어울리고 전체적으로도 갖추어지고 있는 모습을 말한다. 한편, '대립'이란 요소와 요소가 서로 겨루어 존재하는 모습이다. 따라서 '조화'와 '대립'은 서로 상반되는 개념이다.

도시의 경관을 생각할 때 새롭게 계획되는 건축은 기존의 거리풍경이 가지는 형태나 분위기 안에서 '어떻게 주변과 관계를 갖게 할까'하는 중요한 과제이며, 경관으로서 '조화'가 요구된다.

교토(京都)와 같은 역사적 거리풍경에서는 교토라고 하는 독자적인 문화를 가지는 도시문화 중에서 현대건축이 전통적인 양식과 디자인적인 면에서 어떻게 '조화'시켜 분위기를 보존해 나갈지가 중요한 문제이다. 경관 조례나 가이드라인에 의해 개념이나 색채 등의 제한이 있지만 현대건축이 역사적 거리풍경과 '대립'해 보이는 것도 많다.

일본의 전통적인 건축공간구성에서는 호류사(法隆寺)[42]의 곤드 · 오층탑 · 대강당의 가람[43] 배치의 입면에 볼 수 있는 대칭적 요소를 무너뜨리는 이른바 다이내믹한 대칭구성이 축선에 의해서 비대칭을 나타내지만, 전체적으로 '조화'를 낳고 있는 좋은 예가 있다. 이것은 일본방식 미의식에 의한 뛰어난 '조화'를 낳고 있는 좋은 예이다.

R. 벤츄리는 대립성에 대해 '대립성은 가장 순수한 구성에 있어서 풍부함과 긴장을 가지고 있다' 또한, '다양한 요소는 대립적인 것에도 불구하고 복잡한 통일을 목표로 하는 것에 의해서 다양성이 태어난다.'라고 말하고 있다. (쓰미타 히로시 積田 洋)

그림 1 꽃놀이 골목(교토)

그림 2 어머니의 집/R. 벤츄리
(촬영 : 스즈키 노부히로)

42) 아스카 시대[飛鳥時代]인 607년 쇼토쿠 태자[聖德太子]에 의해 창건되었다. 670년 화재로 완전히 파괴되었으나 708년 재건되었다. 재건된 이래 지금까지 직사각형의 회랑으로 둘러싸인 주몬[中門]과 5층탑, 그리고 세계에서 가장 오래된 목조건물로 알려진 곤도[金堂]라고 불리는 본당이 보존되어 있다

43) 절의 큰 건물.

12 움직임

fluctuation

움직임이란 물리학의 양이 평균치의 근처에서 변동하고 있는 현상이다. 또는 평균치로부터의 차이를 말한다.

나무들이나 벼가 바람에 의해 여러 방향으로 흔들리고 있는 모습은 불규칙하지만 보고 있으면 기분 좋게 느껴진다. 거리풍경을 시작으로 공간은 움직임을 느낀다.

교토(京都)의 기온신바시도리(祇園新橋通)는 마치야(町屋-1910년 전후 길거리에 연달아 지은 가옥들)가 정연하게 줄지어 있어 통일적이다.

그림 2는 거리풍경의 사진을 이어서 입면으로 나타낸 것이다. 주의 깊게 살펴보면 각 건물채의 높이, 격자의 크기나 폭 등이 미묘하게 어긋나 있는 것을 알 수 있다. 또한, 같은 목조건물이지만 나무의 색이나 재질감은 미묘하게 다르다. 이것들의 움직임이 통일감 안에서 아름다운 정취가 있으면서도 조화를 이룰 수 있는 분위기를 자아내는 요인의 하나라고 생각할 수 있다. 그림 1은 거리풍경의 움직임 요소를 계측한 것이다. 미묘하게 올라가고 내려가고 있다는 것을 알 수 있다.

움직임을 해석하고 스펙트럼을 요구하는 것을 '스펙트럼 해석'이라고 하고, 주파수에 역비례 하는 '1/f스펙트럼'에 대해서 무샤 도시미츠(武者利光)는 심박 주기나 뉴런(신경세포), 모차르트 등의 음악 작품의 분석으로부터 '1/f움직임이 우리에게 쾌적한 리듬을 주는 것은 우리 몸 안의 리듬이 1/f움직임을 나타내는 것부터라고 생각한다. 이 몸의 리듬과 같은 성질의 움직임을 외부로부터 자극 받으면 '쾌적하다'라고 느끼는 것은 아닐까'라고 말하고 있다.

건축 · 도시공간 안에 움직임의 효과를 가진 다양한 요소를 연출하는 것이 쾌적감을 수반하는 풍부한 공간을 만들 가능성이 있다. (츠네마츠 요시츠미 恒松良純)

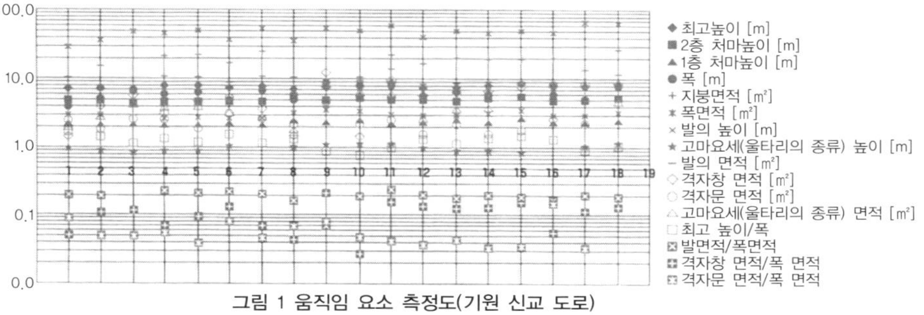

그림 1 움직임 요소 측정도(기원 신교 도로)

그림 2 포토 정면도(기온신바시도리)

스카이라인

skyline

스카이라인이란 산맥의 능선 등의 지형, 건축이나 건축군이 만드는 윤곽과 하늘을 배경으로 한 경계선을 말한다.

도시나 거리풍경의 스카이라인은 경관의 특징을 나타내거나 난잡성이나 복잡성 · 다양성이라고 하는 평가를 나타내는 중요한 요소라고 할 수 있다.

아시하라 요시노부는 그 특성으로서 "서구의 건축은 전통적으로 외관의 윤곽선이 도시의 경관을 결정하고 있다"라고 말하며, 일본의 도시에서는 '외곽선의 주위에 항상 생성, 유전하는 중간영역으로서의 redundancy(정보이론으로의 '용장도')를 갖고 있기 때문에 전체의 형태로서는 극히 불안정하고 불명료하다.'라고 하는 서구적 형식 중시의 발상과 일본의 도시의 눈에 보이지 않는 '숨은 질서'를 대비시키고 있다.

유럽의 전통적 거리풍경으로 보이는 건물이 연속하여 높이가 갖추어져 있는 획일적인 스카이라인과 맨해튼이나 신주쿠 부도심의 초고층 건축군으로 보이는 높이나 건물의 간격이 뿔뿔이 흩어진 스카이라인과는 형상이나 인상도 현저하게 다르게 된다.

오쿠 도시노부 등은 선의 복잡도를 나타내는 척도로서 프랙탈 이론을 이용해 심리적 평가(복잡성)와 프랙탈 이론 차원의 관계를 분석하여 양자에게 상관이 있는 것을 나타내고 있다. 가메이 에이지 등은 스펙트럼 분석을 이용하고, 그 움직임의 값이 대개 1/f움직임을 나타내고 있고, 쾌적성과 상관이 높은 것을 논하고 있다. 王 후나코시 도오루 · 쓰미타 히로시 등은 건축의 윤곽선에 대해서 외관의 윤곽선에 의해서 그 건축과 식별되는 것과 특정할 수 없는 것 등 4개에 유형화해 분석하고 있다. (츠네마츠 요시츠미 恒松良純)

그림 1 신주쿠 부트심의 경관

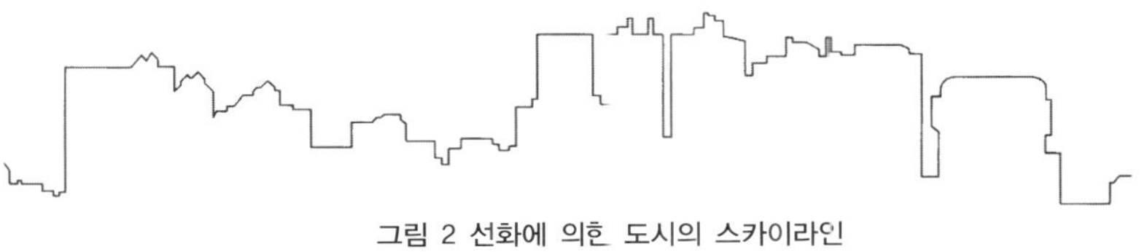

그림 2 선화에 의한 도시의 스카이라인

밤의 공간

scene in the night

일단 해가 떨어지고 난 후에는 낮과는 완전히 표정이 바뀌어 버리는 거리로서 번화가가 그 전형적인 예이다.

건축에서도 열선 반사 글라스의 외관은 낮과 밤에 그 표정이 바뀐다. 밤의 공간은 세부를 숨김으로써 일루미네이션을 두드러지게 하거나 거부적인 표피에 싸인 내부를 드러낸다.

공적 공간의 밤의 연출도 여러 가지로 행해지고 있다.

도시경관 시책이 목표로 하는 것으로서 '아름다움', '알기 쉬움', '친밀감 있는', '그 자리인 것 같은(개성)'이 들어가 있지만 밤의 도시경관 형성도 마찬가지로 조명의 연출이 그 주도적인 역할을 완수한다. 밝게 하는 것으로 '활기'나 '화려함'을 연출할 뿐만 아니라 '고요함'이나 '깊은 멋' 등을 만들어 낼 수도 있다.

100만 달러의 야경이라고 하는 록코산(六甲山)으로부터 고베의 야경이나 하코다테산(函館山)으로부터의 하코다테의 야경 등은 유명하다. 또 몇 개의 도시에서는 성과 같은 역사적 건물에 조명을 사용하고 있다. 그러나 이것들은 관광적인 요소가 강하며, 시민의 일상생활에 밀착한 것은 아직 적은 상태이다.

생활하는 데 있어서 좋은 도시의 야간경관의 형성을 목표로 하고 조명계획을 작성하여 제안하고 있다. 이것은 도시레벨과 지구레벨로 나누어 정해진 테마에 따라서 조명을 계획적으로 정비해 나가는 것이다.

테마의 예로서는 '백만 달러의 야경'이나 '밤의 랜드마크', '나이트 라이프의 스테이지' 등 다양한 것이 있다.(그림 1)

(이키 가즈히사 位寄和久)

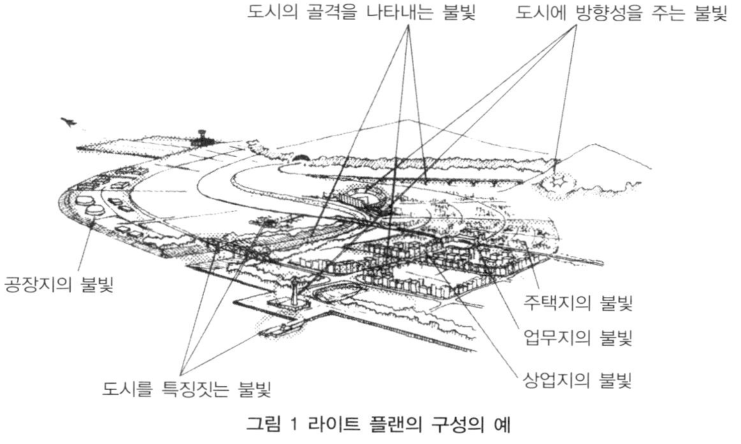

그림 1 라이트 플랜의 구성의 예

라이트 업

light up

사람들의 생활이 다양화되면서 야간생활의 시간도 증가하고 있으며 도시의 야간생활의 즐거움도 기다려지고 있다. 야경의 연출방법에 있어서 중요한 것이기도 한 라이트 업이 최근에 많아지고 있다. 고층의 건축이나 타워, 교량, 성 등의 역사적 건축물, 조경 등이 그 대상이다.

도시에 있어서의 조명은 17세기에 파리에서 가로등이 생긴 것을 시작으로 한다. 그 이후, 가스등으로부터 전구로 광원이 변화하였으며 인간의 생활시간이나 라이프스타일의 자유 또한 큰 폭으로 향상시켰다. 또한, 도시의 불빛은 아트나 빛을 밝혀주는 등의 새로운 도시공간의 연출법으로서 전개하고 있다.

건축물의 라이트 업은 1889년의 파리의 만국박람회 때 에펠탑에 전구를 조명으로 장식했던 것을 시작으로, 그 후의 박람회나 이벤트에서 조명기술의 시선을 집중시키는 라이트 업이 전개되고 있다.

조명에는 밤의 도시공간에 있어 건축이나 토목구조물을 비추는 것으로 야간의 도시경관을 연출하거나 환경을 아름답게 꾸미거나 쾌적함의 향상을 목적으로 하는 경관조명과 야간활동 시 안전성을 확보하거나 유도를 목적으로 하는 기능 조명이 있다.

경관조명의 계획 시 고려해야 할 점으로 다음 세 가지를 들 수 있다.

① 그 거리의 문화나 자연환경, 역사나 풍토라고 하는 개성을 표현하고, 거리의 이미지를 두드러지게 하는 것.

② 도시 내의 경계나 도시축이라고 하는 도시 구조를 고려하고, 알기 쉬운 거리풍경이나 도시공간을 표현하는 것.

③ 계절감이나 하루의 시간의 변화 등 생활리듬을 고려한 연출과 분절을 실시하는 것.

라이트 업은 최근 우리나라에서도 곳곳에 받아들여지고 있지만, 역시 외국의 선진 사례에서 배워오는 것이 많다. 일본의 전통으로 진화제 등의 이벤트가 있지만 일상생활에서는 음영에 의한 연출을 좋아하는 국민성이나 유흥, 번화가, 계우, 젯날(縁日)44) 등에서의 역사로부터 일종의 보기 좋지 않은 것을 따르고 있는 측면도 있다.

라이트 업의 효과를 예측해 조명방법을 검토하기 위한 CG(컴퓨터 그래픽)를 이용하는 것으로 투광기의 배치나 종류, 성능이라고 하는 매개변수를 변화시키면서 대상시설을 비추는 색조, 명암, 음영상태 등의 연출효과를 눈으로 확인하면서 계획을 진행시킬 수 있다.

(이키 가즈히사位寄和久)

44) 신불(神佛)과 이 세상과의 인연이 강하다고 하는 날. 약사여래는 8일, 관세음보살은 18일 등으로 정해져 있으며, 이 날에 참배하면 영검이 크다고 함.

수사

rhetoric

고대 로마에 대해 효과적으로 연설을 하기 위한 변론방법인 수사학은 교묘한 표현을 구사하는 표현기법뿐인 낡은 학문의 대명사가 되어 있었다. 그러나 20세기의 후반 이후, 현실 세계를 재창조하는 것으로 재평가되고 있다. 특히, 수사학의 대표로 여겨지는 은유는 '~으로서 본다'라고 하는 인간의 기본적인 인식의 방법으로서 주목받고 있다.

만드는 장면에서 '~으로서 본다'는 기본이다. 일본 전통에 '진단'이라고 하는 기법이 있듯이 원래 지형, 기상, 여행, 식물, 기계 등 무엇이든 문맥을 넘어 비유하는 것이 창조의 원동력이 되는 것이다.

'인용'도 그러한 기법의 하나로서 포스트모던이 각광을 받았던 시대에는 서양의 전통적 건축양식이 인용되어 표현되기도 하였다. 현재는 모더니즘도 일본의 전통건축도 거장의 모티브가 인용되어 변환되는 것이다.

한편, 설계자가 어떤 의도를 가지고 본다고 하여도 사람들이 건축을 '~으로서 본다'라는 것은 피할 수 없다. '학교 같다', '정면 입구 같다'라고 하는 '~같다'라고 하는 연상되는 모습에서 불리면서 오래 기억되기도 한다.

즉, 건축을 만드는 것은 용도를 완수할 만한 물체를 만드는 것은 아니라 여러 가지 스케일로 '~으로서 볼 수 있다'는 존재를 세상에 알리는 일인 것이다. (히이로 다라오 日色真帆)

그림 2 일본건축을 생각하게 하는 격자의 표현
(도쿄 국립박물관 호류사 보물관/다니구치 요시오)

그림 1 수목과 같이 보이는 구조체의 표현(좌)
(TOD's 오모테산도 빌딩/이토 도미오)

공적 공간

public space

주택과 같이 닫힌(사적) 공간 안에 거실과 같은 열린(공적) 공간이 존재하는 한편, 호텔의 객실과 같이 열린(공적) 공간 안에도 닫힌(사적) 공간이 존재한다. 열린 실내공간으로는 공공성이나 상업성이 높은 오피스, 고령자 시설, 스포츠 시설, 학교, 도서관, 미술관, 박물관, 선착장, 공항, 터미널 등을 들 수 있다.

개인의 생활활동을 중심으로 공적 공간을 보면 통행이라는 행동이 이루어지는 공간은 점이 이동하는 가는 선으로서 파악할 수 있다. 그 선에 구성하는 유동다발적인 공간은 관 모양의 내부공간으로서 도시를 연결하고 도시교통 체계의 네트워크를 구성하고 있다.

환승터미널은 이러한 결절점의 주변에 다양한 공적 공간이 자연 발생적으로 증식하여 유기적인 내부공간의 복합체를 형성하고 있다. 집의 후키누키(吹抜)[45]는 바로 위에 있는 상업시설의 후키누키와 연결되어 있어 공적 공간이 연결을 가지고 도시를 둘러싸 넣는 것으로, 한층 더 도시공간을 내부화시키고 있다. 도로를 사이에 두어 서로 마주 보는 아케이드가 있는 상가, 건물에 둘러싸인 도시의 광장, 유럽의 낡은 도시로 보이는 갤러리, 그리고 현대의 지하도로 이것들은 모두 도시의 공적 실내공간이다.

광장은 둘러싸여지는 것, 길은 이어 연속시키는 것, 공적 공간을 물리적으로 내부화시키고 있다. 도시의 매력은 공적 공간을 인간의 옆으로부터 물리적, 심리적으로 내부화시키는 것에 의해서 만들어지고 있다. (기타우라 가호루 北浦かほる)

그림 1
미나토 미라이역의 지하3층의 플랫폼
(촬영 : 데라오 유타카)

채색한 덕트는 개찰 층을 통하여 볼트(volt)의 공간으로 연결되어 있다

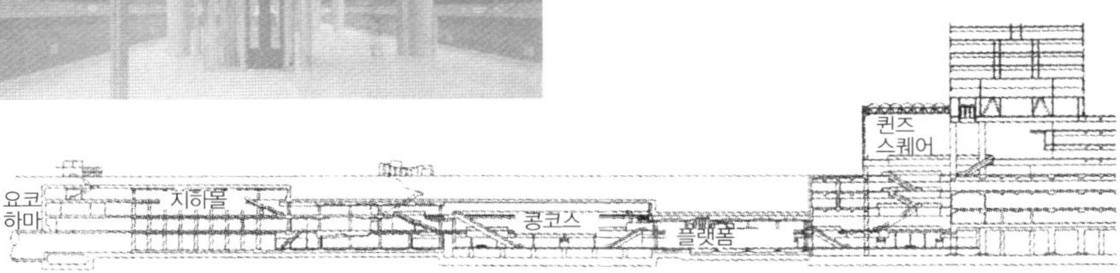

그림 2 미나토 미라이역 단면도(1/2,000)

45) 벽이 없는 천장양식, 또는 중간에 천장이나 마루를 두지 않고 2층 이상의 높이로 짓는 양식.

사적 공간

private space

쉘터로서 내부공간의 원점은 보금자리로서의 기능에 있어 침실이나 자녀방 등의 사적 공간으로서 현대주택에 계승되고 있다.

사람은 1일 평균 8시간, 인생의 약 3분의 1을 침실에서 보내고 있다. 사적 공간은 쾌적한 수면을 얻기 위해 인간의 생리적 요구를 채우는 단위공간이다. 그리고 자신이 자립된 것을 확인하기 위한 조용하고 닫힌 공간이며, 넓은 의미로 프라이버시 기능이 요구된다. 자아의 확립을 위한 행동이나 정보의 선택과 컨트롤 등의 심리적 요구를 채우기 위한 장소로서 중요한 역할을 하고 있다. 그 곳에서 개성이나 아이덴티티를 표현하고 주장할 수 있는 것은 당연하다.

일본의 어린이방이 공부방으로서 인식되고 있는 데 비해 미국과 같은 개인주의 문화권에서는 어린이방은 침실이며 아이의 사적 공간으로서 자리매김되고 있다.

미국 주거공간의 지붕 밑 어린이방(그림 1)의 기울어진 천장이나 문에는 포스터나 사진 등이 한 면에 붙여 있다. 사관학교를 다니는 미국의 고교 1학년 남자학생이 만든 지하실의 자기방(그림 2)에는 군대의 제복뿐만 아니라 관련하는 모든 것들을 수집하여 늘어놓고 있다. 벨기에의 15세 여고생의 방(그림 3)에는 많은 야구모자나 봉제인형을 늘어놓았으며, 독일의 5세의 아이의 다락방의 문(그림 4)에도 아이의 이름으로 장식을 하고 있다. 그림 5는 완구를 배치하여 늘어놓은 독일의 7세 사내아이의 다락방이다. (기타우라 가호루 北浦かほる)

그림 1
천장까지 포스터나 사진이 붙여 있는 지붕 밑 어린이방(미국)

그림 2 지하실에 스스로 만든 고교생의 방(미국)

그림 3 여고생의 방(벨기에)

그림 4 문에 붙여져 있는 아이의 이름으로 만든 장식 (독일)

그림 5 구석구석까지 배려하여 사용하고 있는 7세의 사내아이의 방(독일)

상징공간

symbol space

상징공간이란 자신의 고유의 형상적인 가치 속에 전체적인 이미지를 응축하여 구상화하는 것을 목적으로 하는 공간이다. 지위나 권위를 나타내는 공간이나 종교건축에서 천장의 높이가 수직방향으로 성장하는 듯한 표현이 그것들을 상징하고 있다. 빛과 그림자의 효과는 상징성을 연출하는 데 중요한 요소로, 선과 악, 신과 악마, 삶과 죽음, 덕과 불신앙 등과 동일시되어 왔다.

교회건축(그림 1)에 있어서의 빛을 도입하는 방법은 이러한 공간의 상징성을 표현하고 있다. 공간구성이나 형상적인 표현에 의해서 특정의 이미지나 문화를 상기시키는 공간도 상징공간이라고 할 수 있다.

모로코의 메디나의 페즈 엘 발리 입구의 벽이나 거리에서 보인 공간(그림 2)은 권위를 상징하고 있는 것은 아니지만, 그 나라의 문화 그 자체를 구현하고 있었다.

일본의 현관이나 도코노마(床の間)[46]도 상징공간이라 할 수 있다. 현관은 무사의 집안에서 인사를 주고받는 장소인 현관 마루의 전면에 마련하여 봉건사회의 격식을 보여주는 장소이다. 대주택에서는 손님이나 주인이 사용하는 정식 현관(그림 3 : 위)이 집의 권위나 격식을 상징하는 공간이며, 가족이나 집안일을 하는 사람들이 사용하는 현관과 엄격하게 구별되고 있었다.

도코노마에는 2개의 종류가 있다. 다다미 마루(그림 3 : 하)는 다다미를 전면에 까는 방법으로 귀인이나 귀빈이 앉는 곳에 보편적인 방법으로 사용한 것이고, 널빤지를 깐 일본식 방은 장벽화(방을 나누어 그린 그림)에 준하는 족자형식의 그림을 높이 달고 향로, 꽃병, 촛대를 두기 위해 앞에 판을 만들어둔 것이다. 전자는 격식공간으로서 권위나 신분을 상징하는 공간이고 후자는 미적 감상공간으로서 자리매김되고 있다. (기타우라 가호루 北浦かほる)

그림 1 프라하성의 성 비트 교회

그림 2 모로코의 메디나로 보인 공간

현관 토방으로부터 현관 마루. 미닫이문을 열면 안쪽에 여러 개를 설치한 다다미 복도가 보인다.

주인방의 다다미 마루. 장식 기둥은 삼교통나무(태경 5치수)

그림 3 쇼야 저택(스이타 시[47] 니시오 저택[48])

46) 일본건축에서, 객실인 다다미방의 정면에, 바닥을 한 층 높여 만들어 놓은 곳. 벽에는 족자를 걸고 바닥에 도자기·꽃병 등을 장식해 두는 곳
47) (吹田市, すいたし)는 오사카부 중부에 위치한 시이다.
48) 고베시의 지정문화재로 인정된 양옥

라이트 웰[49)]

light well

공간에 대한 스케일 감각은 치수가 같을 경우에 경계면의 확대와 인간의 근접성에 의해서 규정되어 규모감각, 압박감 등을 인식하고 감각과 깊게 작용한다.

라이트 웰은 압박감을 제거하기 위한 유효한 수법이다. 라이트 웰에는 '지붕이 건축물의 기둥과 기둥 사이에 벽과 창호 없이 외부로 향해 해방되어 있는 상태', '각 층의 건축 내부의 천장, 마루를 마련하지 않고 복층을 관통해서 설치된 실 또는 스페이스'의 2개의 의미가 있다. 공간에 변화나 여유를 갖게 하거나 light well의 말대로 채광을 얻기 위해 사용되고 있다.

네덜란드의 암스테르담에 위치한 보르네오 스포렌버그 지구의 재개발에서는 작은 아이가 있는 가정을 도심으로 귀환시키기 위해서 호건과 같은 매력적인 저층 집합주택을 계획하고 있다. 1주호의 전면 폭이 약 4m, 안길이 20m로, 약 70~80m²의 세면이 둘러싸인 악조건의 협소한 부지에 공간을 어떻게 설계하느냐에 따라서 라이프스타일에 맞춘 쾌적한 현대판 주거가 만들어진다.

유리를 사용하고 심플한 기능적인 맨션의 형태를 취한 집합주택(그림 2)에서는 3층의 라이트 웰에 1개의 나무를 도입하는 것으로 유기적인 나무의 초록이(그림 1) 심리적인 여유와 윤택을 자아내고 있다. 또한, 젊은 디자이너 부부의 맨션 등의 형태를 취한 집합주택(그림 4)에서는 2개의 라이트 웰을 천장의 낮은 공간에서 S자형에 연속시켜 큰 공간의 매력(그림 3)과 천장고가 낮은 것에 심리적 안정감이 있는 방을 양립시키고 있었다.

라이트 웰은 비일상적인 공간의 풍부함이나 심리적 여유감을 만드는 유효한 수단이다.

(기타우라 가호루 北浦かほる)

그림 1
라이트 웰에는 유기적인 나무의 초록이 윤택을 자아내고 있다.

그림 3
식당은 큰 공간으로 되어 있어 작은 안뜰에서는 운하가 보인다.

그림 2
유리를 많이 사용한, 심플하고 기능적인 현대적 주거 (외관)

그림 4
라이트 웰을 잘 구사한 스케일감이 있는 주거 (외관)

49) 벽이 없는 천장양식. 또는 중간에 천장이나 마루를 두지 않고 2층 이상의 높이로 짓는 양식.

흙바닥(土間)

earth floor space

흙바닥은 거기서 생활해 온 농민의 역사를 나타내고 있으며 그 기원은 수혈(竪穴)주거(수직으로 파 내려간 형태의 주거)의 옛날로 거슬러 올라간다. 흙바닥은 농가에서 수확이나 쌀을 정미하는 최고의 작업장이며, 부뚜막이나 개수대 등의 취사설비 및 화로 등이 있는 필수의 생활공간이기도 하다. 흙바닥에서는 다양한 신을 모시며 평온함과 생산의 신성함이 만나는 공간이다. 흙바닥의 조성은 단순한 흙이 아니라 점토에 짚이나 벼를 깔아 혼합하여 다져서 만든 것으로, 서민생활의 지혜로부터 만들어진 특제 마루에서 나타난다. 그것은 특유의 습기와 탄력성, 보온성을 갖추고 있어 바닥재로서 필요한 성능을 거의 갖추고 있다.

추운지방에는 흙바닥에 화로가 설치되고 있었다. 그림 1과 같이 땅을 파고 들어간 형식의 부엌은 흙바닥 위에 왕겨를 넣은 돗자리, 가선 두른 돗자리를 깔고 있다. 그림 2는 흙바닥 부엌과 흙바닥에 내다 붙인 오캇테[50]로부터 형성되는 부엌으로 안채의 반 이상을 차지하는 넓은 공간이다. 관동(関東)에는 객실형의 형태를 하고 있으며, 흙바닥의 경계에는 창호가 없고 객실 부분도 포함한 넓은 부엌이 많다. 그림 3의 흙바닥에는 곡선형에 7개의 구멍으로 된 오카마산(オカマサン)이 있다. 오른쪽 끝의 부뚜막은 산포오 고오진(조왕신 三宝荒神)[51]에도 공양을 하고 있다. 부뚜막이 많이 줄 서 있는 것이 긴키 지방(近畿地方)[52]의 특징이다. 이러한 부뚜막은 떡, 메주콩, 가축의 사료, 반찬과 용도에 따라 각각 구분하여 사용할 수 있다.

그림 4는 고에몬(五右衛門)[53] 목욕탕이 놓여있는 흙바닥에 대나무로 가늘게 쪼개어 발의 모양을 한 뚜껑이 천장에 내려져 있어 한증으로 사용하도록 만들어진 것이다.

(기타우라 가호루 北浦かほる)

그림 1 땅을 파고 들어간 형식의 부엌 흙바닥(시가현)

그림 3 나무에 모셔진 일곱 개 구멍의 부뚜막이 있는 흙바닥(교토부)

그림 2 큰 부엌의 흙바닥(군마현)

그림 4 목욕탕이 있는 흙바닥(미에현)

50) 부뚜막과 같은 형태로 다이도코로라고도 한다.
51) 조왕신-부엌을 지키는 신, 화신(火神) · 재물신(財物神)으로 인식되고 있다.
52) 오사카, 고베, 교토 등이 여기에 속한다. 이곳은 1,000여 년 간 일본의 수도가 있던 지역으로 100여 년 전만해도 일본의 문화, 정치, 산업의 중심지였던 곳이다.
53) 가마솥 밑에 직접 불을 때는 무쇠 목욕통

알코브

alcove

서양식 건축에서 벽의 한 부분을 안으로 들어가게 하여 만든 공간을 말한다. 아라비아어로 al-qoban으로 볼트를 의미하는 것부터 방의 벽면에 만들어진 볼트, 아치, 돔 형상의 구덩이를 가지는 요실(凹室) 또는 니치(niche, 서양 건축으로 벽면의 일부를 움푹 팬 곳) 등을 가리킨다. 현재는 마루의 일부를 낮게 만든 공간도 포함하고 있다. 일본의 도코노마(床の間)[54]도 알코브의 일종이다.

알코브는 원래 돌이나 벽돌을 쌓아 올린 조적조의 서양식 건축의 벽의 단조로움을 없애고 사람이 의지하기 쉬운 공간으로 설치된 것이다. 목조의 기둥과 대들보로 구성되어 벽보다 개구부가 눈에 띄는 일본의 건축에서는 그러한 공간이 별로 중요시 되지 않았기 때문에 일본의 건축용어에는 적절한 용어를 찾기 어렵다.

아무것도 없는 무의 공간이나 공백의 면이 일으키는 심리적 압박감이나 불안정감은 크다.

그 때문에 거실(그림 1)이나 라운지 등에 알코브를 만드는 것은 침착한 기분이 되기 좋은 장소(그림 2)를 만드는 방법이라고 할 수 있다. 벽면을 파서(그림 3) 엇갈린 경우 공간의 심리적 안정감이 한층 더 높아진다. 알코브에 있으면 보통 큰 공간 안에서도 알맞은 스케일의 공간이 신체를 싸고 있는 안도감으로 침착해질 수 있다.

사람의 신체를 감싸는 형식의 건축이 알코브라고 해도 일본의 도코노마(그림 4)는 공간의 구심성을 나타내는 것이다. 공간에 있어서 신체의 방향성을 결정하는 것에 의해서 사람이 공간을 평가하여 심리적으로 안정감을 느끼게 된다. (기타우라 가호루 北浦かほる)

거실의 알코브. 넓은 공간의 일부에 침착성이 있는 공간을 만들어내고 있다.

그림 1
힐하우스의 거실

침실의 침대가 배치된 공간도 알코브가 되어 있다.

그림 2
힐하우스의 침실

그림 3
침대의 옆의 벽에 설치된 니치

그림 4
식당(다실)에 구심성을 나타내는 도코노마

54) 도코노마는 그림이나 꽃꽂이를 감상하기 위해 객실 다다미방에 설치되어 있으며, 방바닥의 일부분을 한층 높여 만든 곳으로 벽에는 족자를 걸고 바닥에 도자기나 꽃꽂이 등을 장식해 둔 공간을 말한다. 방바닥을 약간 높여 벽에 족자를 걸고, 그 앞에 화병이나 장식품을 올려 두었다.

실내디자인

interior design

실내장식의 근원은 두껍고 단단한 벽을 가지는 서양의 조적조의 주거이고 실내의 근원은 동굴주거[55]로 거슬러 올라간다.

돌이나 벽돌을 쌓은 두꺼운 벽과 개구부가 작은 주거는 안전하지만 어둡고 차가우며, 육체적으로나 정신적으로도 생활공간으로서의 쾌적성은 얻을 수 없었다. 만화 곰돌이 푸에 나오는 토끼와 같이 바닥에 모피나 옷감을 깔고, 벽에 물건을 장식할 수 있는 선반을 설치하여(그림 1) 생활공간으로서의 아름다움이나 쾌적성을 요구하는 작업을 이루었다. 그것이 Iner Decoration이며 Interior Design이다. 서양에서는 전통적으로 실내장식이 청소나 세탁과 같이 주부일상의 가사작업으로서 행해져 온 것이다.

실내장식의 또 하나의 원형은 외관이 없는 동굴주거이다. 동굴주거는 풍토에 융합한 순수한 내부만의 공간에서, 외부는 자연의 구릉이나 벼랑에서 외관만이 건축이 된다(그림 2). 벽에 개구부가 없는 실내를(그림 3, 4) 살기 편하게 하기 위한 설계가 요구되었다.

일본에서는 RC조[56]의 도입이나 건축의 양산화 · 공업화에 의한 개성화의 요구에 의해서 실내장식이 필요하게 되었다. 지구환경의 악화와 함께 리사이클이나 자원절약이 요구되어 리노베이션 전환시대가 됨에 따라 한층 더 실내장식의 역할이 주목받으면서 큰 의미를 가지게 되었다.

실내장식이란 생활을 목적으로 하는 사람과 공간과의 연결을 해주는 것으로서 공간이 인간화가 되는 수단이다. (기타우라 가호루 北浦かほる)

그림 1 구멍에서 빠져 나갈 수 없는 푸가 보기 흉하여 토끼가 디자인한 실내장식이다.

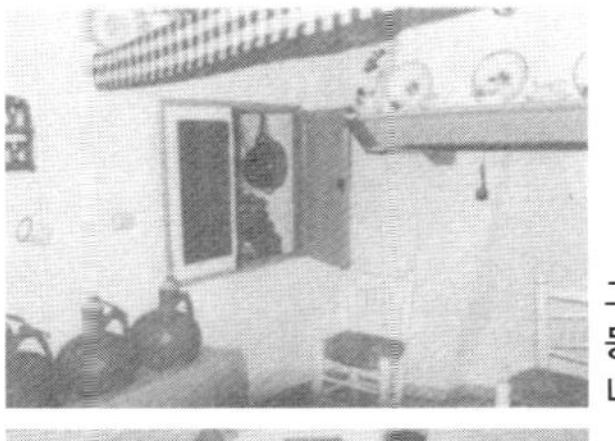

그림 3 동굴주거의 내부(부엌)

그림 2 동굴주거의 외관(스페인 과디스)

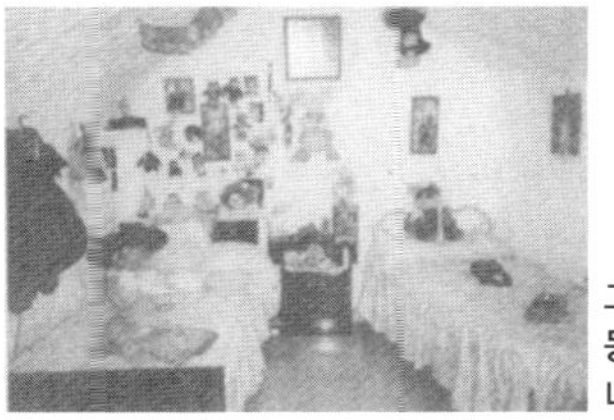

그림 4 동굴주거의 내부(침실)

55) 자연 또는 인공의 동굴을 이용한 주거. 주로 석기시대의 인류의 유적으로 알려져 있다.
56) 철근콘크리트조

지하공간

underground space

지하공간의 이용은 현재 일본뿐만 아니라 세계적으로 주목받고 있다.

채광이나 환기 등의 기술이 개발되어 지하공간은 비약적으로 진보하였지만 변함없이 폐쇄적이며 습기가 많고 건강에 좋지 않다는 이미지가 항상 따라다닌다. 지하공간은 채광, 전망, 환기, 소리, 진동 등의 외부자극을 차단한 감각차단 공간으로서 방향감도 없어지기 쉽다. 그러나 외부환경이 차단되어 있기 때문에 작업능률이나 심리적 안정감을 얻을 수 있어 재해로부터 몸을 지키는 쉘터로서 유효하다.

지하공간은 지표 부근의 천심도(淺深度) 지하와 대심도(大深度) 지하로 나눈다. 대심도 지하는 ① 통상의 지하실 건설을 하지 않은 지하 40m의 깊이, ② 건축물의 기초 설치를 위해서 통상 이용되지 않는 깊이로 지지층으로부터 10m의 깊이로 정의되고 있다.

2002년에 대심도 지하법이 생김으로써 도시재생이나 도시기능의 강화에 대한 공간 이용의 새로운 선택사항이 되었다. 대도시에서는 철도, 전기, 가스, 전기통신, 상하수도 등의 지하 이용은 건설이 용이한 얕은 지하로부터 이용되고 있어 해마다 그 심도는 깊어지고 있다. 도쿄의 지하철 · 동경도 경영 오오에도선[57]은 지면의 50m 가까운 깊이를 이용하고 있다. 향후에는 도로나 철도, 하천, 물류 등이 양질인 사회자본의 효율적, 효과적 정비와 함께 지하공간을 활용하는 것으로 지상의 도시공간에 초록이나 물을 재생시킨다고 하는 관점에서 중요하다.

대심도 지하공간은 도시의 재생을 위한 사회자본을 정비하는 귀중한 공간으로서 크게 기대되고 있다. (기타우라 가호루 北浦かほる)

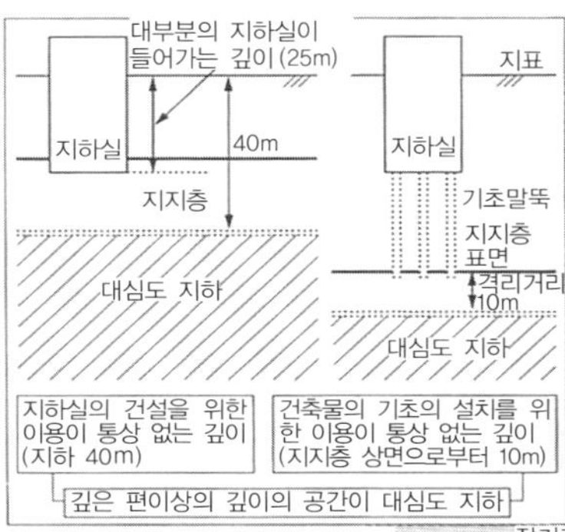

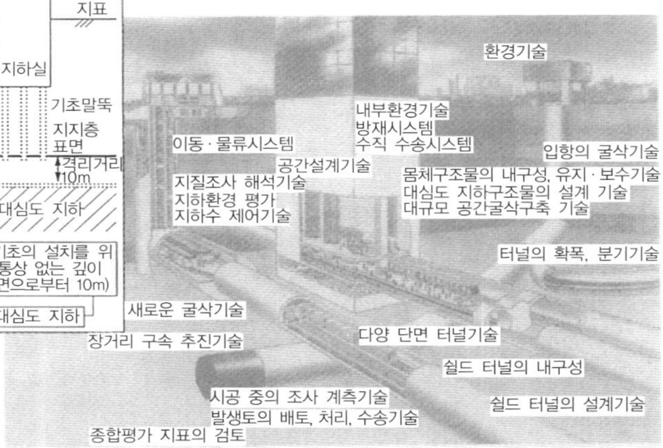

그림 1 대심도 지하의 정의

그림 2 기술개발에 의한 대심도 지하 이용의 이미지(우)

57) 지하철 도선 이름.

일본식 공간

Japanese style room

'일본식'의 거주공간은 가마쿠라 무로마치(鎌倉 · 室町)시대[58]의 과도기를 거쳐 모모야마 시대[59]에 완성한 서원(書院)구조에 기점을 두고 있다고 볼 수 있다. 일본식 구조는 재래의 건축 구조 양식이며 목조, 주량구조로 뼈대를 형성하여 목조 축조 중에 직방체의 순수한 기하학적 공간이 성립했던 것이다. 수직구성재, 즉 벽은 미닫이 · 맹장지 · 통풍공간 등 투과성과 가동성이 있어 마루는 전면에 깔 수 있었던 다다미와 소옥조(小屋組)[60] 아래에 수평으로 된 천장이 매달렸다. 서구의 적층 건축과 같이 상부의 마루를 없애고 천장을 수평면으로 만든 것은 획기적인 것이었다. 주거의 응접실 한 면에는 오이시타 도코[61], 서원 마루의 창문이 있는 곳, 차 선반 등의 다다미방 장식으로 불리는 하레의 장소가 설치되어 족자, 삼구족(화병, 촛대, 향로), 문구, 차도구 등을 장식할 수 있어 그 방의 순위를 나타냈다. 또한, 일본식의 공간에서는 의복과 같이 갈아입는 듯한 주거의 '새 단장'이 정착하였다. 여름에는 미닫이문을 죽나무로 거칠게 간단하게 짜서 만든 문으로 바꾸어 다다미를 뒤집는 등 계절의 변화나 상황에 따라서 재구성을 하였다. 일본식의 공간에 있어서는 독특한 행동거지가 있다. 모두 일본만의 양식은 아니지만 다다미 위에서의 정좌, 일본 옷이라고 하는 자리법, 의복은 모두 '일본식' 고유의 것이다. 또한 손님과 주인의 대면형식이 중세부터 근세에 걸쳐서 건축 평면과 함께 변화해 온 것은 일본식 공간과 생활양식이 밀접하게 결합되고 있는 증거일 것이다.

(다카하시 마코토 · 하시모토 미야코 高橋鷹志 · 橋本都子)

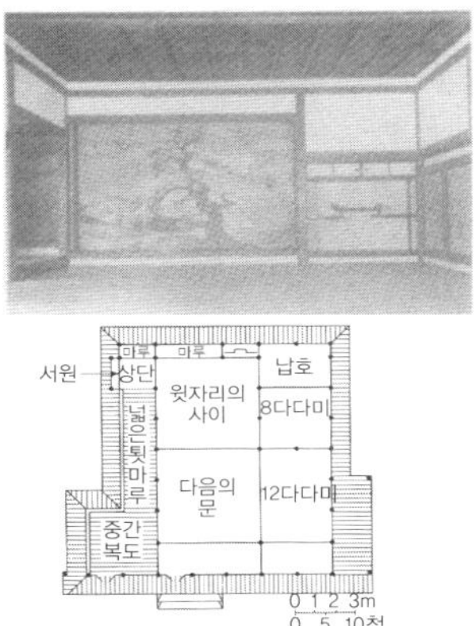

내부는 다다미를 전면에 깔 수 있고 가장 안쪽의 정면에는 마루와 선반이 있어 남쪽으로 서원 마루의 창문이 있는 곳.

그림 1 광정원 영빈관

현재 2개의 실로 구성되어 있는 니죠성[62]의 외곽 넓은 방은 기둥에 남은 흔적에서 이전에 3개의 실이었음이 판명되어 있다.

그림 2
니죠성 2의 외곽 넓은 방에서의 대면의 모습(사진 제공 : 원별궁 니죠성 사무소)

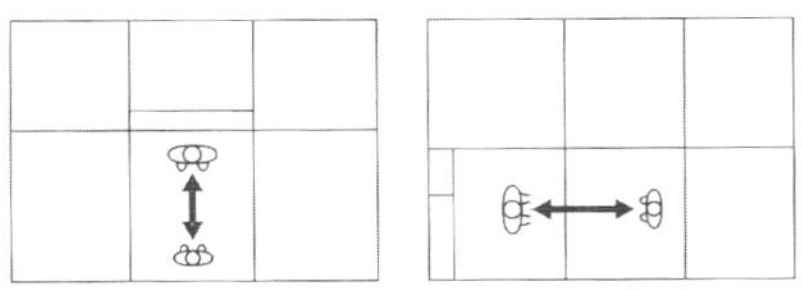

중세의 대면형식　　근세의 대면형식

중세에는 방의 중앙에 뜰을 향하고 손님이 앉아 있었고 마중나간 주인은 뜰의 측면에 대립되어 앉아 있었지만 근세가 되면 대면축선은 뜰에 평행하게 되었다.

그림 3 건축 평면과 함께 변화하는 대면의 형식

58) 가마쿠라막부 시대(1192~1333) 무로마치막부 시대(1336~1573)
59) 모모야마(挑山) 시대(1576~1651)
60) 지붕의 무게를 지탱하기 위하여 짜 맞춘 뼈대.
61) 압널빤지를 깐 일본식 방.
62) 일본 교토부 교토시 나카교구 니조도오리 호리가와에 있는 에드 시대 때 지어진 성으로 윤곽식 평성이다.

내부공간의 외부화

exteriorized interior

건축의 내부이면서 외부와 같이 만들어진 공간이 있다. 건축의 외부와 유사한 마감을 하고 상부조명을 사용하며 바람이 들지 않는 장소이지만 식물이 무성한 장소이다. 외부와 같이 만들었기 때문에 외부에서 하는 운동, 집회, 작업 등을 하기도 한다.

그러한 공간의 특징은 내부가 가지는 장점을 유지하면서 외부가 가지는 단점을 보완하여 만들어진 것이다. 내부의 좋은 점이란 비에 젖지 않고 바람에 의한 저항을 받지 않으며 햇볕을 완화시킬 수 있고 자동차의 소음과 시선이 차단되는 점 등을 들 수 있다. 건축 밖에서 일어나는 어지럽고 험난한 세계를 잊고 다른 세계에 있는 기분이 될 수 있는 장소이다.

한편, 건축의 밖이 작업하기에 알맞은 환경이라면 반응은 달라진다. 따뜻한 기후와 풀꽃으로 가득 찬 환경이 펼쳐져 있어 지붕 아래보다 쾌적하다면 건축의 내부를 그 쾌적한 외부와 같이 하고 싶어질 것이다. 창호를 열고 발을 내려 밖으로 공기가 순환되는 일본의 전통적 건축은 따뜻한 외부공간과의 일체감을 만들어내기에 풍부하다. 그러나 밖의 환경변화나 비는 쾌적함을 계속 지속시켜 주지 않는다. 내부공간의 안정성은 역시 매력적인 것이다.

일본의 주거공간에서 한층 더 흥미로운 것은 밖과 일체화하는 장치가 풍부하지만 한편으로는 신발을 신고 벗는 것이 유지되어 안과 밖을 명확하게 나누고 있는 것이다. 건축이 만들어진 것은 환경조건으로만 정해지는 것이 아니라 문화적 습관이 강하게 관계하는 것이다.

(히이로 다라오 日色真帆)

그림 2 내부의 대공간
(스톡홀름 시청사/라그나르 오스트베리)

그림 1 유리의 대공간(좌)
(도쿄 포럼/라파엘 비뇰리)

외부공간의 내부화

interiorized exterior

'내부공간의 외부화'라고 하는 말은 반대의 표현이지만 '내부화'란 여러 가지로 해석할 수 있다. 지붕으로 비를 막거나 밖의 공기를 차단하는 것, 추위나 더위를 외부와 다른 상태로 제어하는 것으로도 내부화라 말할 수 있다.

차양을 받쳐 주고 햇볕을 차단하는 것만으로도 내부가 된 것처럼 느껴지기도 한다. 처마 밑에서 비를 피하고 있어도 한숨을 돌릴 수 있다. 파골라[63] 아래에서 풍경을 바라보거나 나무 아래에서 천을 펴고 걸터앉는 것만으로도 마치 집에 있는 듯이 편해지기도 한다. 주택 외부에 데크 등을 만들고 테이블과 의자를 내고 차를 마시는 아웃도어 리빙이나 아웃도어 룸이라고 하는 또 하나의 방을 디자인하기도 한다.

차양, 채, 파골라, 나무, 데크, 테이블이나 의자 등 다양한 디자인적 도구가 내부화를 실현하는 데 기여하는 것을 알 수 있다.

물론, 큰 건물의 안뜰에 유리의 천장이나 텐트를 걸어 실내화하거나 그것들을 움직여 편의에 따라 외부화와 내부화를 하는 것도 있다. 돔으로 도시 전역을 가리는 제안도 되고 있는 것이다.

사람은 환경 상태나 감정의 상태에 따라 건물의 내부에서 지켜지기를 원할 경우도 있을 것이고, 밖으로 뛰어가고 싶은 경우도 있을 것이다. 공간을 디자인하려면 변덕스러운 사람의 심리를 예상하면서 다양한 아이디어를 제안하는 것이 요구되고 있다. (히이로 다라오 日色真帆)

그림 2 프레임에 덮인 전망이 좋은 테라스
(야마나시 프루츠 박물관/하세가와이즈코)

그림 1 정원 안의 시원스러운 정자(좌상 · 좌하)
(오카야다 고라쿠엔류점)

63) 뜰이나 편평한 지붕 위에 나무를 가로와 세로로 얹어 놓고 등나무 따위의 덩굴성 식물을 올려 만든 서양식 정자나 길. 장식과 차양의 역할을 한다.

오픈스페이스

open space

오픈스페이스는 넓은 의미에서 공공적 혹은 사적인 건물의 건축면적 및 교통용지를 제외한 토지의 총칭이며 비은폐성의 토지와 수면을 맞춘 것이다. 오픈스페이스는 다음과 같이 분류할 수 있다(히가사 다다시, 1977, 가토 아키라, 1994).

① 공원, 녹지, 운동장, 광장 등의 공공적인 것, ② 하천, 해안, 하안, 산림, 농지 등의 자연 ③ 공공시설 부속 녹지, ④ 공동주택 원지(園池), 레크리에이션 시설, 학교 운동장 등의 공용스페이스이다.

오픈스페이스는 빈터를 의미할 때 소극적인 인상을 주지만 밀집하는 건물의 대립하는 형태로, 건물 내에서 생활하거나 일을 하는 사람이 안전하고 건강하며 쾌적하게 생활하기 위해 다음과 같이 중요한 역할을 담당하고 있다(히가사 다다시, 1977).

① 시가지의 확대 방지, ② 자연의 보호, 일조 · 통풍의 확보, 화재의 연소 방지 등, ③ 삼림이나 농지 등 생산녹지의 기능, ④ 공원, 운동장 등의 레크리에이션 기능, ⑤ 자연공원, 정원, 녹지의 수경 기능이다.

오픈스페이스를 보다 적극적으로 활용하기 위해서는 상기의 역할을 복합적으로 갖게 하면서 도시계획을 평가하여 도시경관으로서 생각하는 것이 중요하다.

한편, 건축과 관련되는 오픈스페이스는 도시광장, 고층빌딩의 공개공지, 대학 등의 옥외공간을 의미하며 재배, 조원, 포장, 연못이나 분수, 조각, 가두시설 등에 의한 디자인도 많이 있다. 이 레벨에서는 건물과 일체적으로 기능하고 심벌의 의미를 가지기도 한다.

(미야모토 후미토 宮本文人)

그림 1
보스턴 코먼
(미국)

그림 2
보스턴의 백 베이 지구 큰 길의 중앙녹지대
(미국)

그림 3
빈의 낫슈마켓
(오스트리아)

그림 4
파리의 국립 도서관
(프랑스)

광장공간

plaza, square

유럽 거리의 광장에는 높게 우뚝 솟는 낡은 고회가 있거나 옥외에 카페가 줄지어 있거나 노점의 시장이 있거나 활력으로 가득 찬 어떤 종류의 분위기를 체험할 수 있다. 광장은 공공의 중심으로서 사람들이 자연스럽게 모이는 장소가 되고 있다.

광장은 문화, 시대, 나라, 기후 풍토, 입지나 지형조건 등에 의해 완수해야 할 기능이나 역할이 다르므로 평면의 형태, 둘러싸는 중심적 건물의 종류, 장소의 물리적 구성 등도 다양하다.

역사적으로 보면 그리스의 아고라, 로마의 포럼 등 시대에 따라서 특색을 나타내는 광장이 유럽에서 많이 나타났다. 광장이라고 하면 유럽적인 것이라고 말할 수 있다. 일본에 대해서 말하면 엄밀하게는 역사적으로 유럽적인 광장은 없다고 하는 견해와 독자적인 광장은 존재하고 있었다고 하는 견해가 있다.

형태로서 보면 광장공간의 원형은 5개의 형태도 분류할 수 있다(P. 스카, 1900, 가토 아키라 加藤晃, 1981). ① 주위를 건물로 완전하게 둘러싼 광장, ② 방향성을 가지는 축 선상에 교회나 시청사의 경계표지가 되는 건물이 배치되어 있는 광장, ③ 분수나 조상 등의 모뉴먼트가 중심적인 핵으로서 배치되어 있는 광장, ④ 복수의 광장이 연쇄적으로 연결되어 있는 광장 ⑤ 상기의 분류에 해당하지 않는 통일성의 약한 광장이다.

광장은 같은 것에도 시대에 따라서 기능이 다르며 형태나 광장을 둘러싸는 건물과도 깊은 관계를 가진다. 또한, 광장은 상징적인 것으로 미관적 기능도 중시되어 왔다.

(미야모토 후미토 宮本文人)

그림 1 파리의 루브르 미술관의 나폴레옹 광장 (프랑스)

그림 3 안트워프의 노트르담 오테라 원의 후룬 광장 (벨기에)

그림 2 파리의 퐁피두 센터 앞의 광장

그림 4 케임브리지의 마켓 힐 (영국)

가로공간

street, avenue

가로는 통상적으로 시가지의 도로를 가리키지만 교통의 측면에서 보면 시가지 내의 도로, 간선가로, 보조 간선가로, 구획가로 등의 단계로 구성된다. 그 중에서도 특히 도시의 중심부에 있어서의 가로공간은 보이는 얼굴이며 화려함을 상징하는 공간이 되고 있다. 파리의 샹젤리제, 런던의 피카딜리 서커스, 뉴욕의 5th 에비뉴, 도쿄의 긴자 거리나 오모테산도 등은 대도시의 상업지구를 형성하며 도시의 경관을 대표하는 상징적인 가로공간이 되고 있다.

예를 들어, 파리의 샹젤리제는 개선문과 콩코드 광장은 직선의 형태로 도시의 축을 형성하고 있으며 가끔 퍼레이드에 사용된다. 그 곳에서는 넓은 보도의 노천카페에서 느긋하게 쉬면서 대로를 바라보거나 이야기에 흥미를 느끼는 손님과 왕래하는 통행인이 활기와 화려함을 연출하고 있다. 런던의 리젠트 스트리트는 완만하게 만곡하면서 도시의 경관에 변화를 가져오고 있다.

이러한 가로공간을 연출한 디자인의 조작 가능한 요소로서

① 차도면이나 보도면의 폭과 포장, ② 가로수나 재배의 종류, ③ 점포의 색채, 건축재료 등을 포함한 디자인 요소의 통일이나 코드화, ④ 건축물의 상층을 하층보다 들어가게 하여 빈 터나 공개공지의 확보를 위한 건축물의 배려, ⑤ 물에 의한 연출, 분수, 연못, 조각, 기념비, ⑥ 스트리트 퍼니처 등이 사용되어 왔다. 이러한 요소의 적절한 선택, 디자인, 배치에 의해 도시나 지구의 개성, 통일성, 상징성, 공간의 계층성, 리듬 등이 표현된다.

(미야모토 후미토 宮本文人)

그림 1 파리의 샹젤리제 거리 (개선문 방향) (프랑스)

그림 3 런던의 중심부 리젠트 스트리트 (영국)

그림 2 파리의 샹젤리제 거리 (포장도로) (프랑스)

그림 4 빈 구시가의 퀼른 토너 대로 (오스트리아)

골목공간

alley

골목은 다음의 2개의 의미를 가진다.

(1) 다실로 이끄는 통로를 의미한다. '골목'은 모모야마(桃山) 시대에 사용되었고 '노지'는 에도 시대 겐로쿠(元禄)[64] 이후이다. 다실의 주의에는 가장자리에 접한 '면평중(面坪の内)'이라는 통로로서의 '협의평중(脇の坪の内-와키노 츠보노 우치)[65]'이 보였다. 모모야마 시대가 되어 통로만의 단순하고 순수한 공간구성의 골곡이 만들어졌다. 골목의 거리가 길 때에는 중문 또는 다실(茶室) 앞뜰의 중간에 세운 중문을 경계로 안골목과 밖의 골목으로 나누어지는 '이중골목'이라고 불리는 것도 있다. 골목의 공간구성은 시대의 흐름과 함께 당시의 차인[66]의 취향을 반영하고 있다.

(2) 골목은 도시지역 내에서 볼 수 있는 큰길에서 뒤의 부지로 통하는 좁은 보행자용의 공간이다. 이것은 본래 에도 시대에 에도 오사카의 마치야(町屋)[67]에서 설치된 부엌이나 뒷마당의 좁은 통로이다. 현대의 골목은 부지 규모의 축소에 의해 뒤의 부지가 만들어져 가로의 안쪽에 늘어나고 발생한 것이 많다.

넉넉한 골목은 자동차로부터 안전한 보행공간이나 체류공간으로서 기능을 갖는 경우나, 거기를 매개로 작은 커뮤니티를 형성하는 사적인 면을 가지는 공간인 경우도 있다. 최근에는 확대 해석되어 자유롭게 통행할 수 있는 공공성을 갖고 큰길로부터 파생하는 도로가 골목으로서 주목받고 있다. 통로 폭이 좁기 때문에 유사한 건축이 줄을 서듯 세워지면 독특한 분위기를 자아내는 공간을 창출한다. 낡은 집이 줄을 서듯 세워진 경우 옛날로 거슬러 올라간 듯한 분위기가 느껴지고, 작은 상점이 줄 서 있으면 불가사의한 활력을 낳는다. 겉의 공간이 아니고 골목 안이라는 말처럼 미로와 같은 조금 비밀스러운 장소이다. (미야모토 후미토 宮本文人)

그림 1
에보라 시가의 골목
(포르투갈)

그림 3
빈 구시가의 골목
(오스트레일리아)

그림 2
아테네의 플라카 지구의 골목

그림 4
골 웨이 시가의 골목(아일랜드)

64) 에도 시대 중기, 東山天皇 때의 연호.(1688년~1704년까지의 일본 연호)
65) '坪の内'는 노지가 안쪽에 있는 조그마한 정원을 말하고 '脇の坪の内'는 식물, 화분 등이 심어져 있는 정원을 뜻함.
66) 다도에 통달한 사람
67) 시중의 상가

진입공간

approach space

어느 특정한 지점으로 이끄는 경로, 단순한 통로의 기능에 머물지 않고 앞의 지점으로 향하는 사람들에게 심리적인 변화를 재촉한다고 하는 중요한 역할을 담당하고 있다.

진입공간의 대표적인 예로 사찰의 참배길 공간에는 비일상적인 위엄성이라고 하는 심리량이 본전에 가까워짐에 따라서 서서히 늘어나는 것이 실험적으로 밝혀지고 있다. 또한, 주택의 진입공간에서는 공적인 것으로부터 사적인 공간으로 불러들이는 영역으로서 친밀감이나 침착성이 느껴지도록 의도적으로 설계된 사례를 많이 볼 수 있다.

이와 같이 진입공간에 요구되는 심리적 효과의 내용은 건축물의 용도에 따라 서로 다르지만 공통점을 보이며, 그 효과를 연출하고 있는 것으로 거기서의 연결되는 공간체험이다. 즉, 이동에 대한 진입공간 구성요소가 연속적이면서도 여러 가지로 변화하고 증감하는 것에 의해서 심리적 변화가 유발되는 것이다.

참배길 공간을 예로 보면 경로가 접혀 곡선이나 폭, 높낮이, 주변 수목이라고 하는 '땅'이 되는 공간구성 요소가 연속적으로 변화하며, 사찰 앞의 기둥 문이나 문 등의 상징적인 '그림'이 되는 요소가 합쳐지는 것으로 독특한 시퀀스가 만들어져 본전에 향하여 사람의 의식을 높이고 있다. 또한, 시각적 요소가 가세하여 높낮이의 차이나 노면의 마무리 변화 등에 의한 운동감각의 자극도 의식의 고양에 많이 영향을 주고 있다.

이상과 같이 진입공간은 그 정해진 길이 안에서 다양한 공간구성 요소가 일체가 되어 교묘하게 인간의 감각을 자극하고 있는 흥미로운 공간이다. (소에다 마사시 添田昌志)

그림 1 신사의 참배길 공간(이세진구)

유람공간

circular space

유람이라고 하는 공간은 하나의 연결공간이 없으면 안 된다. A지점으로부터 B지점, B지점으로부터 C지점으로 몇 개의 장소를 돌아다니며 마지막에 A지점으로 돌아오는 행위를 유람한다고 할 수 있다. 예를 들어 쇼핑, 여행, 사찰의 순례, 또 1년의 주기로 양들이 목초를 찾아다니면서 이동하는 유목민의 생활도 '유람'이라고 할 수 있다.

유람의 루트에는 점재한 장소를 묶는 주동선 외에 돌아가거나 우회는 길, 지름길 등이 준비되어 있고 사람은 그 루트를 상황에 따라 선택할 수 있다. 이러한 공간을 '유람공간'이라고 부른다. 쇼핑센터(그림 1)나 도쿄 디즈니랜드와 같은 유원지, 공원, 광장 등은 자기 자신이 유람하는 길을 자유롭게 선택할 수 있는 공간이다.

경우에 따라 루트가 정해져 있는 경우도 있다. 실내공간에서는 회화나 조각이 전시된 미술관이 유람공간이라 할 수 있고 옥외에서는 영국의 자연식 정원, 일본의 회유식 정원(그림 2)을 유람공간이라 할 수 있다. 어떠한 정원도 중심이 되는 곳에 큰 연못을 두고 그 주위에 배치된 건물로부터 건물에 둘러싼 형식을 취하고 있다.

회유식 정원에서는 호반이나 가산68) 사이, 산의 경사에 따른 원로나 연못 가운데 섬에 가설된 다리를 건너 연못의 주위를 일주한다. 그 곳에서는 옛 산수(山水) 등에서 대표되는 앉아서 볼 수 있는 정원과 달리 어느 지점에서든 볼 수 있으며, 평탄한 길에 따른 시점의 이동에 수반하여 변화가 있는 경치가 보이도록 연출이 이루어진 유람공간을 체험할 수 있다.

(고바야시 미키 小林美紀)

호튼 플라자센터 　　　　패션 쇼

그림 1 쇼핑신터

그림 2 에도 중기에 만들어진 희유식 정원(리쿠기엔)

68) 정원에 돌 · 흙 등을 쌓아서 산처럼 만든 곳.

친수공간

intimate water space

마음을 담아 물과 직접적으로 접할 수 있는 공간을 친수공간이라고 한다. 여기에 물이란 하천, 호수와 늪, 바다라고 하는 자연의 근원적 요소로서 일컫는 말이 많지만, 가끔 맑은 물을 일컫는다. 친수를 느낄 수 있는 감각에는 시각뿐만 아니라 청각이나 차가움을 느끼는 촉각, 때로는 맑은 골짜기를 흐르는 물을 맛보는 미각이나 후각이 있다.

팔레이 파크는 1967년에 로버트 자이언(Robert Zion)의 설계로 만들어진 이 공원은 '사람과 차의 왕래로부터 떨어진 별도의 마당공간', '인간적 스케일을 되살린 공간', '주변 도시환경으로부터 보호되고 소음으로부터 차단된 공간'을 목적으로 설계되었다. 희게 부서져 떨어지는 정면의 폭포에 물보라가 날아올라 시원함과 여유를 전해 준다.

이츠쿠시마(厳島) 신사는 2개의 판자를 부착한 마루의 무대로 헤이안(平安) 시대에 바다 위에 만들어졌다. 물이 빠진 간조 때 흰모래 위에 세워 물이 들어오는 만조에는 해면 위에 20cm 떠오른다. 판의 틈새와 난간이 없는 구조를 하고 있어 바다와 호흡하는 것처럼 보인다.

에도가와구(江戸川区-일본의 도쿄도에 있는 지역 중의 하나)의 종합 레크리에이션 공원의 무지개의 광장에는 직경 8m의 원형 형태가 지면으로부터 올라와 있고 정상으로부터 물이 솟기 시작하면 원형의 전면을 얇게 적시며 흐르면서 떨어지고 있다. 아이들은 동물처럼 팔과 다리로 원형을 기어오르며 놀 수 있는 장소가 된다.

사이타마현(埼玉県)에 네기시다이(根岸台)의 집의 빗물은 발코니의 투명한 지붕에 퍼지며 흘러 1층에 있는 비의 연못으로 흘러 떨어져 내려간다. 식탁에서 하늘을 배경으로 다양한 비의 모양을 즐길 수 있다.

(스즈키 노부히로 鈴木信宏)

그림 1 팔레이 파크. 물보라가 흩날리는 폭포 옆의 공간

그림 4 이츠쿠시마 신사. 만조 위의 틈이 있는 판 공간

그림 2 무지개의 광장. 솟아오르며 흐르는 물

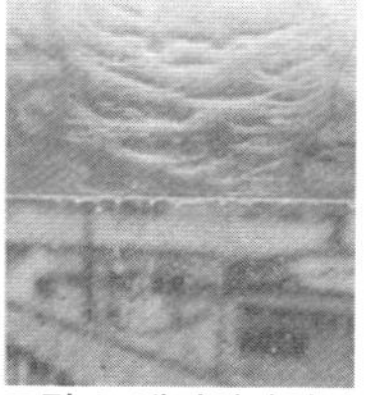

그림 3 네기시다이의 집. 식탁 위의 비 모양

그림 5 슈가쿠인(修学院) 별궁. 가미노오차야 정원의 연못 가운데의 섬에서 본 넓게 퍼지는 수면

녹색공간

green space

한때의 도시는 자연의 녹색 안에 산재해 있는 '그림'과 같은 존재였지만, 지금은 그것이 역전되어 확대된 도시 안에 녹색이 산재한 '그림'으로 되어 버렸다. 친밀한 녹색은 안락함이나 마음의 풍요로움을 위해서 필요한 것이므로, 효과적인 자연을 도시에 재생할 필요가 있다.

1. 녹색의 효과

(1) CO_2의 흡수와 동시에 NO_2도 흡착, 흡수. (2) 기후조정 : 녹색 잎은 온도의 상승을 막기 위해 여름철 낮에 활발히 증산을 실시한다. (3) 리프레쉬적 심리적 효과 : 수목은 피로회복을 앞당긴다. (4) 도시 생태계의 형성 효과 : 면이나 점으로서 자연을 네트워크화 하는 것에 의해서 대도시에도 조류들을 귀환시킬 수 있다. (5) 일사의 조절 효과 : 햇빛을 만드는 느티나무, 벽오동 등을 녹음수라고 부른다. 겨울의 낙엽 효과 수목으로 선호된다. (6) 스크린 효과 : ① 방풍, ② 방화 · 방재. 산고쥬(サンゴジュ)[69]는 불을 막아주는 살아있는 담으로 사용되어 왔다. (7) 수질정화 효과 : 하천식물은 수질을 정화한다. 갈대는 질소나 인을 제거하는 데 효과적이다. (8) 지하수 함양 효과 : 초목을 심어 재배한 표토는 물이 스며드는 특성이 있다. 따라서 녹색으로 씌운 면의 증가는 지하수를 함양하여 도시형 홍수 방지에 도움이 된다.

2. 건물이나 거리의 녹화

(1) 건물 녹화 : 건물 옥상의 벽면. (2) 주차장의 녹화 : 포장줄눈을 잔디로 주차장을 만든다. (3) 용기 녹화 : 용기에 심은 식물을 이용하여 이동이 용이하다. (4) 하천의 녹화 : 도시하천의 강변이나 용수로 주변을 녹화한다.

(스즈키 노부히로 鈴木信宏)

그림 1 콜 비 대학. 호숫가 나무 아래의 독서공간

그림 3 유럽 페턴트 오피스(네덜란드, 리스 빅, 2001) 2.5ha의 넓은 주차장 위의 녹색과 빗물의 정원

그림 2 SAG의 잔디 포장줄눈으로부터 빗물이 지하로 침투된다. (독일, 프라이부르크, 1998)

그림 4 아크 가든(도쿄, 롯폰기) 콘서트 홀 옥상의 용기에 담아 녹화함. (컨테이너 가든)

69) 치바현에 야생하는 식물로 초여름에 작은 꽃이 피고 가을에 과실이 열리는 식물. 산호에 비유해 명명되었다. 두껍고 수분이 많은 나뭇잎과 가지가 화재예방에 도움이 된다고 알려져 있으며 방화나무로 자주 채택된다.

포위공간

enclosed space

도시의 주요한 건축이 둘러싸고 있고 누구나가 출입할 수 있는 광장과 같은 장소로 둘러싸인 공간이지만, 여기에서는 보다 사적 공간인 안뜰에 초점을 맞춘 것을 말한다.

벽이나 담 등에 의해서 둘러싸인 안뜰은 동서고금을 불문하고 쉽게 찾아볼 수 있다. 로마시대의 도시 주택은 아트리움과 페리스티리움이라고 하는 공적 공간과 사적 공간인 2개의 안뜰을 갖고 있었다. 이슬람 도시의 주택에도 안뜰이 있고 중국의 민가에서는 원자나 천장이라고 하는 안뜰이 있다. 일본에서도 장사를 하는 집에 안뜰을 취하고 있었다.

도시 주택에 한정되지 않고 종교적 공간에도 안뜰을 볼 수 있다. 이슬람교의 무스크에는 아름다운 안뜰이 있다. 크리스트교의 수도원에도 대규모 회랑에 둘러싸인 안뜰이 있다. 건물 가운데 뿐만 아니라 집 안에 있으면서 복수의 건물에 둘러싸인 안뜰도 있다. 에도(江戸)시대까지 일본의 도시에서는 그러한 장소가 회소지라고 하는 공유지에서 나타났다.

안뜰은 정형적인 것도 있고 부정형적인 것도 있으며 식물이 무성한 것도 있고 아름다운 수면이 있는 것과 반대로 마른 공간인 것도 있다. 둘러싸는 경계는 벽 등의 건축물뿐만 아니라 수목이나 풀꽃으로 부드럽게 둘러싸일 수도 있다.

이러한 둘러싸인 공간인 안뜰에 공통되는 특징이란 거친 세상 밖으로부터 지켜지는 듯한 외부공간이라고 할 것이다. 이렇게 지켜지는 듯한 공간이라 할지라도 건축 내부가 아니라 어디까지나 또 하나의 외부이다. 밖에서 만나며 밖이 아닌 듯한 중간적인 성격이 흥미로운 점이라 할 수 있다.

(히이로 다라오 日色真帆)

그림 1 튀니지의 요새의 안뜰

그림 2 코에 타로(여름의 집) / A. 아아르트

미니공원

pocket park

미니공원이라는 말은 1967년 뉴욕의 맨해튼에 있는 중 · 고층 빌딩의 골짜기에 만들어진 아주 작은 공원(vest pocket park)으로 불리는 팔레이 파크로부터 시작되었다. 이 공원은 13m×30m 정도의 작은 것으로 베스트 포켓이라는 말은 양복의 조끼에 붙어 있는 작은 포켓을 가리키고 있다. 팔레이 파크에는 작은 폭포가 있어 사람들이 휴식을 필요로 하여 모여든 곳으로 흘러 떨어지는 물을 눈과 귀를 통해 느끼는 장소이다. 도시의 혼잡함 속에 있기 때문에 통행인에게 순간의 평온함을 주는 장소이기도 하여, 바야흐로 도시의 오아시스로서 당시 주목을 끌었다.

그 후, 이 공원은 폐쇄되어 재건되었는지 확실하지 않다. 그러나 이 공원의 영향력이 강하여 각지에서 유사하면서 다양한 공연이 계획되어 미니공원이라는 말은 확대되어 퍼져나갔다. 미국에서는 미니공원이라고도 불리고 있었으며 일본에서도 유사한 명칭으로서 포켓 스페이스, 소공원, 미니파크, 길가광장, 거리광장 등 다양하게 불리고 있다. 미니공원은 설계나 관리의 문제가 있어 실패한 예도 많으며 모두 성공한 것만은 아니다.

면적이 작지만 도시지역이나 취락 등 다양한 곳에 잉여의 토지를 유효하게 활용할 수 있으며 또한, 자금 면에서도 용이하다. 작은 영역의 경관에 해당되는 수경효과도 크고 기능적으로도 변화가 풍부한 주목성으로 이용자가 자유롭게 모이는 공간이 될 가능성이 많은 특성을 가지고 있다. (미야모토 후미토 宮本文人)

그림 1 프랑스 산의 산기슭 공원 (요코하마)

그림 3 개항 광장 (요코하마)

그림 2 인형의 집 입구 앞의 공원 (요코하마)

그림 4 개항 광장 (요코하마)

몰

mall

상가나 번화가에 만들어진 보행자 전용 또는 보행자 우선의 쇼핑광장, 산책길, 미니공원을 가지는 공간의 총칭이다. 몰에는 나무그늘을 만들기 위한 수목, 포장, 의자 등이 배치되어 있다. 단순한 동선뿐만 아니라 쉬거나 차를 마실 수 있는 공간을 가지는 예가 많다.

몰이라는 말은 원래 나무그늘로 가득 찬 산책도로를 의미하고, 녹색 · 공간 · 즐거움이라고 하는 의미를 갖고 있다. 런던의 세인트제임스 공원이 몰의 발상의 근원이다. 최근에는 몰이라고 하면 쇼핑몰을 지칭하는 것이 많다.

1975년 미니애폴리스에 생긴 니코 렛 몰의 일례를 보면 차도를 구부리므로 인해서 차의 스피드를 제어하게 되었고, 그 곳을 따라 넓어진 보행자 공간에 수목, 벤치, 화단, 조명, 전화, 사인, 모뉴먼트 등이 디자인된 쾌적한 소광장이 되었다. 또 다른 예로는 1972년에 생긴 아사히카와 헤이와도리 쇼핑 공원, 그리고 본격적인 요코하마시의 이세사키 몰도 있다.

쇼핑몰의 종류를 공간의 형태와 교통의 형태 2개로 유형화할 수 있다. 우선, 공간의 형태에서는 ① 오픈 몰 : 태양과 녹색의 푸른 하늘 페데스트리언 몰 ② 세미 클로즈드 몰 : 한쪽편 아케이드에서 차양을 붙인 몰 ③ 엔클로즈드 몰 : 실내 몰. 교통의 형태에서는 ① 보행자 몰 : 차의 진입을 금지한 몰로 이세자키 몰, 센다이 이치반초 제일 거리 몰, 다카마츠 아케이드 시티, 삿포로 팩토리. ② 세미 몰 : 제한적으로 차를 넣는다. 히라츠카 베니야펄 로드 ③ 트랜싯 몰 : 버스와 택시만이 다니는 타입. 니코 렛 몰 (스즈키 노부히로 鈴木信宏)

그림 1 니코 렛 몰(미국 미니애폴리스)의 차도 서행에 의해서 만든 보행자의 안락한 공간

옥상

roof balcony

옥상은 건축물의 지붕을 평평한 면으로 한 것으로 평지붕을 말하지만, 여기에서는 건축물의 덮개가 공간화한 것으로 생각하며 테라스나 발코니도 포함한 형식을 말한다.

계단이 형태로 구성된 건축물, 예를 들어 메소포타미아의 신전이나 성곽, 멕시코의 피라미드 등 고대의 건축물을 보면 사다리꼴의 건축에 상부로 오르는 계단을 갖추고 있고 주위로부터 높은 위치로서 내부의 실 못지않게 옥상부분이 중요한 공간 의미를 가지고 있다는 것을 알 수 있다. 중세의 대성당에는 옥상에 오르는 것이 가능하여 성당의 전면에 펴져있는 광장에 있는 사람들과 시선을 교환하였다. 이러한 옥상은 신이나 권력이라고 하는 상징적 의미와 방위의 목적을 강하게 볼 수 있어 상부와 하부가 '본다－볼 수 있는 관계가 있다'고 말할 수 있다. 더욱이 현대에는 대규모 옥상이 광장과 같은 공간으로서의 역할을 가진다고 말할 수 있다.

20세기 초, 파리의 거리풍경에서 위층의 외벽 면이 후퇴하는 건축물이 나타났다. 소바쥬나 마레＝스테바라고 하는 건축가는 아파트의 상층에 각각 외부공간을 제공하여 길거리에 녹색공간을 유입하는 방법으로서 발코니를 계단의 형태로 배치한 구성을 만들었다. 또한 르 코르뷔지에의 5원칙에서 볼 수 있듯이 옥상 정원은 근대건축의 중요한 구성요소의 하나가 되어간다. 근대에 있어서의 옥상은 밀도를 더하는 도시공간 안에 녹색을 유입할 수 있는 요소로서 거주공간의 의미를 강하게 어필하고 있다고 말할 수 있다. (나스 기요시 那須 聖)

그림 1 옥상에 대비할 수 있는 풀과 유치원 (유니테 다비타시옹, 프랑스 마르세유)

그림 2 계단형상의 테라스(말레 스테방스 거리의 아파트, 프랑스 파리)

그림 3 지상으로부터 계속 되는 계단형상의 옥상 정원(교토역/하라 히로시사, 교토시)

정원

garden

인공적으로 만들어진 자연환경으로서의 정원은 주택에 부속된 소규모부터 성곽이나 빌라를 둘러싸는 대규모까지 여러 가지가 있다. 수많은 정원의 특징을 파악하기 위해서는 구성법, 요소, 소재 등의 파악부터 세계관의 이해와 경관 · 체험으로서의 기술이 필요하다. 또한 외부 공간으로서의 이해뿐만 아니라 관찰점으로서 경관을 구성하는 공간, 혹은 사방의 구릉 등의 정원의 한 요소로서 건축물을 이해하는 것도 중요하다.

다양한 형식 가운데, 예를 들어 영국식 정원은 자연의 조형을 살려 풍경으로서의 정원을 만드는 것에 특징이 있다. 기하학적인 조형을 특징으로 하는 프랑스식 정원은 화단이나 동산에 난 길에 직선이나 곡선을 조합하는 것으로 인공적인 미의식 아래 공간을 만듦으로써 축선이나 투시를 효과적으로 표현하는 공간적 특징을 가진다. 일본 정원에서는 건축물로부터 바라보는 경관으로서 필요한 요소를 선별하여 그것들을 구성하는 방법이 특징인, 이른바 차경에 의해서 앞의 요소와 뒤에 있는 요소의 관계로 경관을 구성한다. 가레산스이[70](枯山水)에서는 물의 흐름이나 산을 바위와 모래에 의해서 상징화된 공간으로 만들어내고 있다.

구성법에 따르는 기술에 의해서 정원을 볼 수 있지만, 예를 들어 중국 소주[71]에서 많이 볼 수 있는 회유식 정원에서는 정원 내에 둘러진 동산의 길과 결절점으로서 동굴의 입구에 특징이 있어 동적 시퀀스에 특징이 있다.

(나스 기요시 那須 聖)

그림 1 산과 일체가 된 정원
(빌라 데스테, 이탈리아 코모)

그림 3 앞의 뜰, 건물과 차경
(난젠절반조의 정원, 교토시)

그림 2 수목의 기하학적인 배치
(파레 로와이얄, 프랑스 파리)

그림 4 유람식 정원의 원로
(섭정원, 중국 소주)

70) 돌과 모래로만 산수를 표현한 정원.

71) 중국 강소성 남부 태호 동안에 있는 풍광(風光)이 아름다운 상업도시. 시가(市街)는 웅장한 성벽으로 둘리고, 양자강 삼각주의 중심으로서 견직물 · 금은 세공물 등의 산지임.

연결공간

associate space, conjunction space

도시공간은 건축물이 세워져 있는 땅과 세워져 있지 않는 땅에 의해서 구성되고 건축물과 건축물의 사이에는 길, 광장, 뜰, 진입공간, 공동공간, 공개공지 등 다양한 빈터가 있다. 연결공간은 건축물과 빈터 및 이와 같은 빈터에 상호관계성의 디자인에 의해서 공적인 접근 정도를 바꾸어 가는 것으로 디자인된다.

일본의 도시공간은 '그림과 땅'의 관계로 그려지는 밀라노의 도시공간(그림 1)과는 달리 토지의 구분된 부지에 건물을 세우는 것에 의해서 형성되고 있는 것부터 길과 건물의 사이에 다양하게 사용되는 빈터가 나타난다.

예를 들어 인접하는 부지의 빈터가 일체적으로 보도에 연속하여 정비되면 길 공간으로 의식된다. 길과 건물의 사이에 철주를 두거나 낮은 나무를 재배하는 것은 길로부터의 접근을 억제하는 디자인이 된다.

점포 앞에는 오픈 카페나 왜건(wagon) 등 건물 내의 용도가 넘쳐 나오는 것으로 길과 건물을 완만하게 잇는 공간이 되어 오피스의 잔디가 시각적인 자연을 제공하여 접근을 완충하는 공간이 되기 쉽다.

주택지에서는 잔디의 녹화와 조경이 연속하는 것으로 거리풍경이 형성된다. 잔디는 길(공공공간)과 주거를 분리하지만 동시에 건물(부지)과 건물(부지)을 잇는 것으로 거리풍경이라고 하는 공공성을 만든다. 연결공간은 사적인 공간과 공적인 공간의 관계성의 디자인이라고 할 수 있다.

(고우라 히사코 小浦久子)

그림 1 그림과 땅의 도시공간(밀라노의 도심)

그림 2 길과 상업공간을 다양하게 잇는 넓은 계단(오사카)

완충공간

buffer space

'완충'이란, 2개가 다르거나 혹은 대립하는 성질의 충돌을 완화시키는 것이다. 질이 다른 공간의 접촉에 대해서는 ① 버퍼를 두는 것에 의해서 분리하거나 ② 이행을 위한 공간을 두는 것에 의해서 연속을 만든다는 2개의 공간의 만드는 방법에 의한 완충방법이 있다. 이것은 성격이 다른 2개의 공간을 어떻게 잇는가 하는 문제이다.

공장 주위에 만들어지는 녹지대는 버퍼형의 전형이다. 이것은 소음이나 오염 등 물리적 환경조건을 완화시키는 것과 동시에 시각적으로 공장을 잘 보이지 않게 하며 기분도 완화되게 한다. 또한 뉴타운의 완충녹지는 주위의 무질서한 도시화를 막기 위해 뉴타운을 주위로부터 닫아주는 역할도 뛰어나다.

전환 유형은 변화를 완화시키는 중간영역의 디자인이다. 자연의 측면으로 집의 내부와 외부(뜰 등)의 사이에 있어 햇볕이나 바람, 기온 등의 외부환경을 조절하는 것과 동시에 내부환경과의 경계에 있는 미닫이 등의 개폐에 의해 밖의 환경을 단계적으로 전한다.

또한, 전환 유형에는 사람의 기분이나 행동의 변화를 받아들인다고 하는 의미로서의 완충공간이 있다. 호텔의 로비는 공공적 환경인 '거리'로부터 사적 공간인 호텔의 방으로 전환할 때 공적 공간과 사적 공간의 접점이 된다. 또한, 미술관의 로비는 일상적인 도시공간으로부터 비일상적인 전시공간의 이행공간이며, 예술작품으로 향하는 기대를 받아들이는 장소이기도 하다.

완충을 의도하는 공간에는 질이 다른 영역을 잇는다고 하는 의미로서 동시에 연결공간이 되는 것이 있다. 완충이라고 해야 할지, 연결이라고 해야 하는지는 관계성의 현상에 의한다. 완충공간은 2개 공간의 단락을 다른 종류의 환경, 행위, 기분 등과 연결하려는 의도를 가지고 디자인된 영역이다.

(기타 미치히로 木多道宏, 고우라 히사코 小浦久子)

그림 1 센리 뉴타운의 완충녹지

그림 2 도시공간으로부터 전시공간으로의 이행
(국립 국제미술관)

천이공간

transitional space

아침시장이나 정해진 날에만 시(市)가 서는 장소가 있다. 평상시에는 길이나 광장에서 만나거나 빈터나 부두에서 만나거나 한다. 도시에는 시간이나 상황에 따라 다른 사용법이 발생하는 장소가 있다. 그 곳에서는 사용법에 의해서 장소의 일부나 전부가 영역이 되어 특정의 의미나 장소성을 가지게 된다. 이러한 현상이 발생하고 있는 장소가 천이공간이다.

천이공간에는 2개의 타입이 있다. 하나는 특정의 시간에 특정의 용도에 사용되는 것으로서 누구나가 그것을 알고 있다. 다른 하나는 자연발생적으로 다양한 사용법이 공존하는 현상이다.

'시(市)'는 전자의 대표적인 예이며, 밤이 될 때를 기다려 나타나는 포장마차도 이 타입이다. 후쿠오카의 나카가와 하안에서는 보통 공원이 밤에는 완전히 다른 표정을 보인다. 그 때문에 수도나 전기 등의 장치도 정돈되고 있다. 후자의 예는 가두행진에 의해 자연 발생적으로 태어나는 극장공간이 있는 길이나 광장, 건물 주변의 빈틈의 일부가 퍼포먼스 공간으로서 영역화된다. 오사카역 앞 등 왕래가 많은 곳에서도 영역을 나누고 있다.

또, 역의 중앙광장이나 약속장소가 되는 곳도 천이공간이라고 할 수 있을 것이다. 멈춰 서서 이야기하거나 만나는 행위에 의해 영역화된 공간이 분리 거주하면서 공존하고 있다. 도시에는 편하게 사용되고 있으며 자유로운 도로가 있는 공간이나 편하게 사용되고자 하는 공간으로 되어 있다.

(고우라 히사코 小浦久子)

그림 1 가라치 주택 지구의 정기적인 시장

그림 3 퐁피두 광장의 극장화

그림 2 파리의 아침 시장(노상)

그림 4 후쿠오카 공원의 포장마차

사이

pause

'사이'는 시간적 · 공간적으로 잘려진 거리감에 의해서 성립하는 미의식이라고 하고 도코노마[72](床の間)나 응접실 등 주거공간의 구성요소의 표현이나 '운이 나쁘다', '늦지 않다' 등 생활 속에서도 사용된다.

생활환경에는 의도적으로 잘려진 공간의 '여백'이 있으며 생활행동에 공간적 · 시간적인 '사이'를 낳고 있다. 도시공간에는 계획적으로 오픈스페이스로서 정비된 도로나 공원 등의 시설 외에도 다양한 빈틈이 있다. 그 안에서도 의도적으로 틈새를 열어 '사이'를 볼 수 있다.

교토의 도시 전체에 보이는 집 한 채와 한 채 사이의 골목을 두는 것은 택지가 겉의 가로로 연결되기 위한 빈틈에 지나지 않지만 진입공간으로 디자인되는 것으로 안과 밖의 사이에 시간적 · 공간적으로 잘려진 틈이 생겨난다. 고밀도에 사는 마을 주택에서는 골목이나 안뜰 등 잘려진 공간이 생활의 틈이 되고 있다.

현재 일본의 도시공간은 도로에 둘러싸인 가구를 분할하는 부지 안에서 건물들이 연결을 끊는 구성을 하고 있기 때문에 도시공간의 '사이'는 발생하기 어렵고 부지 내의 여백이 많다.

한편, 구미(歐美)의 도시공간은 가로 길에 접하고 건물이 연속하여 세워진 가구 건축에 의한 도시공간이며, 고밀도인 도시공간에 의도적으로 잘려진 포켓공간으로 빠져나온 통로가 생활행동에 있어서의 공간적 · 시간적인 틈이 되고 있다. 예를 들어, 뉴욕의 팔레이 파크는 빌딩의 골짜기의 500㎡ 안 되는 공간이지만 인공폭포의 물소리와 인공 아카시아의 나무 그늘에 의해서 주변 환경으로부터 독립한 영역을 만들고 있다. 여기에는 공간적인 자립에 의해서 소음으로부터 빠져 나온 시간을 도시공간에 만들고 있다.

'사이'가 시간적 · 공간적 거리감으로 인식되며 완만한 거리감은 여유로 통한다. 도시공간에 있어서의 휴먼 스케일의 사이가 사람과 공간을 잇는다.

(기타 미치히로, 고우라 히사코 木多道宏, 小浦久子)

그림 1
집 한 채 한 채
사이의 골목

72) 일본건축에서, 객실인 다다미방의 정면에, 바닥을 한 층 높여 만들어 놓은 곳. 벽에는 족자를 걸고, 바닥에 도자기 · 꽃병 등을 장식해 두는 곳.

사거리

crossroad

사거리는 옛날 2개의 길이 교차하는 곳에 제사가 행해지는 성스러운 장소였다. 또한 큰 길이 만나는 사거리는 예배장소이며 도시의 정보교류 거점이라고도 할 수 있는 장소였다. 근세 도시를 구성하는 양측마을에서는 마을의 경계가 접하는 곳에 사거리가 있다. 마을의 양끝에 설치된 대문을 닫게 되면 사거리는 어느 마을에드 속하지 않는 특수영역이 된다.

마을이라는 자치 단위로부터 사거리는 관리 책임이 불분명한 장소가 되어 '길의 매듭'이나 '길의 강도'는 이러한 관리 책임이 불분명한 것에 의해 일어난다.

현재의 '사거리' 공간은 어떠한 장소일까. 역사적인 의미로부터 생각하면, 도시의 종교적인 것과 세속적인 것, 정보가 만나는 장소이며 관리 책임이 애매한 장소, 바꾸어 말하면, 자기 책임형식에 의해서 잘 다룰 수 있는 장소라고 말할 수 있을 것이다.

예를 들어, 오사카 미나미의 신사이바시스지(心斎橋筋)와 도톤보리(道頓堀)가 교차하는 곳의 다리는 물의 위에서 만나게 되는 교차점인 것이다. 다양한 사람이 왕래하여 사건이 발생한다. 축제 때에는 젊은이가 강에 뛰어들기도 하고, 막차가 끝나면 위험과 마주치게 되기도 한다. 미국 마을의 삼각공원도 사람의 만남과 사건과의 교차점이다. 문지기와 같이 파출소가 인접되어 있지만, 가게도 아니고 길도 아닌 공간에서 보고 있지 않는 장소 같으면서도 누구나 보고 있는 장소이다.

도시에는 서로 다른 것과 다양한 것들이 공존하는 곳으로, 관리하며 지키는 안전 외에도 다양성을 받아들이는 안전한 도시성도 있다. (고우라 히사코 小浦久子)

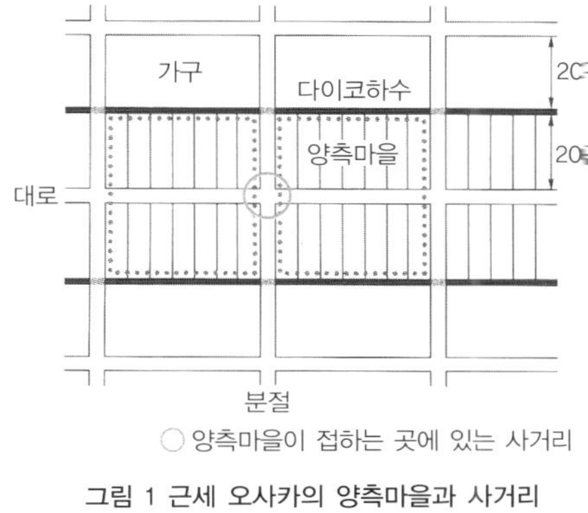

그림 1 근세 오사카의 양측마을과 사거리

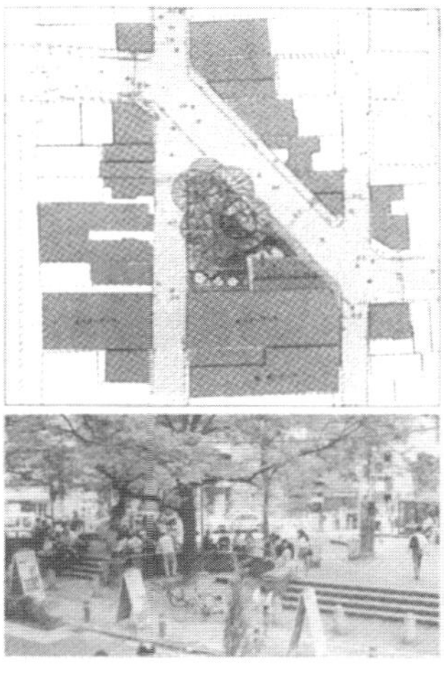

그림 2 미국 마을(오사카)의 사거리라고 할 수 있는 삼각공원(우)

활동공간

activity space

이토 데이지가 '일본 디자인론'에서 활동공간의 영역으로서 'activity space'를 제안하고 있듯이 활동공간이란 공간의 특징이나 경계에 의해서 범위가 규정되는 영역이 아니라, 오히려 특정의 활동력이나 그 활동력에 의해서 상기되는 이미지의 확대로서의 영역 인식이다.

도시에는 지명이라고 따로 지시되는 이름을 가지는 장소가 있다. 이러한 통칭이 나타내 보이는 영역의 경계는 애매하다.

오사카 도심은 많은 활동공간으로 구성되어 있다. 예를 들어 '미나미센바(南船場)'라고 할 때는 사람은 동명 지역을 상기하는 것이 아니라 상업지를 이미지화한다. 이전의 이곳은 목재나 섬유관계의 중소 사업자와 관계가 있는 지역이었지만 사업이 없어지게 되면서 빌딩 내부가 곳곳이 비게 되었으며, 이러한 장소에 디자인 관계의 오피스나 엄선된 가게들이 들어서면서 새로운 거리의 이미지가 형성되었으며 그곳으로부터 활동공간이 태어났다.

길거리 사람들에게 '미나미센바(南船場)'가는 어디냐고 물으면 서로 같지만 조금씩 다른 영역을 이미지화한다. 명칭은 어느 영역을 지정하는 것이 아니라 미나미센바에서 일어나고 있는 새로운 일이나 가게의 분위기가 만들어 내는 장소의 이미지 확대이다.

상업지뿐만 아니라 주택지에서도 물가나 특징적인 건물을 단서로 한 지역 이미지 등에서 활동공간이 발생한다. (고우라 히사코 小浦久子)

오사카의 미나미에는 다양한 활동공간이 있다. 시대에 의해 또, 활동력의 확대에 의해 활동공간을 신축한다.

그림 1
오사카 미나미의 근처

아실

asil

아실은 '불가침의 장소'를 의미하는 그리스어를 어원으로 본래는 ① 세속세계와 다른 장소(신전 · 사원 · 숲 등)에서, 통상의 규범 질서가 미치지 않은 성성(聖性)에 의한 보호가 주어지는 장소, ② 에도시대의 인연을 끊는 사원(엔기리데라-緣切寺)이나 유럽에 있어서의 교회와 같이 분쟁 대립이 정지되는 장소라고 하는 의미가 있다.

어떤 사람이든 그 자리에 머무르는 것에 한해서 죄나 대립이 정지되지만 그 자리를 떠나면 보호는 없어지고 일종의 유폐(幽閉)상태가 된다. 또한, 분쟁이나 실력행사에 의한 해결을 인정하지 않는다고 하는 의미로 '시장(市場)'도 아실적 성격을 가지는 장소가 되어 있었다.

이러한 관습적인 구조인 아실은 근대국가에 의한 법 제도의 확립과 일상적인 관습 중에서 사라져 갔다. 현대사회에 이르러 아실적인 생각은 ① 일정한 법적 규제나 국제적 룰이 법제도의 골조 안에서 정지되는 공간, ② 일상적 규범이나 룰을 넘은 구제의 공간에 두어 나타나고 있다.

①은 분쟁지역에서의 휴전지대나 난민캠프라고 하는 긴급 대응형의 공간과 지역 내에서 관세가 면제되는 자유무역지역이나 국내법이 미치지 않은 외국 공관의 영역 등 항상 법적 골조가 변경되고 있는 공간이 있다. 그러나 모두 법 제도의 범위 안에서 자리매김하고 합법적으로 행해지고 있어 아실적이다 라고는 말하기 어렵다.

②는 노숙자의 일시 피난소가 되고 있는 교회나 골판지의 거주공간에서 불법 점거되고 있는 지하통로를 생각할 수 있지만, 약자 구제의 의미가 강하다. 이것도 집단이 되면 체재기한이 지난 외국인 노동자가 모이는 도시 내의 공원이나 폭주족이 모이는 길 등 사회문제화가 된다. 이것은 일상적 규범의 범위 밖에 머무르려고 하는 행위이며, 교회나 절, 신사가 일상적 규범 속에서 보호를 주는 정황과는 다르다.

이처럼 관습의 공유의식이 희박하게 되어 있는 현대사회에서 이미 본래적 의미로의 아실은 존재할 수 없다. 아실적 상황을 현대의 도시공간에 요구한다고 하면 일시적으로도 대립이나 분쟁을 정지하는 장소로서의 축제공간은 있을 수 없을지도 모른다.

(고으라 히사코 · 기타 미치히로 小浦久子 · 木多道宏)

아트리움

an atrium

아트리움의 원전은 로마시대의 주택에 둘러싸인 자연광이 있는 안마당에 있다. 19세기에 시작하는 유리와 철의 기술이 자연광을 뽑아 넣은 공적인 보행자공간의 내부공간화를 가능하게 하였으며, 특히 상업지에서는 안전하고 쾌적한 보행자공간인 아케이드가 많이 만들어졌다. 그 대표적인 것이 밀라노의 갤러리아이다.

20세기는 자동차의 시대이다. 미국에서 대도시의 가로공간은 자동차를 위한 길이 되었다. 보행자공간의 연속성이나 사람들이 자유롭게 모일 수 있는 광장공간을 민간시설의 일부를 공개공지로서 개방하거나 공공적인 실내공간을 창출하는 것으로 개선해 왔다. 그 중에서 유리에 덮인 대규모 아트리움만이 호텔과 같은 공공시설의 로비나 개방된 실내공간으로서 정비되었다.

현재 아트리움은 유리 등으로 덮인 대규모 공개형의 내부공간을 의미한다. 자연광을 도입한 공간 내부의 녹화를 실시하는 것으로, 옥내에 외부공간의 요소를 반입하는 것이나 일반도로의 내부공간화나 민간시설의 공개 등 밖과 안, 공적인 것과 사적인 것이 서로 바뀌는 중간적인 공간이 되는데, 새로운 도시공간으로서의 가능성이 인정된다.

내부에서 만나며 공공적 이용을 전제로 하고 있는 것이나 도시 이용자가 무목적으로 시간을 보내거나 약속을 하거나 잘 다루는 공간인 것 등 길이나 광장의 연장상에 자리매김되는 도시공간으로서의 의미가 발생하고 있다. (고우라 히사코 · 기타 미치히로 小浦久子 · 木多道宏)

그림 1 밀라노의 갤러리아

표 1 근대 · 현대에 있어서의 아트리움의 전개

역할 \ 형태	가로 · 통로	광장 형태: 개방형	광장 형태: 포위형	건물 전체가 아트리움	이형
기후의 제어	●파서쥬 ●갤러리아		●갤러리		
자연의 도입	IBM 가든 플라자	❷ 포드재단 빌딩			⓯ 센트 메리 아크스
기능의 전개 (오피스 · 상업 · 전시 · 공공시설 · 역)	일리노이주 센터 ❺	❹ 리젠시 하얏트 호텔 애틀랜타 ❸ ❶ 구겐하임미술관		의나니와 바다의 시공간 ⓫	❼ 갤러리 · 라파멧트 ⓰ 시애틀 중앙박물관 ⓭ 파리저 플라츠3 (DZ 뱅크빌딩)
지하공간과 지상의 연속	지구환경 전략 연구기관 ⓮	❽ 가나 리 워후역	❻ 루브르 미술관		
서스티너블 디자인		퀸 엘리자베스 2세 그레이트 코트(대형 박물관) ❿	❾ 라이히스타크(의사당)		
역사건축물의 재이용			⓬ 가소메타 아파트먼트(가스 탱크)		

설계자 / ❶ : F. L. 라이트, ❷ : K. 로치+J. 딘케르, ❸ : J. 포토 맨, ❹ : E. L 번즈, ❺ : H. 연사, ❻ : I. M. 페이, ❼⓰ : J.누벨, ❽❾❿⓯ : N.포스터, ⓫ : P. 앤드류, ⓬ : J. 누벨+C. 힘멜블라우, ⓭ : F. O. 게리, ⓮ : 닛켄 설계, ⓰ : OMA

아케이드

arcade

아케이드는 아치가 늘어서 있으며 지붕과 기둥 사이에 벽을 두지 않고 바람이 자유롭게 통하게 하는 공간 또는 상가 등의 보도 상부에 설치되는 차양, 비를 막는 덮개를 위한 노상시설이라고 하는 의미가 있다. 본 항에서는 도시에 있어서의 중간영역으로서의 공간이라고 하는 의미로 지붕을 포함한 보도를 다룬다.

아케이드란 물리적으로는 외부공간과 내부공간의 중간에 위치해 비바람 혹은 햇볕으로부터 보행자를 지키는 장치이다. 따라서 물리적인 조건에 의해서 대상이 되는 공간을 명확하게 추출할 수 있다. 그 형상은 건물의 1층 부분을 바람으로부터 해방시키거나 외벽으로부터 밖으로 지붕이 설치되고 있는 것이 있다.

이탈리아의 도시에서 볼 수 있는 포르티코(portico)는 전자의 예이다. 중국의 강남 지방에 보이는 수향 도시에서는 수로에 따라서 건물의 외벽으로부터 물러나 있는 돌출지붕이 놓여 있는 보도가 있는데, 이는 후자의 예이다.

이러한 공간에는 상점이 처마를 나란히 하여 카페의 테이블이나 의자가 줄지어 있는 경우도 있다. 그 곳은 도로의 일부로서의 보도와 각각의 건물의 입구, 앞마당으로서의 의미를 갖는 공간이기도 하다. 레스토랑에서 식사중인 사람의 바로 옆에서 빠른 걸음으로 빠져 나가는 통행인 등 서로 다른 행위를 공존시키고 있다. 즉, 통행이라고 하는 동적인 기능과 앉고 쉬는 등의 정적인 기능의 혼재를 허락하는 공간이기도 하다.

그리고 이러한 공간은 사람들의 휴식이나 쉬는 장소일 뿐만 아니라 거리풍경으로서 통일된 아름다운 도시경관을 만들어 내고 있는 것이다. (가네코 도모미 金子友美)

그림 1 포르티코가 늘어서는 거리풍경 (이탈리아)

그림 2 포르티코 내부의 카페(이탈리아)

그림 3 수로에 접하는 아케이드 공간 (중국 강남지방)

그림 4 수향 도시의 아케이드 내부 (중국 강남지방)

필로티

pilotis

필로티란 원래는 기초말뚝을 가리키지만 현재는 이 말뚝이 지상에 나오고 건물을 지탱하고 있는 건축물의 1층 부분의 명칭이 되고 있다. 건축물의 1층은 기둥만 있는 공간으로 하고 2층 이상에 방을 짓는 방식으로 외부에 열린 공간이 필로티이다.

이러한 형상을 가지는 건축물은 가까이에서 많이 볼 수 있다. 예를 들어, 외적으로부터 수확물을 지키기 위해 만들어진 고마루식 창고, 경사면이나 물가에 세우는 건축물, 또 고온 다습한 기후를 견디기 위한 가옥 등이다.

그러나 이것들은 형상으로서는 유사하지만 의식은 마루인 것이 많다. 한편, 필로티는 건물 하부의 공간을 가리킨다.

르 코르뷔지에가 '근대건축의 5원칙'의 하나로서 필로티를 채택한 것은 1920년대의 일이다. 그가 설계한 파리 교외의 사보아 저택은 이 '근대건축의 5원칙'이 가장 잘 반영되고 있다고 여겨진다. 여기서의 필로티는 차와 사람의 진입공간으로서 기능을 하며 외관의 디자인에 가벼움을 주고 있다. 20세기를 상징하는 재료인 콘크리트의 주량(柱梁)구조가 가능하게 된 공간으로서 이 건축의 필로티는 다각적으로 평가되고 있다.

이후, 필로티는 하나의 방법으로서 세계적으로 응용되어 왔다. 일본에서는 필로티에 의해 지상레벨로의 원폭 돔까지의 시각적 축선을 이은 히로시마 평화기념 자료관(단게 겐조)이나, 근래에는 숲이 있는 것 같이 기둥을 무리지어 세워 상징적 공간을 만든 오카야마 서 경찰서(이소자키 아라타) 등의 작품을 볼 수 있다. (가네코 도모미 金子友美)

그림 1 사보아 저택/르 코르뷔지에 (파리 교외)

그림 3 히로시마 평화기념 자료관/단게 겐조

그림 2 유니테 다비타시옹/르 코르뷔지에 (마르세유)

그림 4 오카야마 서 경찰서/이소자키 아라타

툇마루

engawa, veranda

툇마루는 일본건축의 내부공간과 외부공간의 사이에 있는, 넓게는 차양 아래에 있는 판자의 반 채나 한 채 정도의 폭의 공간이다. 바깥공간와의 관계로부터 건물의 바깥둘레를 둘러싸는 창호의 외측에 있는 것을 '바깥 마루', 창호의 안쪽에 있는 것을 '내연'이라고 부른다.

툇마루의 형식은 옛날에는 나라시대의 지상보다 마루를 높게 한 주거지에서 이미 본, 건물의 외부 주위를 둘러싸듯이 바깥 마루가 만들어지고 있었다. 수혈식 주거와 같은 고대의 일본의 주거에 대해서는 토방공간과 외부 주위를 둘러싸는 지면과 지붕이라고 하는 형식에서 외부와의 관계를 보지 못하고 고마루를 이용하게 된 주거형식에 의해서 툇마루는 발생했다고 말할 수 있다.

툇마루의 공간은 거기서 행해지는 행위에 의해서도 특징을 찾아낼 수 있다. 바깥 마루에서는 지금도 지방의 농가에서 행해지는 야채를 말리거나 차를 마시는 모습을 볼 수 있다. 여기에는 외부에서도 청결한 장소로서 받침대의 역할이나 구두를 벗지 않고 앉으며 외부의 거실로서의 역할을 간파할 수 있다.

내연에서는 오히려 내부공간의 연장으로서, 예를 들어 행사가 있을 때에는 내연까지 방석을 펼쳐 다다미 사이의 연장으로서 많은 사람을 수용하는 역할을 가진다. 또한, 바깥 마루와 내연의 어느 쪽이나 동선공간으로서의 역할도 있다.

이것들에는 바깥 마루로부터 내연으로 라는 형식의 변화가 공간의 사용법으로서보다 내부공간을 확장하려고 하는 변화가 되어 나타나고 있어, 툇마루라고 하는 경계공간을 통해 외부공간과 내부공간의 차이와 각각의 의미를 찾을 수 있다. (나스 기요시 那須 聖)

그림 1 내연(유우바리 녹명관, 홋카이도 유바리시)

그림 3 정원과 연결되는 바깥 마루 (난젠사만장, 교토시)

그림 2 외부에 나올 수 없는 바깥 마루 (난젠사 미카도, 교토시)

그림 4 거리풍경으로서 툇마루 공간 (가모가와의 마르, 교토시)

취락공간

settlement space

취락공간은 ① 독자적인 풍토, 역사, 풍속이 쌓이며 장소성을 띤, ② 거주자에게 공통적으로 인식되거나 거주자 스스로가 만들어 낸 공간이며, ③ 자연환경에 강하게 규정되어, ④ 생업과 생활의 영역적인 중합 아래에서, ⑤ 각 공간요소가 관련하면서, ⑥ 역사적 영속성과 사회적 공동성에 의한 공간 인식이 '사물을 형상화'한 공간으로 파악할 수 있다. 그것들을 규정하는 것은 거기에 전개되는 생활양식이지만 자연적, 경제적 조건에 가세하여 사회적 구성이나 종교적 측면에도 이것들이 잠재적으로 지지해 왔다.

건축 분야의 경우 ① 농촌계획으로서 취락 그 자체를 계획하기 위해 취락공간을 이해하려고 하는 입장, ② 도시계획으로서 취락공간을 현대적 자원으로서 적극적으로 평가하려고 하는 입장, ③ 건축가가 설계활동을 실시할 때의 이념 모델이나 디자인 모티프로서 취락공간에 주목하려는 입장이라는 3가지의 흐름으로 나눌 수 있다.

농촌계획에서는 취락사회가 이해하고 있는 환경 조립을 분명하게 하고, 그것을 활용하는 새로운 변동요소와 일체화하는 유연한 계획론의 구축이 바람직하다. 도시계획에 대해서는 '주체성', '장소성', ' 신자연성'의 모델로서 취락공간이 평가되고 있다. 주체에 대해서는 '주민참가', 장소성에 대해서는 공간의 '아이덴티티', 신자연성은 '환경공생'으로 마을 만들기의 키워드가 일반화되고 있다. 건축가에 있어서 취락공간을 다루는 이유는, 역사적 · 사회적인 영속성 안에서 물상화된 자연 발생적으로 생겨난 공간이 매력적으로 보이기 때문일 것이다.

(가마다 모토히로 鎌田元弘)

그림 1 집거취락(이바라키현 사구쿠라가와무라)

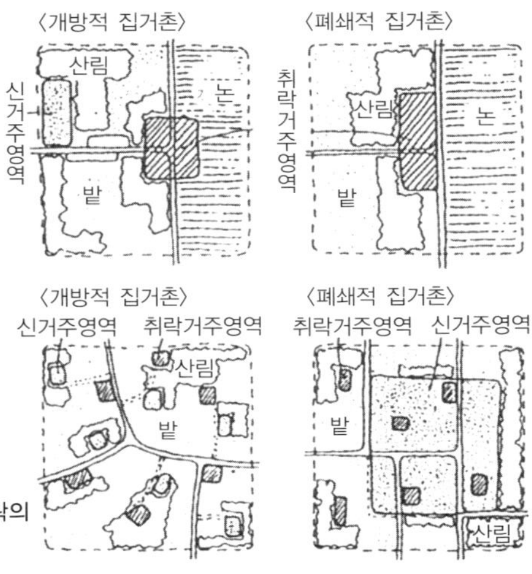

그림 2
혼주화 취락의
정비계획

전통적 공간

traditional space

여기에서는 일본의 전통공간으로 한정한다. 전통적 공간의 기본적 특성으로는 일원론적 공간인 것과 암시적 공간인 것 2가지로 집약된다. 어느 경우에서도 추상적인 공간이 아닌 현실적 · 감각적 공간이 중시된다는 점이 특징이다.

또한 일원론적 공간인 것에 관하여 다음과 같은 측면으로 설명할 수 있다.

① 주체와 대상의 일원화라고 하는 측면에서 전통적 화법이나 조원법(造園法)으로 볼 수 있는 시점을 자유롭게 옮기는 공간 표현, 대상을 합리적으로 구별하지 않는 애매한 공간의 존재, ② 인위와 자연의 일원화라고 하는 측면에서 마루나 툇마루 등의 친자연적 공간이나 곡선에서 볼 수 있는 자연적인 형태에의 애착, ③ 시간과 공간의 일원화라고 하는 측면에서 '정해진 리듬을 깨트림'에 의한 조화나 요소 상호의 관계를 보면서 서로 중심을 늦추어 종합하는 '천 · 지 · 인'의 수법 ④ 공간과 사람의 행동을 일원화라고 하는 측면에서 '활동공간', '보일 듯, 말 듯' 등이 있다.

암시적 공간으로는 안쪽에 숨긴 아름다움이 존중되는 공간(안쪽의 공간), 심벌(현상)의 산재로부터 속이 비어 있는 공간을 읽어내는 공간(사이의 공간), 공간이 신분 · 격식이라고 하는 지위의 관계를 상징적으로 나타내는 공간, 다실과 같이 극한까지 공간에 가지고 와 응축하여 표현한 공간 등이 그 예이다.

전통적 공간이라고 했을 경우 반드시 낡은 것뿐간 아니라 현대에 숨 쉬고 있는 전통적 공간에도 주목하여 그 성립의 조건을 아는 것, 특히 설계활동에 대해서는 전통적 공간으로부터 창조성에의 가능성을 찾아내는 것이 중요하겠다.

(가마다 모토히로 鎌田元弘)

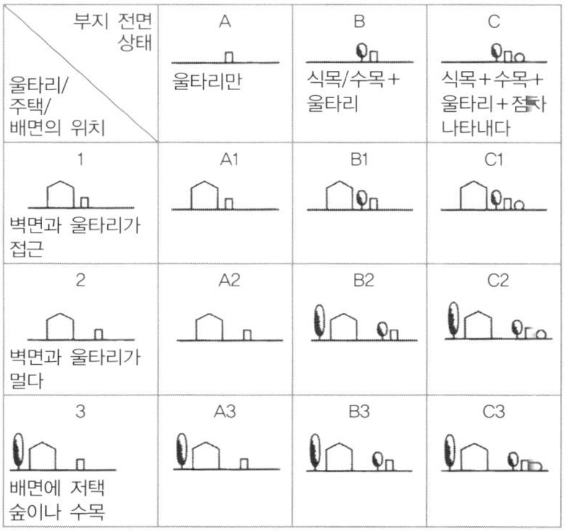

그림 1 취락의 표층공간

그림 2 노지공간

풍수

feng-shui

풍수는 중국의 태(泰)·한(漢)시대부터 전승되어 온 술수(術數)의 일파이다. 그 원리는 눈에 보이지 않는 자연의 '기운'을 가시적인 지상의 현상에 의해 판단하여 인간생활뿐만 아니라 죽은 자 혹은 신령하게 '기운'의 길함과 복의 영향을 미치도록 생활공간을 정돈하는 실천적 체계이다. 양계=생의 세계(도시·촌락·가옥), 음계=죽음의 세계(기지)라고 하는 음양의 세계관을 가진다.

풍수는 환경의 측정법과 조형을 위한 모델로, 환경평가로서의 지상이나 도시의 입지와 조형으로서의 가상(家相)73)이나 묘상(墓相)74)을 통합한 것이다.

길한 지대의 판단방법은 주로 산, 물, 방위의 세 요소이다. 토지·풍수 선생님 등이라고 칭해지는 풍수사에 의해 측정되며 신비한 힘으로 판단된다. 길지란 지세, 즉 땅의 기운에 의한 신비력을 판독할 수 있는 곳을 말한다. 그 적지에 있어 상징공간(도성·주거·기반)의 조형법을 결정할 수 있다. 구체적으로는 살아있는 기를 집중시키는 구멍(혈)의 앞의 공간(명당)을 조형공간으로 한다. 이념형(입지로서 선택된다)으로서의 '생기'라고 하는 인위(조형의 형식)로서의 '명당'으로 대응하고 있으며 신비한 힘을 얻은 조형공간이 상징공간이 된다.

중국에서 발생한 풍수는 한국, 일본, 동남아시아에 파급하고 있지만, 이러한 지역이나 문화를 넘은 조형공간의 유사성, 동일한 지역에 있어서의 도시로부터 가옥·묘지 등에 이르는 다양한 생활공간의 분류화, 체계화의 이면에는 중국으로부터 풍수 전파에 의한 것이 많이 있다. 풍수가 주는 본질적인 의의는 과학적·보편적인 것에서 답을 얻는 것이 아닌 '경험적·개별적인 체계'를 찾는다는 것에 있다.

(가마다 모토히로 鎌田元弘)

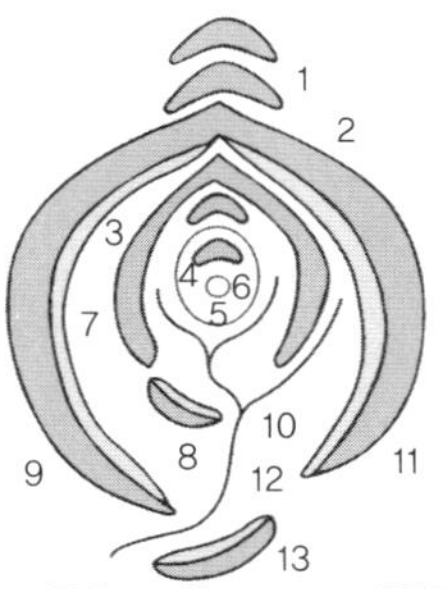

1. 조종산 6. 혈 10. 내청룡
2. 주산 7. 안백호 11. 외청룡
3. 8수 8. 안산 12. 외수구
4. 용뇌 9. 외백호 13. 아사야마
5. 명당

그림 1 이상적 풍수도

그림 2
풍수의 영향을 받는
오키나와의 민가
(촬영 : 사카모토 쥰지)

그림 3
풍수의 영향을 받는
오키나와의 묘지
(촬영 : 사카모토 쥰지)

73) 집의 구조·위치·방향 등의 길흉.

74) 사람의 운세에 영향을 미친다는 묘지 쓰는 법이나 방각(方角)의 특색.

가상(家相)

physiognomy of a house

가상이란 집의 배치와 방위와의 관계, 부지의 방위, 집의 형태 등에 대해서 음양오행설에 근거하여 길흉을 읽는 것이다. 거기서 읽혀지는 길흉은 집의 형태에 관한 것뿐만 아니라 거주자의 길흉도 포함된다. 음양오행에 근거한다는 점에서 풍수와 공통되지만, 풍수가 토지의 상을 읽는다는 점에서 오히려 지리 학문적인 측면을 가진다고 한다면 가상은 고정된 방위관을 기초로 자체의 구성에 대해 읽혀지는 보다 건축 학문적 측면을 갖고 있다. 예를 들어, 귀문(鬼門)[75]의 방위에 화장실이나 부엌이 있는 것이 흉으로 여겨지듯이 특정의 방위가 흉으로 여겨진다. 가상이라는 것은 점(占)과 같은 측면이 있지만 관상학 전반을 말할 수 있는 것으로, 경험적인 법칙을 기초로 사례를 정리하여 미래의 일을 예견한다고 하는 점에서 현대에 있어서 통계 데이터를 이용한 장래 예측과 같은 것이라고도 할 수 있다.

세이케 기요시(清家清)는 '가상의 과학'에서 가상을 과학적인 시점에서 재검토한다고 하는 시도를 실시하여 '환경', '부지', '배치', '구조', '재료', '설비'의 6항목에 걸쳐서 모두 100개의 지견을 정리하였다. 거기에는 길흉에 의해서 기술되는 가상을 건축학의 언어로 옮겨놓아 기본적인 건축의 지견으로서 가상을 해석하고 있다.

예를 들어, '남쪽으로 빈터가 있는 부지는 길'은 일조나 통풍, 경관계획 시에 반드시 배려되어야 하고, '도코노마(床の間)[76]는 서쪽과 북쪽의 사이에 만드는 것이 길함'은 길한 방향으로서의 북서쪽과 일조가 없어 열손실을 방지하기 위한 벽이 많은 장소로서 도코노마가 생긴다는 것처럼 합리성도 찾아낼 수 있다.

(나스 기요시 那須 聖)

그림 1 세이케 기요시 '가상의 과학'을 참고한 가상의 픽트그램 (삿포로 시립 고등전문학교 전공과/주거형태 특론 작품 발췌/지도 : 야시로 가즈히코 조교수, 제작 : 스즈키 치호)

75) ① 방위(方位)의 하나. 동북쪽(東北-). 곧 간(艮) ② 음양설(陰陽說)에서 여러 귀신(鬼神)이 출입(出入)하는 곳 ③ 사람이 길을 떠나거나 집 따위를 고치는 경우(境遇) 싫어하는 방향(方向) ④ 죽어서 저승으로 들어가는 문

76) 일본건축에서, 객실인 다다미방의 정면에 바닥을 한 층 높여 만들어 놓은 곳. 벽에는 족자를 걸고 바닥에 도자기·꽃병 등을 장식해 두는 곳

지니어스 로사이

genius loci

지니어스 로사이는 고대 로마의 개념이다. 고대 로마인은 이 세상에 존재하는 모든 것이 수호영혼을 갖으며 그것들은 사람의 장소에 생명력을 부여하여 그 성격 혹은 본질을 결정한다고 생각하였다. C. N. 슐츠의 '지니어스 로사이'에 의하면, '고대부터 지니어스 로사이 혹은 『장소의 영혼』은 인간이 직면하는 일상생활에 있어 타협하지 않으면 안 되는 구체적인 현실로서 인지되어 왔다'.

또한, 동양의 범신론(애니미즘)에서는 사물에는 영혼(아니마)이 편재하며 제현상은 그 움직임에 의한다고 믿었다. 지령은 토지의 아니마(anima−영혼, 정신)이다.

현대의 지진제(地鎮祭)[77]는 형태만을 갖추고 있지만 이전에는 지령을 진정시켜 재앙을 막기 위한 실제적인 의식이었다. 그 만큼 장소의 영혼과 관계를 존중할 수 있었던 것이다.

그러나 근대적인 합리주의의 정신은 장소의 영혼을 가볍게 생각하고 유린하는 일도 쉽게 생각한다.

반대로 계획, 건축함으로써 지니어스 로사이를 떠오르게 하는 경우도 있다. C. 무어의 '시런치(sea launch)'는 해안의 고지대에 있으며 그 장소의 일부인 것 같이 만들어지고 있다. 또한, 루이스 칸의 '소크 연구소'의 태평양의 열린 마당은 지형이 가지고 있는 특색을 살려 극적인 공간으로 만들어 내고 있다.

이러한 예는 어떠한 의미로서 지니어스 로사이와 관련하고 있다.

슐츠는 이렇게도 말한다. "건축을 한다는 것은 지니어스 로사이를 시각화하는 것이다"

(다카기 기요에 高木清江)

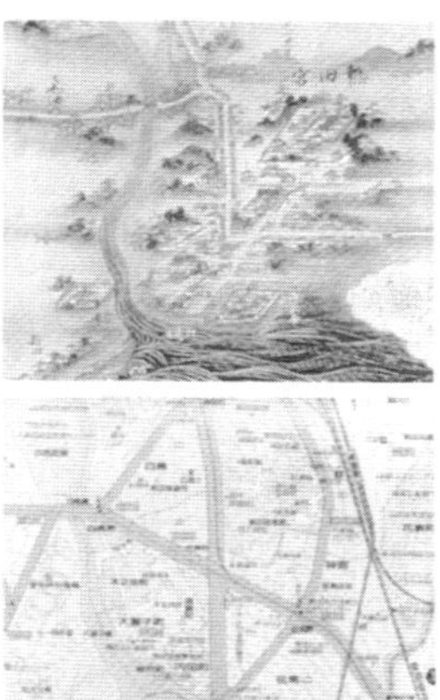

그림 1 아쓰타 신궁 참배길(위), 없어진 오모테산도(아래)

에도시대, 미야노 나룻터로부터 아쓰타 신궁까지 오모테산도에서 연결되는 활기찬 지방 풍습이었다(위 그림). 전쟁 전에는 지형을 세우고 있었지만 현재에는 대간선 도로망에 의해 참배길이 없어졌다(아래 그림). 유명한 전후(戰後) 나고야의 근대적 도시계획의 결과이다. 이 땅의 지니어스는 공간을 헤매고 있을 것임에 틀림없다.

그림 2 소크 연구소의 마당(촬영 : 세오)

77) 토목 공사를 할 때에 지신(地神)에게 지내는 제사. 건물의 안전을 비는 뜻으로 터를 닦기 전에 지낸다.

지리 학문적 공간

geographical space

지리학 용어로서의 공간은 지표면의 일부를 말하고, 3차원 공간을 지리적 요소가 분포하는 2차원적으로 확대, 이동하여 사용하는 것을 말한다.

일반적으로 지대, 지방, 지역, 지구, 영역 등으로 불린다. 지리학은 토지공간을 생활의 장소로서 자연, 인문 등 여러 사상의 공간배치에 주목하여 연구하는 학문 분야이며, 통계지리학 또는 일반지리학과 지역지리학 또는 지지학(地誌學)으로 대별되며, 통계지리학은 자연지리학과 인문지리학으로 나눌 수 있다.

추상화된 광역적인 공간과 특정화된 구체적인 공간을 대상으로 하는 방법론에 있어서 건축 분야와 공통점이 많다. 최근에는 공중사진이나 원격탐사에 근거하는 화상처리, 지역 메시 데이터의 해석 등 지리학의 연구에도 계량적 수법이 도입되어 경량지리학으로서 발달되어 왔다.

지리학과 건축학도 공간의 인과관계(因果關係)[78]나 공간적 패턴을 가르쳐 주는 공간의 과학이다. 다만, 지리는 2차원적인 공간의 확대 안으로 기술되고, 건축은 2차원적 표현을 도구로서 이용하면서 3차원적 공간에 관하여 주체나 미래에 대한 관심을 유지하면서 기술한다고 하는 차이가 있다. 그러나 지도나 설계도라고 하는 2차원적 표현으로부터 3차원 공간을 읽어 낸다고 하는 의미에 대해서도 건축과 지리는 지극히 유사성이 있다.

또한, 지역계획의 분야에 있어서 지리 학문적 공간을 입지공간으로서 파악하고 있어 토지이용이나 토지소유의 분포, 가옥의 분포, 도로망, 경관 등의 기초적 조사에 대해서도 지리학의 직접적인 기법에 따르는 곳이 많다. (가마다 모토히로 鎌田元弘)

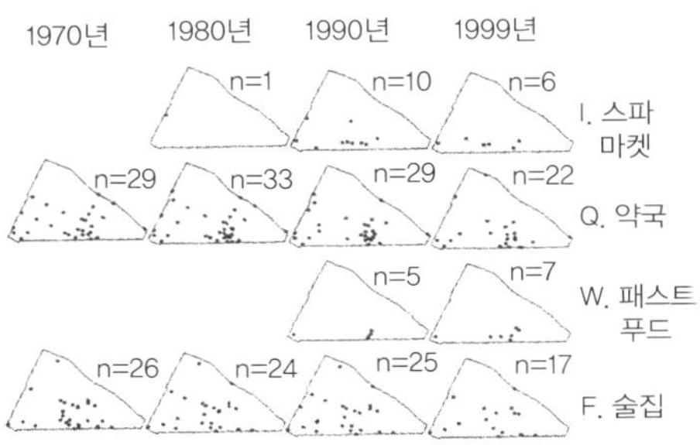

그림 1 업종별 시점별 시설 분포

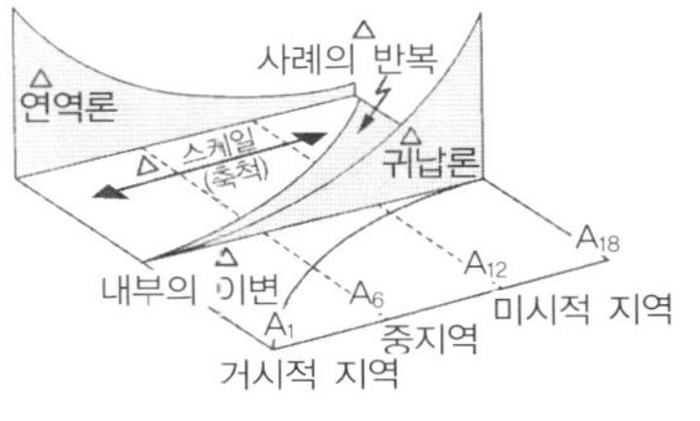

그림 2 지역 스케일의 의미와 방법론

78) 한 현상은 다른 현상의 원인이 되고, 그 다른 현상은 먼저의 현상의 결과가 되는 관계.

지명

toponomy

지명은 어느 특정의 토지에 붙일 수 있었던 고유의 이름이다. 옛날 사람들은 지형, 동식물 등과 교류하면서 위험을 피할 수 있도록 하였고 생활을 풍부하게 하기 위해서 지명을 붙여 왔다. 그러한 인간의 일이 자연과 관계가 생김으로써 지명이 풍부해지고 변별화가 필요한 것부터 고유 명사화하여 공유되어 왔다. 일반적으로 지명 연구로 취급하는 지명이란 공식 지명만을 말하는 것이 아니라 공적인 자료에는 나오지 않으나 지역주민의 일반적인 약속과 의식에 포함되는 전승적인 것도 포함된다. 지명은 자연지명과 인문지명으로 나눌 수 있다. 자연지명은 지형 · 지질 등 자연의 형상이나 동 · 식물의 생식이나 분포에 관련되는 지명이다. 또한, 자연재해가 일어나기 쉬운 장소에서는 재해지명이라고 하는 것도 있다. 인문지명은 인간이 다방면으로 다양한 활동에 직접 관련되어 명명된 지명으로 개척, 산업, 직업, 삭제, 시가구획, 시장, 교통, 성씨, 건물, 설화, 문예, 민족, 신앙 등 다양한 것이 있다.

지명의 주된 연구의 대상으로 지명의 발생, 기원, 지명의 변천, 향토사나 생활의 여러 가지 모습이라고 하는 측면으로 나눌 수 있다.

공간형성의 분야에 있어도 지명의 분석에 의한 주민의 공간인식, 생활구조, 공간구성 원리 등의 연구가 있다.

건축 분야에서 지명이 다루어지는 경우, 좁은 공간의 범위에서 사용되어 온 지명을 '공간언어'나 '생활지명'이라고 규정하고, 일상적 생활의 확대 가운데서 파악하여 남겨진 지명으로부터 지역의 원경관이나 토지 이용, 토지의 의식구조 등을 유추하여 재현한다고 하는 방법을 취하는 것이 많다.

(가마다 모토히로 鎌田元弘)

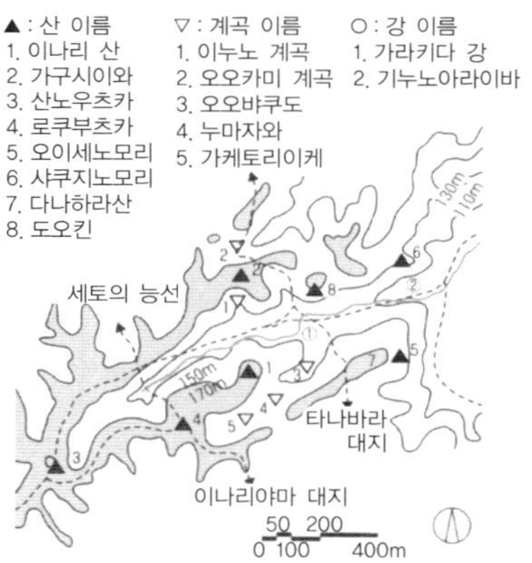

그림 1 자연경치의 언어 무리의 분포

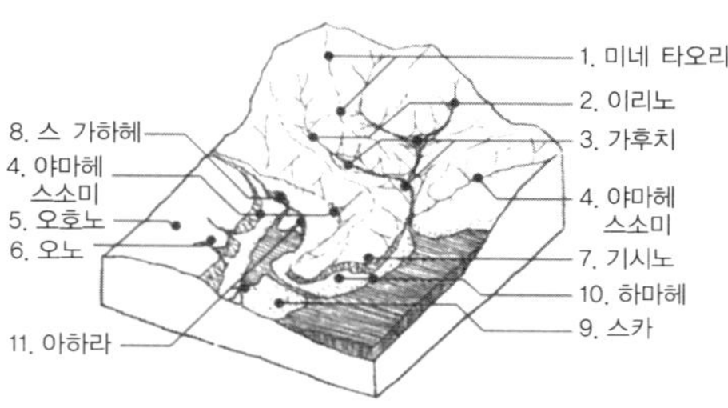

그림 2 상대어에 의한 지형의 명명

지형

topography

지형은 파악되는 규모의 크기에 의해 인식되는 내용이 크게 다르며, 일반적으로 지형의 규모에 의해 대·중·소·작은 지형으로 나누어 인식되고 있다. 건축이나 토목, 조원[79]이라고 하는 공간형성에 관련되는 분야에 있어 대상이 되는 것은 거의 소지형이나 작은 지형이다.

공간연구로서의 지형 연구의 방법론으로는, ① 관찰이나 지도, 사진으로부터의 판독에 의한 지형의 분류와 지명과의 대응관계로부터 지형의 유형을 얻는다. ② 지형 유형의 타당성은 거주자의 공간 이용이나 공간의 의식(모두 역사적인 것도 포함한다)으로부터 검증한다. ③ 그것들로부터 공간형성의 이미지를 구축한다. 라고 하는 프로세스를 취하는 것이 많다.

풍경이나 경관에 관련해서 복잡하게 얽힌 계단식 지형, 충적저지(沖積低地)[80]와 섬 형상의 언덕, 대지의 상하 비탈 등 골격으로서의 지형이나 그 진단이 중요한 요소가 되고 있다. 취락과 관련해서 보면 대부분 집주형식과 지형과의 관계 및 취락공간 구성과 지형 선정과의 관계가 주제이다. 거주지로서의 지형은 그 자리의 자연 입지적인 거주성이라고 하는 면에서만 평가되는 것이 아니라 공간의 인지적인 측면도 더해지는 것이다.

근대화에 따라 토지의 효율적 이용을 위해서 평균적으로 조성하려는 노력이 이루어져 왔다. 그 결과 지형의 변화가 배제된 균질적인 공간이 남발되었다.

이와 같은 문제점에 대한 반성으로서 지형이 보이는 도시공간이 다시 생겨났으며, 건물에 지형을 맞추는 발상으로부터 지형에 건물을 맞추는 발상의 전환이 이루어지게 되었다.

구체적인 예로서 경사면 녹지의 보전, 원형을 존중한 토지조성, 지형을 두드러지게 하는 건물의 디자인 등을 들 수 있다. (가마다 모토히로 鎌田元弘)

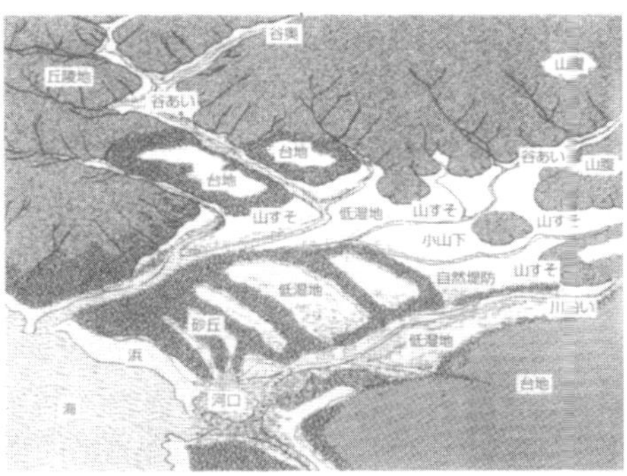

그림 1 마을 입지의 여러 가지

그림 2 지형 변화가 있는 공원(우상)
그림 3 건물과 지형(우하)

79) 造園=landscape. 정원이나 공원의 설계, 시공, 관리, 또는 토지개발 등에서 아름다운 경관을 만들기 위한 일련의 행위.
80) 흙과 모래가 흐르는 물에 운반되어 쌓인 지대가 낮은 땅.

지역성

regional characteristics

지세나 기후, 동 · 식물, 그리고 건물과 문화의 상대가 만들어 내는 지역의 개성이 지역성이다.

다음은 지역성을 결정하는 요소이다. (1) 지세 : 산이나 언덕에 비의 흐름으로 생겨난 골짜기 등에 의해서 지형의 특색이 있는 지역을 만든다. (2) 기후 : 추운 겨울과 더운 여름을 가지는 지역에는 집의 방향이 남쪽을 향하게 하는 경우가 많다. 습도가 높은 곳에서는 통풍이 잘 되는 것이 중요하지만 건조지에서는 동굴과 같은 습지가 쾌적하게 느껴진다. (3) 지역의 독특한 생태 (4) 역사적 건물과 거리 (5) 개성적인 문화.

필리핀의 파라원 섬의 바란가이 해변가는 취락의 미기후(微氣候)[81]를 살린 해상취락이다. 북위 10°로 적도에 가까우며 연중 28℃의 평균기온으로 평균습도는 80%이지만 해상이 해변 육상보다 2℃ 정도 낮다. 바람의 길을 살린 이 취락의 기후는 매우 쾌적하다. 비가 내리는 계절의 남서쪽 바람과 비가 내리지 않는 계절의 북동쪽에서 불어오는 바람은 건물과 데크의 배치에 의해서 활용되고 있다.

그리스의 미코노스 섬의 만곡한 해변을 따라 세운 2층의 건물이나 집들은 겨울의 바람을 잘 차단한다. 여름의 낮에는 습도가 낮아서 외부공간이 쾌적하게 느껴진다. 다리를 물에 담그고 식사를 즐길 수 있는 만큼 바다에 가까운 아레프칸드라(Alefkandra)의 식사공간은 극히 작은 조위(潮位)[82] 차이를 이용하고 있으며 해수에서 항상 가깝다. 해변에 세워진 5개의 날개 풍차는 연중 같은 북동의 방향에서 부는 지중해의 바람을 살리고 있다. (스즈키 노부히로 鈴木信宏)

그림 1 필리핀 파라원 섬. 바람을 이용한 해상취락(좌). 통로와 테라스 틈새가 바람길이 된다(우)

그림 2 그리스 미코노스 섬의 바다에 가까운 식사공간

그림 3 이탈리아 아르베로벳로. 지붕과 처마 끝의 빗물을 창고에서 모아 퍼 올려 사용

81) 지면에 접한 대기층의 기후. 보통 지면에서 1.5미터 높이 정도까지를 그 대상으로 하며, 농작물의 생장과 밀접한 관계가 있다.

82) 조수의 흐름에 따라 변화하는 해면(海面)의 높이.

풍경론

theory on scenery

인간의 환경에 대한 관심은 자연의 모습이나 리듬을 이해하려고 하는 충동에서 발생하였으며, 풍수사상을 시작으로 하는 다양한 인류의 지혜로 축적되어 왔다. 문명이 한층 더 진행되면서 환경에 대한 문화적 태도로서 풍경 감상이 성립되어 왔다.

자연이나 인조물의 일부가 풍경이 되며 사람은 이것을 주로 미적 감성에 의해서 평가하게 된다. 그 결과 풍경은 회화나 문학, 음악 등의 예술에 승화하는 것과 동시에 생활의 윤택함을 주는 것으로서 일상생활에도 받아들여졌다. 일본에서는 산수화나 강호시대의 풍속화, 와카나 하이쿠[83], 다도나 정원, 꽃꽂이나 분재 등에서 풍경 감상적 태도의 영향이 절대적이다.

일본에서 최초의 근대적 풍경론이라고 하는 '일본풍 케이론'(1894)의 시가시 게타카는 일본풍경의 특색을 이루는 성립 요인으로서 기후, 해류, 수증기, 화산암의 다양성, 유수 침식의 격렬함이라는 5가지를 추출하였다.

'일본풍경미론'(1943)의 우에하라 게이지는 경관을 시점, 시계야, 방위, 주경, 거리라는 5가지 항목으로 분류하였으며, 전망 경관에 있어서의 인간과 대상의 관계 구성요인이라고 하였다.

고바야시 도루는 '변화의 풍경론'(1993)에서 재차 풍경을 인간 감성의 측면에 있는 것으로서 파악하였으며 오감에 의한 풍경의 의식화, 시각적인 풍경의 변화가 가져오는 미묘한 인식 등에 대해서 논하였다. 이렇게 하여 최근의 풍경론은 한때 주류인 근대 특유의 대상의 관심으로부터 주체인 인간에게의 관심으로 돌아가고 있다. (도이 히로시 土肥博至)

그림 1 강호시대의 풍속화 풍경(좌 : 히로시게, 우 : 호쿠사이(도쿄 국립박물관 소장)

83) 일본 시의 형식

심상풍경

mental scenery

사람들은 현실의 공간 안에서 행동하고 다양한 풍경을 지각, 인지한다.

인지된 풍경은 기억으로서 정착하거나 잊어버리기도 한다. 기억된 풍경은 마음 속에서 양성되어 심상풍경이 된다. 심상풍경은 시각, 청각, 후각, 미각, 촉각 등의 감각의 기능에 의해 형성된 이미지 중 시각적 이미지이다.

처음에는 막연하게 하나의 이미지일수도 있겠지만 각각의 요소가 관계성을 가지고 상을 형성하게 되면 심상풍경이 된다. 심상풍경은 인간이 의미나 가치가 있는 풍경으로서 공간을 파악하기 위해 마음 속에 재구성한 것이라고 할 수 있다.

공간을 대상물과 인간과의 상호작용에 의해서 생겨나는 것이라고 한다면 심상풍경은 인간의 의지를 가지고 공간에 제시하는 능동적 시각과 공간이 인간에게 제시하는 수동적 시각에 의해서 초래되는 것으로 분류된다.

심상풍경은 기본적으로 심상위치(풍경 중(안)에서의 자신의 위치)와 심상방향(풍경의 시각방향)에 있어 장면적 성질을 갖고 있다. 그러나 심상위치와 심상방향이 확실하지 않은 공간적이거나 또는 장소적인 확대로서의 심상풍경도 있다.

대개의 인간에 의해서 공유되는 심상풍경이라고 하는 관점에서 누구나가 같은 방향의 풍경을 떠올리는 매우 장면성이 강한 심상풍경이 있는가 하면, 서로 일정한 방향을 갖고 있지 않은 장소성이 강한 심상풍경(심상풍경의 다방향성)도 있다. (마츠모토 나오시 松本直司)

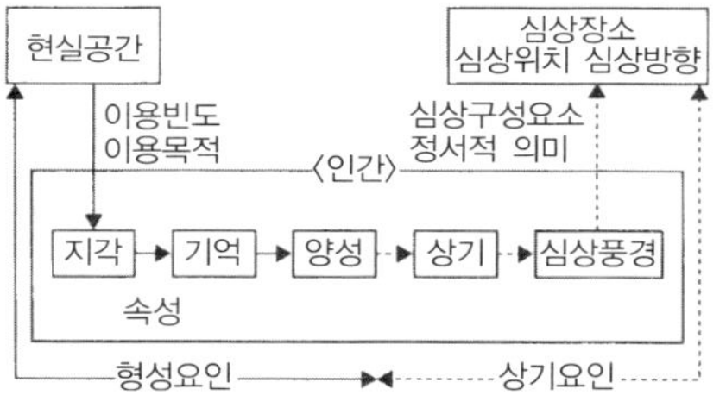

그림 1 심상풍경의 형성 · 상기 요인

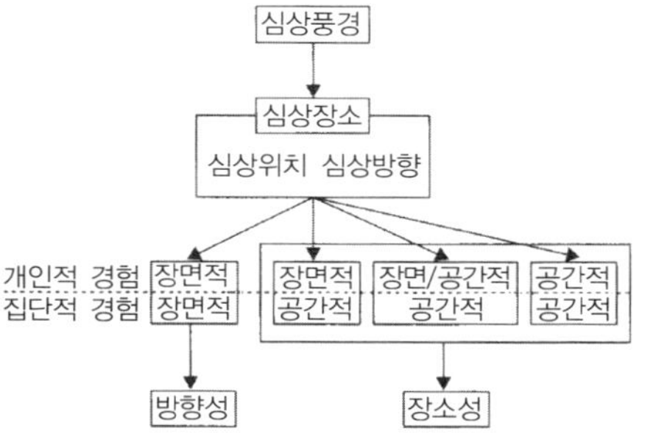

그림 2 심상풍경의 방향성과 장소성

원풍경

primary psycho-scene

우리는 처음으로 방문한 장소나 TV에 비추어진 풍경에 대해서 왠지 모르게 그리움이나 안도감을 느끼거나 위화감이나 혐오감을 느끼는 일이 있다.

이러한 감정에는 다양한 사회적, 개인적 요인이 관계하고 있으며 그 중 하나는 사람이 유년기에 체험한 정경이 있다고 한다. 어릴 때 반복적인 체험에 의해서 그 사람의 잠재적인 이미지로서 형성되어 그 후에 어떤 장면에서 다시 회생되어 판단이나 평가의 한 요인이 되는 정경을 원풍경이라고 한다.

원풍경은 본래 개인적인 것으로 해변의 마을, 대도시의 맨션, 한가한 농촌, 눈이 쌓인 산간지방 등 각각의 환경의 차이가 그 사람 독자적인 원풍경을 만든다고 생각할 수 있다. 그러나 유사한 원풍경을 가지는 집단에서 상정할 수도 있다. 녹색의 산맥이나 맑고 깨끗한 강, 거기에 퍼지는 논의 풍경이 일본인의 원풍경으로서 말해지는 것도 그 일례이다.

원풍경을 회상하는 시도는 많이 행해지고 있지만 사와다 유키에와 도이 히로시지(1995)는 60명의 성인 남녀를 대상으로 원풍경의 이미지 스케치를 글로 쓴 결과를 분석하여 그림 1에 나타내는 4개의 타입으로 분류하였다. 3개는 일상의 생활 안의 정경이고 1개만이 일상에 떨어져 있을 때의 놀라움을 수반하는 체험에 근거한 것이었다.

또 타입을 분류하는 요인에는 성장환경 이외에 행동체험이나 정서적 의미 등이 관계하고 있으며, 또한 타입에 의해서 장래의 거주지 선턱에 차이가 있는 것도 분명해졌다.

(도이 히로시 土肥博至)

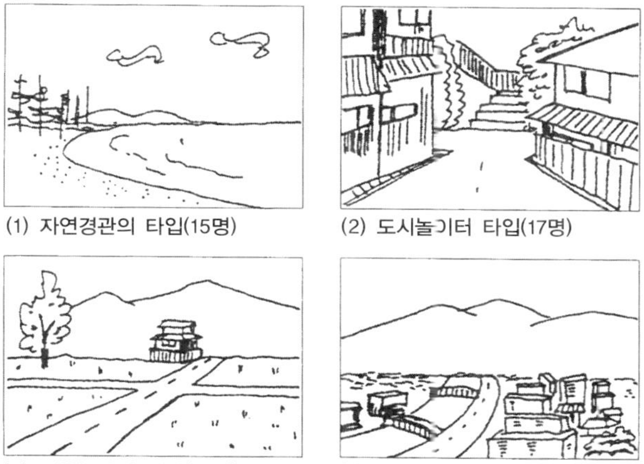

(1) 자연경관의 타입(15명)
(2) 도시놀이터 타입(17명)
(3) 전원놀이터 타입(19명)
(4) 거주지 조감 타입(12명)

그림 1 원풍경의 타입

경관론

theory on landscape

경관이라는 말은 건축이나 도시계획의 분야와 지리학, 생태학의 분야와는 다른 의미로 사용된다. 전자에서는 형태적 특색이나 미적 가치에 대한 시각적인 차원을 나타내는 것이라면, 후자에서는 조화를 이룬 생활공간과 같은 지역적 생태적 질서 개념으로서 이용된다. 여기에서는 전자의 용법으로 한정하여 말한다.

1959년에 나온 F. 기바드의 '타운 디자인'이나 G. 카렌의 '도시의 경관' 등의 논의를 통해 도시경관의 개념이 명확하게 되면서 경관이라는 것은 계획이나 디자인의 대상이 되었다. 아시하라 요시노부는 '외부공간의 구성'(1962)에서 시가지의 건축과 공간의 질서, 조화에 대해 논하면서 PN-스페이스, D/H 등의 기본 지표를 나타냈으며, 도시경관의 구성원리에 접근하였다.

한편, 자연적 경관으로 주목받은 것은 히구치 다다히코(樋口忠彦)의 '경관의 구조'(1975)이다. 히구치는 주체와 대상의 관계인 경관을 관계성립의 요소와 성립한 결과로서의 경관유형이라고 하는 2개의 각도로 기술하였으며, 경관연구의 테두리를 제시했다는 것에서 의의가 크다.

시노하라 오사무(篠原修)는 '경관의 디자인에 관한 기초적 연구'(1980)에서 히구치의 이론을 기본으로 인공적인 요소를 포함한 대상과 주체의 관계를 그림 1의 경관파악 모델로 나타내 보였다. 또한, 분석지표의 명확화, 계획의 책정에 대한 프로세스의 제시 등을 통하여 경관연구를 계획 방법론의 방향으로 크게 진행하였다.

A. 베루크는 '일본의 풍경, 서구의 경관'(1990)에서 근대가 낳은 경관론을 비판하며 새로운 조경의 필요성을 논하였다. (도이 히로시 土肥博至)

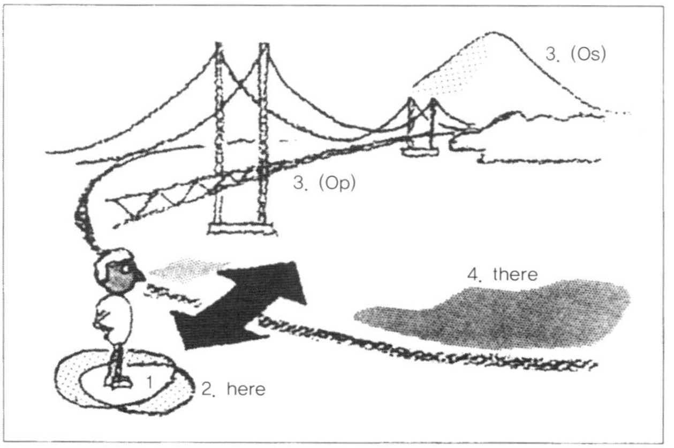

경관 구성요소
1. 시점 V
2. 시점장소 LSH
3. 주대상
(주대상 OP
부대상 OS)
4. 대상장소 LST

요소의 관계성
1. V-LSH
2. V-O
3. V-LST
4. LSH-O
5. LSH-LST
6. O-LSt
7. OP-OS

그림 1 경관파악 모델

경관구조

structure of landscape

경관구조란 경관의 대상이 되는 공간적 환경이 가지고 있는 구조적 특색을 가리킨다. 공간적 환경은 다양한 요소의 집합으로부터 완성되어 있지만, 그러한 요소 안에서 다른 요소와 관계 지어 공간에 서열이나 방향성을 주는 요소가 구조적 요소이다.

구조적 요소가 많은 경우 주위로부터 두드러지거나 연속적이고 선적인 형상을 하게 된다. 이러한 요소를 추출하고 요소들에 의해서 대상이 되는 경관의 특성을 표현하는 것이 많다.

그 이유는 구조적이지 않은 공간요소가 주체(인간)와의 관계에서 개별성이 강한 것에 비해 구조적 요소는 많은 사람들에게 공통의 의미를 가져오기 때문이다.

경관의 구조 특히, 자연적 경관에 있어서 결정적으로 중요한 요소는 지형이다. 산맥, 분지, 계곡, 고원, 해안선 등 경관을 구조화할 가능성이 큰 요소는 거의 지형 혹은 지형과 지질, 기상, 식생 등의 자연적 요소의 편성결과가 나타난 것이라고 할 수 있다.

도시경관의 경우 지형의 영향이 약간 감소하지만 도시의 전체 경관을 취급하는 등 여전히 중요한 요소이다. 그러나 상가나 캠퍼스와 같은 작은 범위의 경관에 대해서는 건축물이나 오픈페이스 등 지형 이외의 요소에 중요성이 더해진다.

그림 1은 아이슬란드 북부의 비크마을의 풍경이다. 엄격한 자연조건 중에서 목축을 영위하는 생활이 만들어 낸 아름다운 경관과 명쾌한 구조를 볼 수 있다. (도이 히로시 土肥博至)

그림 1 지형과 목축이 만들어 내는 경관구조(아이슬란드 비크마을)

17

경관평가

evaluation of landscape

경관평가에는 다양한 방법이 있다. 훌륭한 풍경을 감상하고 거기서 받은 감동이나 인상을 문장이나 스케치로 그리는 것 또한 어떤 의미로는 경관평가이다.

그러나 경관의 보전이나 정비계획의 필요성이 높아지고 있는 현재에서 이러한 주관적, 정서적인 기술만으로는 불충분하며 보다 객관적인 계획을 세워 현재의 문제에 연결시킬 수 있는 평가가 요구된다. 구체적인 평가방법은 목적에 따라서 다르지만 대략 다음과 같은 과정을 밟아 진행된다.

(1) 평가대상이 되는 지역의 물리적 · 공간적 특성을 객관적으로 기록한다.

(2) 그 결과를 종류별, 구역별 등으로 분류 정리하여 경관을 구성하고 있는 주요한 구조, 요소 등을 추출한다.

(3) 이 단계에서 조사자 또는 계획자가 각 구조, 요소에 대하여 가치판단(평가)을 하는 것이 많지만, 지역주민이나 일반의 피험자에 의한 인상평가를 실시하는 경우도 있다.

그림 1은 미토시(水戸市)의 도시경관 기본계획 작성의 과정에서 행해진 경관평가 결과의 일면을 나타낸 것이다. 우선 지형 · 수계 · 녹지 · 전망 등을 포함한 자연경관, 성지 · 사찰 · 가도 등을 포함한 역사경관, 철도 · 도로를 중심으로 하는 이동경관, 취락 · 시가지 · 핵심시설을 포함한 사회경관의 각 측면으로부터 경관요소나 구조로 보이는 경관특성을 파악하였다. 다음에 각 요소나 특성에 대해 계획자가 평가를 실시하고 경관단위나 경관타입을 추출하며, 마지막으로 지역 전체의 경관구성을 파악한다고 하는 프로세스를 채용하고 있다.

(도이 히로시 土肥博至)

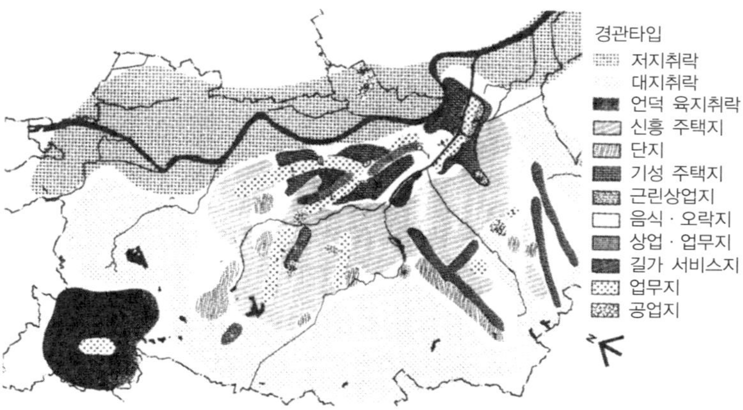

그림 1 미토시의 경관특성

풍경디자인

landscape design

풍경디자인은 주택의 작은 뜰로부터 건축을 둘러싸는 외부구조 부분, 공원이나 녹지, 건축군을 배치한 캠퍼스 등의 부지를 이용하거나, 더 나아가 지역 전역의 토지 이용까지의 스케일로서 광범위하게 걸쳐진 디자인을 취급한다. 건축과의 차이에서 그 특징을 볼 수 있다.

주로 수평인 마루를 취급하는 건축과 달리 흙이나 성토에 의해서 토지의 구배를 만들어 낸다. 더욱이 일조의 상태, 기온의 변화, 빗물의 흐름, 토질 등을 고려하고 바닥 마무리 소재나 지표를 감싸는 식물, 수목, 물의 흐름이나 고임을 계획하게 된다.

기후나 토양을 읽어낼 뿐만 아니라 유지관리를 포함한 계획을 하지 않으면 빠른 시간 안에 다시 황폐해져 버린다.

물이나 식물을 취급하는 것은 시원함이나 따뜻함을 만들어 내기 위한 이유이기도 하다.

여러 가지 용도가 서로 겹치고 있는 건축에 비하면 오로지 휴식을 위한 장소를 만드는 것이 목적이 되기도 한다.

아트로서의 표현을 요구할 수 있기도 하고 생태계를 고려한 디자인을 목표로 하기도 하며 폭넓은 지식과 경험이 요구된다.

건축물의 배치, 형태, 색채 등의 규정을 만들어 장기간에 걸치는 변화의 프로세스를 디자인하기도 하며 도시계획이나 도시디자인에 근원인 부분도 있다.

풍경디자인은 다양한 스케일의 변화가 용이한 대상을 해결하기 위해 어느 곳이든 성립되는 디자인이라고 하는 발상이 좀처럼 통용되지 않는다. (히이로 다라오 日色真帆)

그림 1 빌딩군을 묶는 긴 광장
(시나가와 센추럴 가든)

그림 2 풍경과 일체화한 미술관(우상)
(루이지애나 미술관/욘 보우)
그림 3 아트와 융합한 대공원(우하)
(모에레누마 공원/이사무 노구치, 아키텍트파이브)

17

풍경 · 경관

사운드스케이프[84)]

soundscape

사운드스케이프는 소리의 환경 혹은 소리의 풍경이라고 하는 개념이며, 1970년대 초에 캐나다의 작곡가이며 사상자이기도 한 M. 머레이 쉐이퍼에 의해서 제창된 키워드이다. 자연계의 소리로부터 도시의 떠들썩함, 음악을 포함하여 소음까지 전체적으로 파악하여 그것을 풍경과 같이 생각하고 하나의 문화라고 하는 관점을 높이는 것이다.

쉐이퍼는 아울러 사운드스케이프 디자인이라고 하는 생각도 제창하고 있다. 이것은 종래의 도시계획이나 환경디자인의 영역에 청각적 측면을 도입하여 지역 고유의 소리환경을 보전, 수복, 상상해 나가려고 하는 것이다. 단지 새로운 소리의 도입에 머물지 않고 소음의 규제나 공간계획, 교육이라고 하는 내용을 포함한 학제적 영역으로서 제창되고 있다.

소리는 도시나 지역, 나라 등의 고유의 문화적 특성을 반영하여 그것에 대한 좋고 싫음이 있어 벌레의 소리를 좋아하는 일본에 비해서 이것을 소음으로만 판단하는 미국이나 유럽 사람들과는 대비되고 있다.

또한, 소리환경은 인간의 행위나 행동하는 장소와도 깊게 결합하고 있는데, 예를 들어 공항 주변의 소음문제의 원인인 제트 소음은 여행으로 이용하는 공항에서 듣는 경우는 거대한 크기를 가지면서 여정을 일으키는 것으로서 쾌감을 이끌어낼 수 있다.

기분 좋은 자극을 구성하는 요인으로서 1/f분포라고 하는 것이 알려져 있다. 자연현상으로 기인하는 진동에 많이 나타나는 파형으로 주파수(f)가 높을 정도로 에너지가 커지지만 자연계의 소리분포는 주파수에 반비례하게 된다. 자연의 소리에 대표라고도 할 수 있는 시냇물 소리는 전형적인 예이다.

앰비언트(ambient)란 '둘러싼다'라고 하는 것과 '주위의 것'이라고 하는 의미이지만 음악 분야에서도 앰비언트 사운드라고 하는 마음이 생기지 않는 소음이라고 하는 것을 활용하는 움직임이 있다. 이른바 환경음악에 가까운 것이지만 완전히 별개의 장소에서 일어나는 현상에 근거하고 소리를 흘리는 사운드 조각(음향 조각) 등에 응용되고 있다. 요코하마의 니시츠루(西鶴屋) 다리에서는 숲을 모티프로 한 난간으로부터 작은 별들과 같은 금속음이 연주된다.

자연감 넘치는 시냇물 소리나 새의 소리, 혹은 물결의 소리 등 환경음악으로서 소리의 효용이 인정되고 있다. 최근에는 오피스 공간에 백그라운드 뮤직(BGM)을 흘리는 것으로 집중이나 휴식 등의 효과를 요구하는 예도 있다. 또한, 도시공간에 있어서의 소리의 제어와 연출도 행해져 장소성을 연출하고 있다.

(이키 가즈히사 位寄和久)

84) 음경(音景), 음악적 파노라마

공공예술

public art

공공예술은 도시의 공공장소에 만들어지는 환경적 조형작품이다.

도시공간과 예술을 묶는 현대의 움직임은 1960년대에 미국의 시민운동에서 발했다고 여겨져 시민참가의 마을조성과 깊은 관련을 가지는 도시디자인의 한 측면을 담당하고 있다.

도시의 광장이나 큰 길에 있어 조각 등을 설치하는 것은 먼 옛날부터 행해져 왔지만, 그것들은 기념비적인 것이 대부분인 데 비하여 공공여술은 환경적인 조형물인 것에 특징이 있다.

환경적이라고 하는 의미는 그것이 놓이는 장소나 공간과의 관계를 중요시하고 미술관으로부터 나와 있는 것 같은 작품이지만 어디에 놓일지 모르는 양산품 등은 공공예술이 아니다.

최근에는 건축이나 광장의 일부나 그것들과 일체화한 작품, 기능을 가지는 것이나 장소를 그대로 작품화한 예술까지 만들어지게 되었다.

아래의 그림 1에서 채택한 사례는 도심의 고밀도 재개발 지구인 신주쿠 아일랜드에서 이루어진 독특한 공공예술의 시도이다. 사업자인 주택도시 정비공단(현 : 도시재생기구)과 설계자인 일본 설계의 공동기획으로 건축가와 아티스트의 엄밀한 관계를 통하여 공공예술의 본연의 자세가 추구되었다.

세계적으로 저명한 10명의 아티스트의 참가를 받아 상징적인 것, 개념적인 것, 건축의 벽면이나 도로와 일체화 등 공공예술의 다양한 가능성을 나타내고 있다.

(도이 히로시 土肥博至)

그림 1 신주쿠 아일랜드(좌 : 로버트 인디애나, 우 : R. 리키텐스타인)

근대건축의 공간

space of modern architecture

문화란 인간과 그 집단의 행동에서 상대적인 가치관에 의지되어지는 부분도 있지만 그 상대성을 떠오르게 하기 위해서 현대의 생활을 절대적 가치관에 의해서 지배해 온 근대건축의 공간에 대해서 생각하는 것에도 의의가 있다.

주지하는 바와 같이 도시와 건축에 있어서의 근대적인 개념은 유럽에서 발달한 것이며 그 시초로는 르네상스 즈음으로 인정되고 있다. 고전과 동방으로부터의 시야와 지식의 확대를 기본으로 교회적 학설에 대한 자연관찰과 합리성의 승리라고 하는 사조 안에서 성장한 것이다. 이러한 세계 인식의 근대화는 대항해시대[85]로부터 식민지주의의 시대를 통해서 지구적 세계의 발견, 다양한 이문화의 자극, 도시와 산업의 발달을 배경으로 우주와 소립자의 수학적인 공간을 기본으로 하는 근대적 공간개념이 성립한다.

이러한 근대적 개념 아래에서 성립한 것이 19세기 이후 도시의 급성장에 의한 기능공간의 대량 수요를 동기로 하여 산업혁명을 통과한 후의 공업기술을 도구로 하는 근대건축 양식이며, 그 안에서도 특히, 발터 그로피우스, 르 코르뷔지에, 미스 반 데어 로에 등에 의해서 확립된 모더니즘의 전형으로서의 인터내셔널 스타일(국제양식)은 확실히 이러한 보편성으로 향하는 근대라고 하는 시대의 집대성으로서 등장하였고 유니버설 스페이스라고 하는 우주적인 공간개념이 그것을 상징하고 있다. (와카야마 시게루 若山 滋)

그림 1 인터내셔널 스타일과 유니버설 스페이스의 전형(유니 내셔널 갤러리/미스 반 데어 로에)

85) 15세기 초부터 17세기 초까지 유럽의 배들이 세계를 돌아다니며 항로를 개척하고 탐험과 무역을 하던 시기를 말한다. 그 과정에서, 유럽인들은 자신들이 알지 못했던 아메리카 대륙과 같은 지리적 발견을 달성하였다.

문화의 공간

space of culture

인간의 건축이 다른 동물의 둥지와 다른 것은 그 공간 실현의 기술이 시대를 거쳐 동시에 복잡화되고 고도화되면서 거기에 문화적인 의미를 부여한다는 것이다. 예를 들어 종교적인 건축이 그 종교를 상징하는 복잡한 형식으로 발전한다고 하는 것처럼.

문화의 공간이란 단지 인간의 생존조건에 근거하는 것이 아니고 인간과 그 집단에 있어서의 모든 '의미'의 일에 관련되는 공간이며 특히, 현대에는 근대문명의 공간에 대치되는 의미로서 민족적인 집단에 고유의 습성이나 의례, 종교 등에 관련되는 공간, 혹은 문명 안에서 그 주류인 과학기술로부터 빗나가는 예술이나 미의스의 공간을 가리킨다. 2가지의 경우 문화의 공간은 어떤 '의미'가 부여된 공간이며, 건축에 관해서 얘기한다면 거기에는 약간은 기술 혹은 형태의 '양식성(樣式性)'에 대한 존재가 인정된다.

문명이란 항상 기능성과 교환성으로 향하고 양식의 현재를 부정하면서 보편성에서 서로 흘러나와 문화와는 그 흐름 안에서 항상 남겨져 침전하는 것으로서 존재하는 양식의 중복이다.

또한, 거기에 인류의 문화, 문명의 역사를 감안하여 해석을 더한다고 한다면 문화의 공간이란 고대 그리스 로마 이래 조상들과 구축되어 온 서양 안에서도 지중해형의 도시문명의 근대문명에까지 연결되는 역사로부터 약간은 빗나가고 약간은 대립하는 가치관 안에 있는 것이라고 할 수 있다. (와카야마 시게루 若山 滋)

그림 1 이슬람문화의 공간(카사블랑카)

그림 2 힌두문화의 공간(발리 섬)

공간의 질서

discipline of space

문화공간에도 '질서'를 말하는 것이 존재하지만 보편적인 가치교환의 채널을 갖지 않는 부분의 내부에 있어서의 질서 형성력은 강인하다. 인간의 생활공간으로서의 도시와 건축에 대해 현저하게 의식되는 질서개념은 중심과 주변 안과 밖, 겉(표)과 뒤 혹은 안쪽 등이다.

의미의 장소에는 반드시 그 '중심과 주변'이 존재하여 어느 공간의 중심으로부터의 거리는 그 공간에 소속하는 인간의 사회적 서열과 관련된다. 또 중심과 주변은 2차원적인 자장(磁場)에 있어 정면과 좌우, 중앙과 말단, 상하, 전후라고 하는 질서가 나타난다.

건축이 내부공간을 둘러싸는 것이라고 생각한다면 건축에 있어서 도시의 '안과 밖'도 문화공간의 질서에 중요한 의미를 갖는다. 중심과 주변이 공간의 의미의 단계적인 질서를 표현하는 반면 그 공간의 의미에 소속하는지 않는지를 단적으로 표현한다.

'겉과 뒤 혹은 안쪽'이라고 하는 개념은 그 공간의 사회성의 본연의 자세에 관련되는 것으로 겉이란 사회의 정당화된 권력 혹은 제도를 향한 공간을 가리키고 뒤는 그 반대의 방향으로 향한 공간을 가리킨다. 또한, 안쪽은 사회로부터 격리되어 은폐된 사적인 공간을 가리킨다.

도시와 건축에 있어서의 물리적인 형태로서의 공간질서는 직각격자가 가장 일반적인 질서 형태이며 다음은 방사상 혹은 동심원상(同心円上)의 형태이다. 전자가 균질한 규격성을 표현한다고 한다면 후자는 먼저 말한 중심과 주변이라고 하는 서열적인 의미가 강하게 표출된다.

(와카야마 시게루 若山 滋)

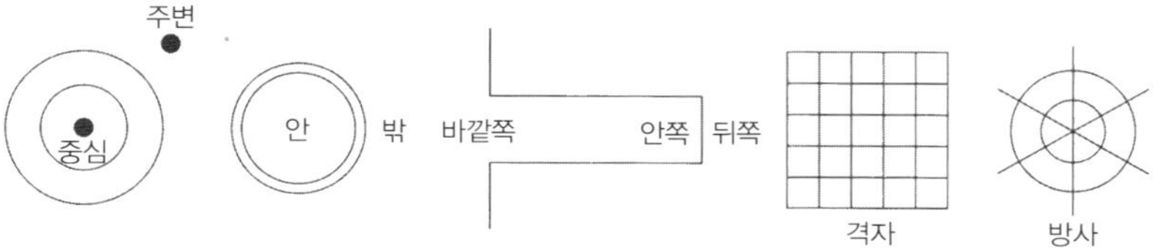

그림 1 공간질서의 몇 개의 기본 개념

공간의 다양성

ambiguity of space

문명이라는 언어로 의미되는 인간의 일은 어떠한 가치의 척도가 설정되어 분업이 성립하고 전문직이 성립되어 상공업의 교역이 발달하여 고도로 조직적인 사회로 진보하는 것이다. 화폐는 그 가장 일반적인 척도일 것이다. 그러나 문화라는 언어의 의미는 다른 양식 간의 변환하는 척도가 존재하지 않고 양식과 양식은 항상 상대적으로 여러 가지 겹쳐 존재하여 기호적인 차이에 의한 '의미'의 교환체계에 있어서도 척도에 근거하는 보편적인 가치의 교환체계는 없다.

우주적으로도 '단 하나의 것'이라고 하는 의미의 말을 어원으로 하고 있듯이 근대건축의 공간이 보편적인, 즉 단일 균질의 것으로 존재한 것에 비해 문화의 공간을 생각하는 것은 우선 그 상대성과 다양성을 생각하게 된다.

칸트의 인식론에 있어 공간과 시간은 선험적으로 주어진 직감형식으로 여겨졌지만 이후의 철학은 이 시간과 공간의 개념 인식성에 매스를 가한다. 메를로 퐁티는 '신체는 공간에 거주한다.'라고 하는 표현에 의해서 공간도 인간의 신체에 의해서 상대적으로 지각되는 존재인 것을 말하였으며 정신과 신체는 단순하게 분리할 수 없다고 하는 2개의 의미성의 철학을 전개하였다. 거기에는 훗설 이후의 서양인식론 철학에 있어서의 현상학적 방법론이 기저에 있으며, 리만이나 클라인 등이 전개한 현대수학에 있어서의 비유클리드 구간의 전개, 아인슈타인이나 하이젠베르크 등의 물리학에 있어서의 상대적인 세계 인식의 전개와도 규범을 하나로 하고 있다. (와카야마 시게루 若山 滋)

이것은 시각의 문제로부터 오는 것이기도 하여 본래의 다양성과는 어긋나지만 상징적인 의미를 가진다.

그림 1 M. C. 어셔가 그리는 공간

기술된 공간

noted space

건축은 그림이나 문장의 모체가 되는 것과 동시에 그림이나 문장에 표현되는 존재이기도 하다. 전자가 기호에 의해서 의미화된 공간이라고 한다면 후자는 기호 안에 의미로서 나타나는 공간이며, 이러한 기술된 공간에 문화공간이 모습을 나타낸다고 말할 수 있다.

회화에 있어서의 공간표현은 오브제로서의 신(성인)이나 인간이나 동·식물의 배경으로서 조역에 머무르는 것이었지만 르네상스시대를 전후로 음영법이나 원근법이 현저한 발달을 나타냈으며 풍경, 도시, 건축이 중요한 소재가 되었다. 파노프스키[86]는 원근법을 상징형식으로서 취급하여 르네상스기에 있어서의 세계관의 변화와 결합하고 있다. 일본의 그림 이야기 등에서 '후키누케(吹き抜け)[87]무대'라고 불리는 건축의 묘사방법은 일종의 아이소메트릭이지만 시점을 차이 등 연속적으로 내려다보는 것에 의해서 이야기의 진행에 맞추어 공간을 변화시켜 가는 방법이고 연속적, 개방적, 부유적인 내부공간을 표현하고 있다.

문장에 의한 공간의 기술은 그림에 의한 것과는 완전히 다른 양상을 나타낸다. 거기에 표현되고 있는 것은 공간의 물리적, 기하학적인 형태가 아닌 인간의 인식과 언어의 필터를 통한 공간적 표상이며 메를로 퐁티나 오토 F 보놀 등이 말하는 이른바 '살 수 있었던 공간'의 개념에 가까운 '쓰여진 공간'이라고도 표현되어야 할 것이다. (와카야마 시게루 若山 滋)

그림 1 글로 기술되고 그림으로써 표현된 공간
(하라시 이야기 그림 두루마기의 한 장면)

86) 독일 태생의 미국 미술사가(1892~1968). 도상 해석학을 제창하고 방법론을 확립하였으며, 중세 르네상스의 표현 연구에 업적을 남겼다. 저서에 《시각 예술의 의미》 등이 있다.

87) 벽이 없는 천장양식. 또는 중간에 천장이나 마루를 두지 않고 2층 이상의 높이로 짓는 양식으로 라이트 웰이라고도 한다. 이 책의 138쪽 라이트 웰 참조..

안쪽 · 상징

oku/symbol

안쪽은 바깥에서 안으로 깊이 들어간 곳을 말한다.

상징은 주로 추상적인 사물을 나타내는 데 도움이 되는 표시이다. 안쪽 · 상징은 각각 개별의 개념이지만 자주 일본의 전통적 공간을 기술할 때에 관련해서 이용되는 것이 많다. 서구의 중심 · 상징에 대립하는 개념이다. 중심의 이미지는 밝고 장대하고 형태도 명확한 것에 비해 안쪽은 어둡고 축소되어 윤곽도 애매한 이미지를 갖는다. 서구에서는 고대 도시의 중심에 신전이나 광장이 상징적으로 설치되어 왔다. 시대가 지나 신전이 교회나 시청사 등으로 바뀌어도 중심 · 상징의 도식은 남아 왔다. 이에 비해 일본은 주거 안의 도코노마, 취락의 안쪽 신사의 경내 등 안쪽이 상징적 장소로 간주되어 왔다. 서구의 중심은 사람들의 공용공간이지만 일본의 안쪽은 사람이 없는 은밀한 장소인 것이 많다.

일본의 안쪽을 대표하는 공간 중 하나로 세계유산의 '구마노'가 있다. 수험도(修験道)[88]의 요시노 오미네, 신불습합(神仏習合)[89]의 구마노 미야마, 밀교(密教)[90]의 고노야마 등 기원이나 내용을 달리하는 산악 영지의 안쪽이다. 구마노 고도에 볼 수 있는 복수의 참예도가 생겨 전국으로부터 사람들이 방문하는 장소가 되었다.

이러한 안쪽에 관하여 고찰한 대표적인 책 중에 하나가 마키 후미히코 등의 『보일 듯 말 듯한 도시』이다. 이 책에는 서구의 '중심－구획'에 대해 일본의 '안쪽—싸다, 둘러싸다'를 영역 구축의 대립 개념으로서 나타내 보이고 있다. 안쪽은 중심과 같이 구축된 것이 아니고 복수의 벽을 가지는 영역에 둘러싸여 그 기반으로는 토속신앙에 기인한 토지 외경의 자세가 있다고 지적하고 있다.

(후쿠이 도오루 福井 通)

그림 1
나치 폭포

그림 3
구마노 신사

그림 2
구마노 고도

그림 4
안쪽의 사원
다마오키 신사

88) 일본에서 오래 전부터 내려오는 산악신앙에 불교와 도교 등을 가미한 종교의 한 파.
89) 일본 고유의 신과 외래 종교인 불교를 절충하여 융합 · 조화시키는 일.
90) 일본의 고대종교.

환경의 시성(詩性)

poetic-imagery of environment

시성(詩性)이라고 하는 용어가 공간계획학의 분야에서 이용된 것은 필자 등에 의한 일련의 '환경의 시성에 관한 연구'가 최초이다. 그러나 그 기본적인 생각에 다음의 2개의 문헌과 부딪히는 부분이 크다.

하나는 세오 후미야키(瀬尾文彰)의 '시로서의 건축'이며 건축미학의 관점으로부터 미를 넘는 다이내믹한 가치를 시라고 부르며 시는 감동적이다 라고 하는 통상의 이미지 코드가 아닌 '코드 일탈'이 감동을 부른다고 기재하고 있다.

또 하나는 세오 후미야키 · 보가키 가즈아키(坊垣和明)의 '쾌적성의 구조에 관한 기초적 연구'로 신경 생리학의 지견을 기본으로 comfort, pleasant 위에 pleasure의 단계를 설정하고 있다. 이 단계는 생태기능 유지를 위한 단계를 넘은 정신적인 쾌를 요구하는 단계이다.

Pleasure의 사례로는 한기와 온탕의 반복을 일종의 문화레벨로 높인 노천탕 등으로 들고 있다. 양자가 지적하고 있는 것은 이미지 코드(문화나 민족이나 특정의 집단 내에서의 공통의 사고방식이나 이미지의 발생의 방법)를 일탈한다. 혹은 위반하는 의식의 감소라고 생각할 수 있다. 이미지 코드의 일탈이나 위반은 감동을 불러일으킴으로써 우리의 생활에 활기를 준다.

이 점에서 주목할 것은 이미지 구조라고 하는 생각(일정한 물적인 요인에서 이미지가 상기되어, 한층 더 그것을 전개해 마지막 이미지까지 이르는 것과 연쇄적인 과정을 정리 · 기술할 수 있다고 하는 생각)에 의해서 조사 연구를 실은 것이 전기(前記) 필자 등의 연구이다.

이것에 의하면 시적 이미지 구조의 특징은 이미지 구조가 분단된 구조의 부분 상호가 특수한 관계로 결합되고 있는 것으로 생각할 수 있다. 그 때문에 보통의 이미지는 '…보고 싶다', '…느낌'이라고 표현되지만 시적 이미지는 '어', '놀라움'이라는 말로 표현되는 것이 많은 것이다. 연구조사로 얻을 수 있던 시적 이미지 구조의 사례를 밑그림에 나타낸다.

(다카기 기요에 高木清江)

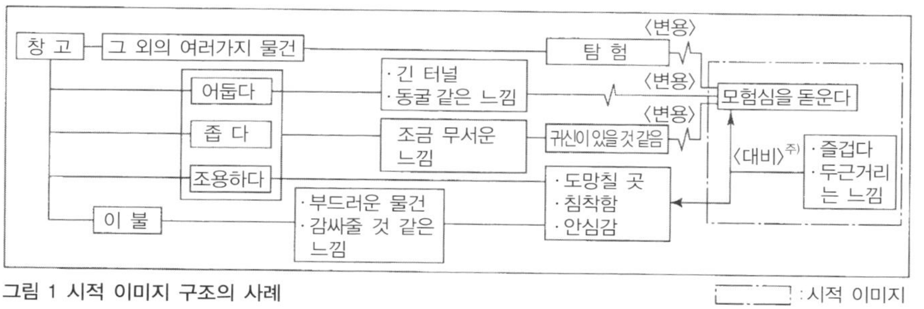

그림 1 시적 이미지 구조의 사례 　 ⌐‐‐⌐ : 시적 이미지

주) 도망갈 장소가 있다는 침착성과 모험심을 돋우는 두근거리는 느낌의 대비가 일체화됨을 볼 수 있다.

비일상의 공간

non-everyday space

비일상과 일상이란 하나를 전제하지 않으면 다른 한쪽이 성립하지 않는다고 하는 대조적, 상보적인 관계에 있는 세트 개념이다. 따라서 비일상의 공간은 그 공간이 갖추고 있는 고유의 성질이나 특징에 의해서 설명할 수 있는 것이 아니라 일상의 공간과의 대비에 있어서 차이의 효과에 의해 생성되는 공간이라고 파악할 수 있다.

비일상과 일상에 유사한 것에 대한 개념의 하나로 하레와 케(ハレ와ケ)가 있다. 민속학에서는 일본의 과거 생활문화에 대해서 제례나 연중행사, 관혼상제 등의 비일상적인 시간 · 공간을 가리켜 '하레'라고 하고, 일상적인 노동 등의 시간 · 공간을 나타내는 '케'의 순환으로서 해석한다. 도시화된 현대의 생활은 비일상적으로 여겨진 특별한 복장이나 식사가 일상화된 것 등에 의해 하레와 케의 구별이 애매하게 되었다고 여겨진다. 이와 같이 비일상과 일상과의 경계는 상대적, 고정적인 것이 아니고 시간이 경우에 따라 변화하는 것이며 똑같이 비일상의 공간을 보편적인 것으로 파악하는 것은 어렵다.

예를 들어 주거공간에 새끼줄을 치는 것으로 신성한 공간으로 전환하는 것, 도로나 공원이 일시적으로 점거되어 축제의 공간이 되는 것, 일상으로부터 한 장소에 건설된 테마파크 등 모두 비일상의 공간에 있지만 일상의 공간과 물리적 거리나 양상의 차이나 정도는 크게 다르다. 연말에 수많은 구경꾼이 오는 것으로 유명한 '도쿄 르미나리에'는 도심의 노상에 가설된 전광 장식의 아케이드 공간이다.

보통은 체험하기 어려운 드문 공간이지만 비즈니스 거리라고 하는 일상과의 갭이 보다 한층 더 비일상성을 만들고 있다.

(고오다 모모요 郷田桃代)

그림 1 일상의 공간으로서의 마루노우치 비즈니스 거리

그림 3 전광 장식으로 지을 수 있었던 가설공간에 구경꾼이 방문한다.
(사진제공 : Valerio Festi/I&F inc)

그림 2 비일상의 공간으로서 이벤트(도쿄 르미나리에)

축제공간

festival space

축제는 '신을 받들다'라는 의미의 동사가 명사형으로 변화하여 일반적으로 신을 시중드는 행위를 나타낸다. 축제의 비일상 세계의 형식과 내용은 축제를 실시하는 사람들이 속한 공동체의 생활문화를 투영한 사회적 상황에 적응시켜 그 위치설정을 재확인시킨다. 축제의 비일상 세계는 일상 세계를 반영하여 인지하는 관계에 있다.

근세 이전의 일본 사회에서는 촌락공동체로 씨족 신을 중심으로 한 제사 집단이 형성되었지만 현대에는 신과 사람들의 일상적인 관계가 멀어지게 되면서 축제는 상업화, 관광화의 경향을 띠게 되었다.

현대의 축제는 종교적인 것과 관광화의 형태로 '종교적 축제', '지역의 축제', '가족의 축제', '이벤트 축제'로 대별된다(그림 1). 축제의 공간에는 심벌이나 춤과 같은 행위가 행해지는 중심적인 초점공간이 있으며 사람들이 급진적으로 모이게 된다(그림 2). 종교적 축제는 큰 중심으로 신비성이 강조된다. 지역의 축제에서 큰 중심의 주변에 제사나 노점 등의 작은 중심이 존재하며 오락적 요소가 늘어난다. 이벤트적인 축제에서는 큰 중심을 보지 못하고 복수의 이질 또는 동질적인 작은 중심이 산재하여 상업적 요소가 늘어난다.

축제공간의 영역은 중심의 존재와 행위로 변화하여 매우 애매하고 유동적이 된다. 또한 2차적 공간으로서 장식 등에서 연출되는 축제의 도입공간이 일상으로부터 비일상과 성스러운 공간으로 서서히 이끄는 역할을 완수한다.

최근에는 축제의 상징이 축제의 시기 이외에도 독립된 공간에서 볼 수 있게끔 축제공간을 전시하고 보존에 의한 일상화와 관광화된 축제로 볼 수 있다.(그림 3)

(다나카 나미 田中奈美)

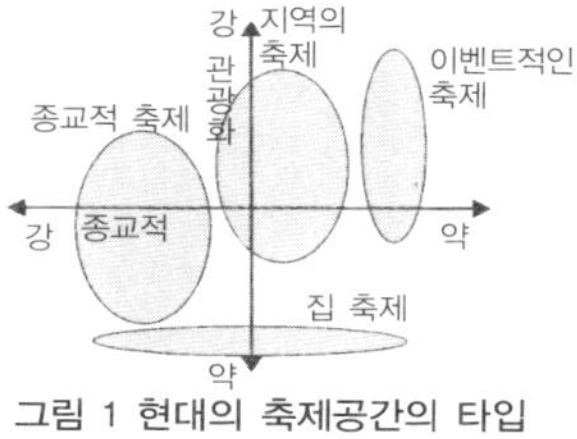

그림 1 현대의 축제공간의 타입

그림 2 고베 차이나타운 중추절

그림 3 하카타의 야마카사(장식 수레)

장송공간

funereal space

장송은 죽은 자를 애도하며 이 세상으로부터 저 세상으로 배웅하기 위한 의식이다. 의식 본연의 자세는 종교나 전통문화에 따라 다르지만 장송에 이르러 어떤 의식도 실시하지 않는 문화는 거의 없다.

일본인의 대부분이 실시하는 불교방식의 장송은 장례나 고별식을 포함한 장의, 화장, 매골, 성묘라고 하는 일련의 의식이 이루어지고 있다. 또한 7일재, 사십구재, 사후 첫 번째 우란분재91), 일주기와 계속 되는 기일, 피안, 추석이라고 하는 제사는 넓은 의미로의 장송을 연장적으로 행하는 것이다.

장송은 단지 죽은 자와 헤어지는 것에 대한 배웅일 뿐만 아니라 그 후에도 죽은 자와의 정신적인 연결고리를 유지하여 일체감을 확인해 가는 프로세스로서, 죽은 자를 가족으로 생각하며 그 연결고리를 계속해 가기 위한 시스템이기도 하다.

장송의 의식에 직접 관계되는 공간은 장의의 장소, 화장터 및 매장과 성묘의 장소, 즉 묘지이다. 장의(葬儀)는 교회나 사원 등의 종교시설이나 집회시설 이외에도 죽은 자의 주택에서 행해지기도 한다. 이 경우에는 주택이라고 하는 일상생활의 장소에 제단을 설치하여 막을 치고 등을 달아 신성하고 상징성이 높은 공간으로 전환시킨다. 그림 1은 스톡홀름 교외에 있는 건축가 E. G. 아스프룬드가 디자인한 화장터와 예배당의 묘지가 나란히 묘원(화장터를 의미하는 숲의 화장터(Woodland Crematorium)로 불린다)을 이룬다.

장의사나 매장의 참석자, 성묘를 오는 사람들의 마음의 움직임을 섬세하게 이해하는 탁월한 공간구성의 디자인으로 이루어진 좋은 예이다. (도이 히로시 土肥博至)

그림 1
스코그스 키르코 코덴
(스톡홀름)

91) 아귀도에 떨어진 망령을 위하여 여는 불사(佛事). 목련 존자가 아귀도에 떨어진 어머니를 구하기 위해 석가모니의 가르침을 받아 여러 수행승에게 올린 공양에서 비롯한다. 하안거(夏安居)의 끝 날인 음력 칠월 보름을 앞뒤로 한 사흘간 여러 가지 음식을 만들어 조상이나 부처에게 공양한다.

종교공간

religious space

종교는 불가능한 자연이나 자연현상에 대한 인간의 두려움으로부터 인간 존재를 좌우하는 초월적인 힘의 존재를 믿으려고 하는 인간의 상상력에서 생겨난 것이다. 특히, 사후 상태에 대한 미지의 공포는 끝이 없는 생명, 생활의 고생이나 병에 대한 걱정 없는 세계의 동경, 그러한 꿈나라에 살고 싶어 하는 동경에서 키워진 것이다.

여기에 회화나 조각, 문학이나 음악 등 인간의 모든 문화적인 원천에 있으며 주로 종교공간의 원점에 있다. 즉, 두려움과 희망이 직접 투영되는 것이 종교공간이다.

종교는 경우에 따라 사람들의 생활을 지배하는 것으로 주택이나 왕실, 산길에서도 모든 환경이 종교공간일 수 있다. 다만, 그러기 위해서는 어떠한 장식을 하여 신성한 공간으로 전환되어야 한다. 한편, 상설의 종교공간인 교회나 사원과 같은 종교건축은 각각 시대의 지식과 기술을 다하여 가장 질 높은 건축으로서 건설되었고 현재까지 인류의 문화유산에 차지하는 비율이 높다.

그림 1은 코르도바의 메스키타 내부이다. 8세기에 이슬람사원으로서 건설되어 레콘키스타 후는 크리스트교회로 개조되었다. 성당 내부는 무수한 원주가 세워져 있고 그것이 흰 돌과 붉은 벽돌을 교대로 조합한 2층의 아치에 의해서 연결되고 있다. 오렌지나무가 나란히 서는 밝은 중정으로부터 들어오면 이 세상이라고는 생각되지 않는 감동에 싸이게 된다.

(도이 히로시 土肥博至)

그림 1 메스키타(코르도바)

예능공간

folk entertainment space

예능은 사람들의 생활을 기반으로 지역에서 길러져 계승되었다. 그러나 예능이 전문화되고 그 공간을 특화하고 고정화하는 것에 따라 지역문화로서의 특징이 옅어지는 경향이 나타났다.

예능은 본래 다른 사람과 일정 지역에 사는 것에 의한 공동성의 획득, 생활의 확실함을 확인하는 과정에서 발생하였다. 이것은 스스로 주변환경의 기원, 구조를 분명히 하여 자신의 존재를 확인하는 우주론의 개념이다.

이러한 본래의 지역생활 문화를 담당하는 예능의 존재는 지역사회의 새로운 연대감이나 지역 고유의 문화 특성 추출이라고 하는 관점에서 의의가 깊다. 다음은 야마가타현(山形県) 구시비키마치 구로가와 지역의 구로가와와 예능의 사례이다. 구로가와와 예능은 약 400년의 역사를 가진다. 각 계절의 고비에 봉납 · 봉사되어 최대의 제사는 2월에 행해지는 미명(未明)부터 약 일주일의 밤낮에 이르는 왕지제(王祇祭)이다.(그림 1)

이 준비에는 1개월이 소비되고 신사를 내린 신체의 의대인 왕기 모양은 상좌, 하좌의 최장 우두머리의 집에 옮겨진다. 우두머리의 집은 가기야도(神宿)가 열리는 전용무대인 노부다이(能舞台)를 마련한다. 노부다이를 만들기 위해서 벽을 모두 철거하고 경우에 따라서는 천장을 없애 가설로 방을 증설한다.(그림 2)

구로가와와 예능은 지역주민에게 중요시되어 전체 가구의 약 1/3이 노가쿠[92] 배우이고, 역할에 따라서는 겨울철 타향에서 돈벌이를 아너가 대신하는 경우도 있다. 여기에서는 예능이 지역사회에 녹아 있는 것과 동시에 예능을 통해서 주민 사이의 연대와 서로의 존재를 확인하는 우주론이 드러나 있다.

(다나카 나미 田中奈美)

그림 1 왕지제(王祇祭)(촬영 : 이토신시)

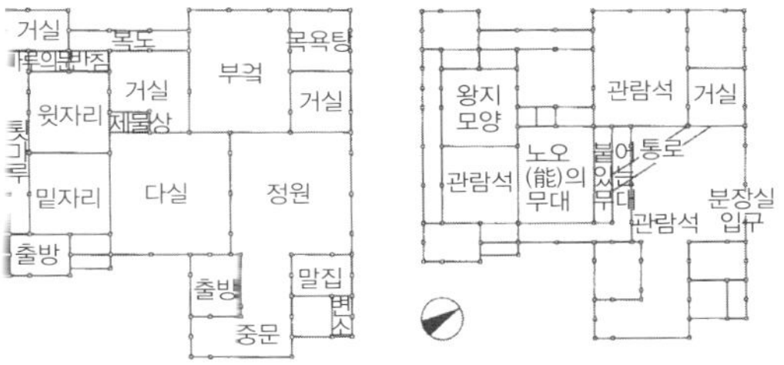

그림 2 일상공간의 전환

92) 노가쿠(能樂, 能楽)는 일본의 전통 예능으로, 노(能)와 고겐(狂言), 시키산단(式三番)을 함께 이르는 말이다. 나라시대에 당나라에서 들어온 산가쿠(散樂)에서 분화된 사루가쿠(猿樂)에서 발전하였다. 전용 무대인 노부다이(能舞台)에서 공연된다. 유네스코가 지정한 세계 무형유산이다.

여가공간

leisure space

인간의 생활시간은 수면이나 식사라고 하는 생명유지에 빠뜨릴 수 없는 필수시간과 일, 학업, 가사 등의 가정이나 사회를 유지 향상시키기 위해서 실시하는 구속시간과 자유시간으로 나눌 수 있다. 여가활동은 이 자유시간 안에서 행해지는 것으로 레저활동, 회화, 교제, 매스미디어와 접촉, 휴식 등의 활동이 포함된다.

이러한 여가활동에 대한 공간은 주거공간을 중심으로 한 일상 생활권과 비일상 생활권의 양쪽에 걸친다. 일상 생활권에서는 거주하는 공간과 지역의 생활환경을 유지하는 커뮤니티에 필요한 공간이 여가공간이다.

주거공간에서는 전술의 필수시간, 구속시간, 자유시간이 단속적으로 반복된다. 취미활동을 할 수 있는 영역 등의 전용 여가공간도 있지만, 일반적으로는 그 자리에서 행해지는 여가 활동에 의해서 각 주거공간은 여가공간이 될 수 있다. 가정 내에서 행해지는 접객 행위에 대응하는 공간도 여가공간이다. 또한 일상생활권의 커뮤니티에 필요한 공간은 도시공원이나 아이의 놀이터, 풀이나 짐이라고 하는 각종 스포츠시설, 문화원이나 커뮤니티센터와 같은 집회시설, 도서관 · 미술관 · 극장 등의 문화 · 학습시설이 있다.

한편, 비일상 생활권에는 환락가, 번화가의 상업시설이나 오락시설, 온천이나 보양지, 리조트 내의 각종 시설, 자연지 · 자연공원 등이 있다. 최근 일본 각지에 건설되고 있는 테마파크도 여가공간의 하나이다.

또한 가로나 거리풍경은 거주자에게 있어서 일상 생활권이 여가공간이지만 방문자로서는 비일상 생활권으로의 여가공간이 된다. (가네코 도모미 金子友美)

그림 1 산책

그림 2 쇼핑

그림 3 스포츠경기장

그림 4 온천지

그림 5 가정 채소밭

그림 6 카페

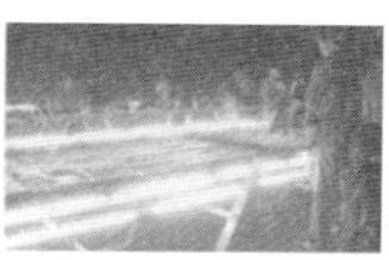
그림 7 미술관

그림 8 미술관

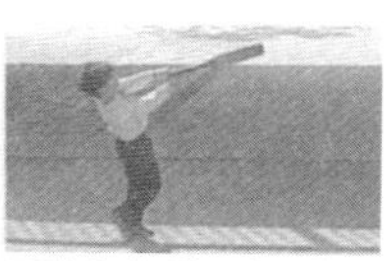
그림 9 놀이 · 스포츠

그림 10 쇼핑(시장)

그림 11 도서관

그림 12 관광(신사 불당)

이벤트공간

event space

이벤트란 사건이나 행사, 운동경기의 종목, 시합 등을 가리킨다. 이것들에 대응하는 공간으로서 우선 미리 이벤트의 내용을 상정해 계획, 설계된 공간이 있다. 옥내 · 외 스포츠시설이나 극장, 홀, 갤러리 등이다. 또 최근에는 이벤트의 내용을 한정하지 않는 다목적 스페이스라는 말도 자주 사용된다.

한편, 일상적인 공간이 비일상의 사건이라고 하는 이벤트공간이 되는 것이 있다. 공원이나 광장은 축제나 모임에서 이벤트공간으로 바뀐다. 도로를 차량통제하며 행해지는 각지의 축제나 퍼레이드, 거리에서의 연예 · 가두 행진에 의한 집객도 그 자리를 이벤트공간으로 바꾼다.

또한, 국내 · 외를 불문하고 시장(여기에서는 주로 옥외에서 행해지는 정기 · 부정기 시를 가리킨다)은 하나의 이벤트공간이다. 유럽의 도시 광장에서는 요일마다 다른 시장이 열리기도 하고 한 해에 몇 차례의 이벤트를 하는 광장도 있다. 일본에서는 신사의 경계에서 행해지는 골동시장이나 잡동사니 시장을 여는 공원이나 광장에서의 프리마켓 또한 시장공간의 하나이다.

최근 일본에서는 상업시설이나 역사 내 등의 다른 용도의 시설 가운데에 계획된 오픈스페이스에서도 이벤트를 하고 있는 사례를 다수 볼 수 있다.

이러한 공간을 정리하면 현대 이벤트공간으로서는 전용 시설 · 광장 · 공원 · 도로 · 시설 내 오픈스페이스의 5개 항목으로 정리할 수 있다. (가네코 도모미 金子友美)

그림 1 축제

그림 2 프리마켓

그림 3 옥외 공연에서의 이벤트

그림 4 도로를 통행금지한 축제

그림 5 해외의 정기시장

그림 6 상업시설 내에서의 콘서트

그림 7 광장에서 행해지는 치즈시장

그림 8 신사 경내에서 행해지는 골동품시장

환경예술

environment art

환경예술이란 환경의 관계로 제작된 아트작품이나 표현행위이다. 유의어로서 '대지예술(earthwork)'이나 '공공예술(public art)'이 있다. 대지예술이란 1960년대 말의 미국에서 자연을 직접적인 제작 소재로 표현하는 양식이다.

공공예술도 1960년대에 미국에서 등장한 말이다. 공원 등에 누구라도 자유롭게 출입할 수 있는 장소에 항구적으로 설치되는 예술작품 또는 그 계획을 가리킨다.

이것들은 모두 미술관 이외의 공간에 설치되는 예술작품으로, 그러한 등장에 의해서 예술작품은 미술관이라고 하는 전용공간에 진열되는 것이라고 하는 개념이 불식되었다.

환경예술이란 장소 · 공간이라고 하는 의식을 도입하는 것에 의해서 작품과 감상자와의 거리도 표현공간으로 활용한 것이다. 즉, 제작물의 형태뿐만 아니라 주위의 환경과의 거리를 포함하여 표현되는 그 공간 고유의 것도 된다.

일본에서는 각지의 마을 부흥이나 경관사업이라고 하는 이 환경예술이 다루어지게 되었다. 도시나 사토야마의 고유의 풍경과 융합 · 호응하는 작품을 위한 이벤트를 개최해 트리엔날레(3년마다의 개최)[93]나 비엔날레(1년 간격의 개최)라고 하는 형태로 그 지역에 정착시킨 것도 있다.

또한, 관객도 참가하는 퍼포먼스나 아티스트에 의한 표현행위의 매개로서 그 공간이 하나의 예술작품이 되는 것, 청중 · 관중의 제작행위의 참가에 의해서 만들어지는 참가형의 작품도 환경예술의 하나이다. 그리고 우리는 때로 그 작품의 의도를 헤아리는 행위를 통해 예술작품에 참가하는 것이다.

(가네코 도모미 金子友美)

그림 1
모에레누마 공원/
이사무 노구치(좌상)

그림 2
'쌀이 여무는 사토야마의 5개의 조각'/
이리야 & 에밀리아 카바(좌하)

그림 3
가로를 사용한 표현행위(네덜란드)

93) 3년마다 열리는 국제적 미술 전람회. 밀라노에서 3년마다 열리는 미술 공예전이 유명하다.

공동체

community

'공동체'는 옛부터 사회학에서 사용되어 온 언어로서 공동사회, 지역사회 등 다양한 의미로 사용되고 있다. 미국의 사회학자 R. M. 매키버는 일정한 지역에서 영위되고 있는 공동생활로서 커뮤니티를 파악하였다.

94개의 공동체의 정의를 분류한 사회학자 G. 힐러리는 그 많은 공통항으로서 지역, 공동체 감정, 사회적 상호작용 등의 3가지를 지적하고 있다.

공동체와는 극히 다의적인 개념이지만 크게는 '지역성'과 '공동성'이라고 하는 2개의 사회로서 파악할 수 있다.

현대에 있어서의 공동체를 생각해 보면 지연이나 혈연에 의한 사람들이 정주하는 마을사회에서 유동적인 거주자들로 구성되는 도시사회로 바뀐 것이며, 생산의 장소와 거주의 장소가 분리되는 것은 공동체가 질적 변화를 하면서 다시 한번 공동체의 의미가 있다고 생각할 수 있다.

더욱이 오늘의 정보화 사회는 넷 커뮤니티, 즉 리얼한 공간에 있어서의 공동체보다는 인터넷상의 가상적인 공간에서 형성되는 공동체를 낳았다. 전자게시판이나 메일링 리스트, 채팅 등의 도구를 이용하고 참가자끼리 상호 교류를 실현한다. 불특정 다수의 자발적인 참가자에 의한 커뮤니티는 거리라고 하는 제한을 받지 않으며 물리적인 '지역성'과는 무관하게 형성되는 한편, 참가자의 저명성이나 정보의 신빙성, 윤리에 대한 문제가 발생되면서 넷 커뮤니티의 행방은 지금으로선 미지수이다.

(고오다 모모요 郷田桃代)

생산과 거주의 장소가 일치한 다을사회로서의 취락. 공동체로서 관계가 비교적 강하다.

그림 1
어촌취락(사진제공 : 나가사카 다이)

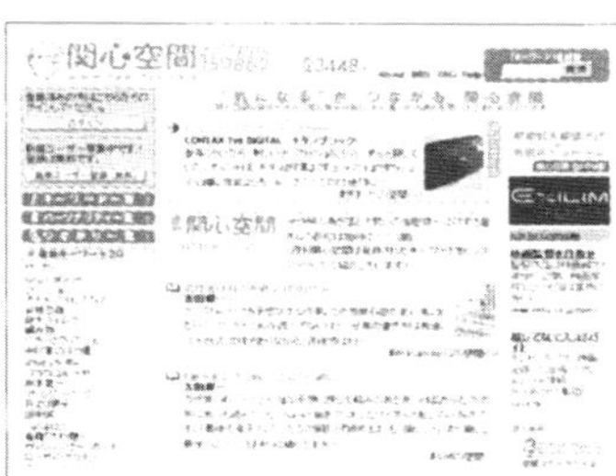

그림 2
BBS에 의한 정보교환을 실시하는 공동체 사이트

도시사회로의 공동체의 희박함이 지적된다.

그림 3 교외의 신흥주택지와 도심의 단지

테리터리

territory

동물 생태학적 용어로서의 테리터리란 동종 또는 이종 외의 객체 또는 그룹에 대하여 단독 또는 복수로 방어하는 영역을 의미한다.

인간에 있어서의 테리터리는 세력권으로 설명된다. 세력권은 본래 토지 등에 새끼줄을 치고 경계를 정하여 각자의 소유를 구별하거나 특별한 구역을 분명히 하는 것에 유래하지만, 이것이 토지나 지역을 점유하는 표시가 되어 점유된 지역 그 자체를 가리키기에 이르렀다. 인간의 영역은 그 범위가 필요이상으로 확대되거나 시간에 의해 의식이 강화된다고 하는 측면이 있다.

연구사례로서는 주택에 있어서의 방의 공간 점유의식의 연구, 취락연구에 있어서의 산거(散居)[94]취락에서의 개인의 완결성 중시와 집거(集居)취락에서의 집단의 서열성 중시 등의 연구가 있다. 이것들은 동물의 테리터리의 개념에 가까운 것이다. 반드시 생존이나 권력적 싸움이 배경으로 되어 있다고는 말할 수 없지만 배타성, 결속제, 폐쇄성 등 외부에 대해서 영역 내부의 농도를 두드러지게 하는 공간연구로서 주목받는다. 또, 경계를 설치하거나 개인의 공간 점유를 나타내는 다양한 사인, 다른 사람의 영역에 들어갈 때의 행동 중의 하나인 인사도 세력권 행동의 연구라고 할 수 있다.

(가마다 모토히로 鎌田元弘)

그림 1 세력권을 표시하는 소지품

그림 2 세력권을 표시하는 표출

94) 취락을 이루지 않고 서로 흩어져 삶.

생활영역

living area

생활영역이란 개인의 집단이 점유의식을 갖고 그 곳을 지배하는 일정한 공간이다. 지배는 그 영역에 있어서 다른 사람의 침입감시, 자기표현, 유지관리 등이 이루어지는 것을 의미한다. 행동권이나 인지권(認知圈)과도 중합하는 경우도 많지만, 행동권은 반드시 자기 자신이 지배하지 않는다는 점, 인지권은 지배나 행동이 동반하지 않아도 개인이 알고 있는 것에 의해서 설명되는 영역이라는 점이 다르다. 유사한 개념데 테리터리가 있지만 방위나 투쟁이 동반하지 않는다는 점이 다르다.

생활영역의 분류에는 ① 지배의 시간에 의하는 것, ② 지배의 주체에 의하는 것, ③ 공간의 스케일에 의하는 것, ④ 인지권이나 행동권과의 관계로 규정되는 것 등이 있다. 시간에 의하는 것에는 일시적 공간 지배 · 정상적 지배 등이 있고 주체에 의하는 것에는 개인적 영역 · 집단적 영역 등이 있다. 또한, 공간 스케일에 의한 것에는 일상생활권, 행동권 등이 있으며 인지권에 의한 것에서는 확정적 영역 · 잠재적 영역 · 비영역 등이 있다. 생활영역이 형성되는 의의는 지역이나 공간에 애착이 양성되어 공동체 형성에 도움이 되는 것도 있다.

연구사례로서 첫째로 개인의 생활영역으로서의 다양한 '장소'로서 개별의 단위공간이나 영역을 잇는 토지 · 지형 · 지명 등의 영역 고유의 공간적 상징을 공유화하는 것, 둘째로 생활영역의 지배로서 환경 점검이나 계획 만들기에의 참가 등 구체적인 관여에 관한 것, 셋째, 생활변화에 대한 대응으로 정보화에 의한 인지공간의 확대에 따르는 생활영역, 이동성 또는 다거점적 생활에 있어서의 생활영역을 파악하는 방법 등을 들 수 있다.

(가마다 모토히로 鎌田元弘)

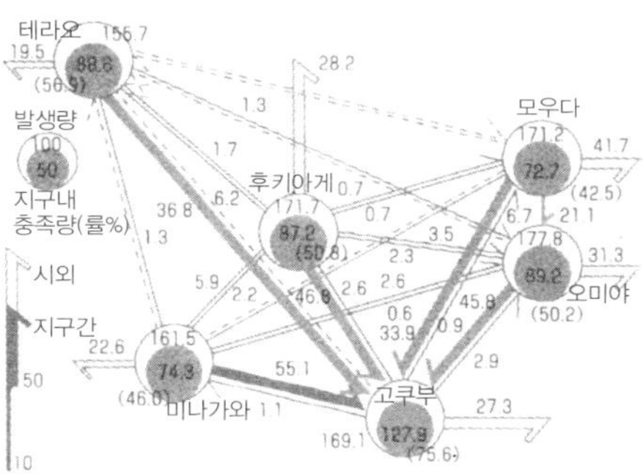

그림 1 생활행위의 지역 내 충족과 지역 간의 이동

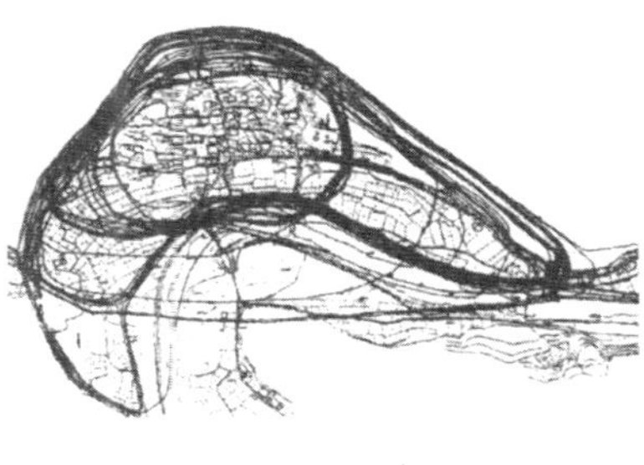

그림 2 마을영역 인식

공용공간

common space

공용공간에 관련되는 공동성에는 공동소유, 공동이용, 공동관리라고 하는 측면이 있다. 이러한 조건이 겹쳐진 경우는 본래의 공동공간이라고 할 수 있지만 실제로는 분화(分化)[95]는 것도 많다. 실제로 공용공간은 내부공간과 외부공간의 양쪽 모두로 보인다.

내부공간으로서의 공용공간은 주택에 있어서의 거실이나 식당(다실), 고령자 시설의 살롱 등 가족이나 생활을 함께 하는 거주자에 의해 공동으로 이용되는 커뮤니케이션 스페이스 등이 주된 것이다. 건축계획에서 개인실이나 단독실의 대비로 예를 드는 경우가 많다.

외부공간에서는 농촌과 도시의 경우가 다르다. 전자의 경우는 거주자의 변화에 따르는 공용공간의 유지나 재구성이 중심적 과제가 된다면 후자의 경우는 주로 집주에 있어서의 공용공간의 형성이 중심적인 과제가 된다. 취락의 공용공간은 도로 · 수공간 · 광장 · 생활시설 · 농촌 · 임지 · 제사공간 등 다방면에 걸친다. 소유 · 이용 · 유지 관리가 결합되고 있는 것도 많다. 도시의 집주(集住)에서는 일상적인 커뮤니케이션의 장소가 되는 오픈스페이스나 중심이 되는 건물의 내부 홀, 통로 등 공용부분에 해당한다.

집주의 공유공간은 다음과 같은 순서로 공동성이 채워진다. ① 공용공간의 이용 촉진에 의한 집단으로서의 응축성, ② 응축성에 의한 귀속의식의 획득과 공유의식에의 발전, ③ 공유의식의 양성에 의한 공유 영역화, ④ 공유영역 형성에 의한 공간의 지배(감시 · 표출 · 관리 등), ⑤ 감시나 관리에 의한 안심감의 획득과 새로운 공용공간의 이용 촉진 등 이러한 일련의 순환적인 프로세스를 거치고 공동성의 조건이 채워져 간다. (가마다 모토히로 鎌田元弘)

그림 1 취락의 공용공간

그림 2 복지시설의 공용안뜰

95) 단순하거나 등질인 것에서 복잡하거나 이질인 것으로 변함.

협동주택

cooperative/collective

현대에 있어서 주거와 공동체의 관계를 파악하는 데 있어 코퍼레이티브(cooperative)나 코렉티브(corrective) 하우스는 빼놓을 수 없는 거주양식이다.

코퍼레이티브 하우스는 구미의 주류인 '협동주택'에 대해서 일본에서는 통칭 '건설 코프'라고 불린다. 스스로 거주하는 주택을 건설하려고 하는 사람이 모여 조합을 설립하고 토지 취득, 건물 건설, 공사 발주 등을 실시하여 협동으로 주택을 취득하는 것으로 완성 후에는 관리조합으로서 주택의 관리, 운영을 실시한다. 맨션 등의 형태를 취한 집합주택의 자유 설계나 여분의 경비 삭감 등의 이점은 물론 협동에 의한 건설사업이나 입주 후의 건물의 관리나 운영을 통하여 거주자 사이에 연대감, 신뢰감이 생겨나 공동체가 형성되는 것에 대한 평가가 높다.

한편, 협동주택은 복수의 개인이나 세대가 프라이버시가 있는 생활을 유지하면서 식사 등의 일상생활의 일부에 대해서는 공동화를 도모하는 것이다. 독립한 맨션 등의 형태를 취한 집합주택 유닛과 풍부한 공용실의 종류도 협동주택의 주된 의미와 취지에 따라 다르며 식당, 거실, 세탁실, 공작실, 채소밭 등을 들 수 있다.

1970년대부터 스웨덴이나 덴마크를 중심으로 수많은 대처가 이루어졌으며 구미에서 다수의 사례를 볼 수 있다.

일본에서는 한신 아와지(阪神淡路) 대지진 후 고령자용 부흥공영주택 '만남 주택'에 도입된 것을 계기로 주목되기 시작하였다. 다세대의 개인이나 가족이 거주하는 '협동주택 평온한 숲'에서는 참가와 공생을 이념으로 한 자주 운영에 의한 거주지 만들기를 추구하고 있다.

협동주택은 어린이가 줄고 65세 이상 고령자의 비율이 늘어나거나 핵가족화, 독신자의 증가라고 하는 조류 속에서 거주지나 커뮤니티의 본연의 자세에 파문을 일으키는 것이다.

(고오다 모모요 郷田桃代)

2층 평면도

매우 넓은 부엌에서 조리한다.

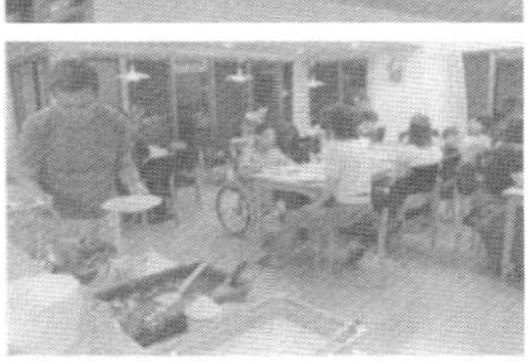

공용 배식으로 하는 식사의 풍경

그림 1 협동주택 평화로운 숲(사진제공 : 기노시타 고지. 도면제공 : NPO corrective 하우징사)

거리풍경 보존 · 재생

townscape conservation/rehabilitation

거리풍경은 그 지역의 풍토에 맞은 건축형태나 양식을 갖고 있는 것이다. 지역문화를 상징하고 있는 것을 조건으로 하며 보존하여 후세에 계승하는 것이 거리풍경 보존이다. 이것에 대해 거리풍경이 오늘날 요구되고 있는 사용방법에 맞지 않을 경우 그 가치 있는 특징을 유지하면서 본래의 모습을 되찾게 하거나 개조에 의해 활용하는 것이 거리풍경 재생이다.

거리풍경 보존에는 눈이 깊게 쌓인 다카다(高田)의 강기(雁木)의 시내의 중심상가나 가나자와의 동나무와 발이 있는 거리풍경, 오타루 운하의 부근이나 각지의 메이지 서양식 건축의 보존이 그 예이다.

1975년에 일본 문화재 보호법이 개정되어 전통적 건조군 보존지구의 제도가 만들어졌다. 이것은 외관의 보존을 목적으로 한 것으로, 조례에 의해서 현상변경을 규제할 수 있다. 특히 가치의 높은 것은 중요 전통적 건조군 보존지구로서 장관을 선정할 수 있다. 1990년을 시점으로 하여 히로사키 나카초, 교토 산넨자카, 구라시키시 구라시키카항, 오키나와현 다케토미시마 등 29지구가 선정되고 있다.

한편, 이세징구(伊勢神宮)[96]가 있는 이세초(伊勢町)[97]에 에도[98]로부터 메이지[99]의 이세지의 건축을 재생시켜 이세의 분위기를 배이게 하는 거리풍경은 정부와 시민이 일체가 되어 1993년에 만들어진다. 점포나 자료관을 넣은 27동, 부지면적 2,700평의 오카게 요코초이다. 옛날 공법이나 건물 벽 쪽의 출입구 현관이나 울타리의 외벽을 특징으로서 표현하고 있다.

(스즈키 노부히로 鈴木信宏)

그림 1 가나자와시 아즈마초의 역사적인 동나무와 발이 있는 거리풍경

그림 3 교토시 산넨자카의 거리풍경. 특징적인 도로와 벽과 낮은 지붕

그림 2 구라시키 강가에 있는 붙여 기와의 구라시키 고관

그림 4 오카게 요코초(골목). 에도로부터 메이지의 이세로 건축을 재생 (촬영 : 가네코 도모미)

96) 일본 황실의 선조를 모신 신궁(神宮).
97) 일본 미에(三重)현에 있는 지역 이름.
98) 에도막부가 정권을 잡은 시기로서 도쿄의 옛 이름.
99) 에도시대 이후의 시대를 말하며 1868년 10월 23일부터 1912년 7월 30일까지를 가리킨다.

마을조성협정

agreement on cultivation a town

마을조성에 대한 주민의 의사를 결정하는 협정이며 이 협정은 법률이나 조령에 근거하는 것이 많다. 크게 지구계획협정, 건축협정, 녹화협정, 임의의 마을조성협정으로 나눌 수 있다.

(1) 지구계획협정 : 시읍면과 주민이 협력하고 지구 마을조성의 규칙을 결정하여 시 회의 등의 의결을 거쳐 실시하는 도시계획법상의 협정이다.

(2) 건축협정 : 주택지나 상가 등의 환경이나 편리성을 유지 또는 개선하기 위한 건축기준법의 내용에 관한 협정이다. 이것은 건물의 위치, 구조, 용도, 형태, 디자인, 설비 등에 대한 규정이며 협정구역 내의 부지나 건물 소유자 전원의 동의와 시읍면의 결정 후에 성립된다.

(3) 녹화협정 : 일정 구역의 토지 소유자가 전원의 합의에 의해 녹화대상 구역, 재배장소, 수종, 원이나 책의 구조, 협정의 유효기간, 위반조치 등의 사항에 대해 묶는 협정인 시읍면장의 허가를 얻어서 실시하게 된다. 1973년에 공포된 도시 녹지보전법에 근거해 실시되고 있다.

(4) 임의의 마을조성협정 : 지역주민이 정하는 임의의 협정이다. 법적인 담보가 없기 때문에 실시에 임하고 운영상의 노력이 필요하다.

미시마시(三島市)의 겐베에강(源兵衛川)의 물가와 마을조성은 시민협정에 의한 거리의 원풍경을 재생한 좋은 예이다. 사업주체는 시즈오카현(静岡県) 동부 농림 사무소에서 시작하여 시민 · 기업 · 시 행정이 함께 계획하고 생각하여 설계자의 아이디어를 살려 매력적인 거리를 만들었다. 그 공사기간은 1991년에서 1997년이었다.

그 과정에서 다양한 마을조성협정 실현을 위한 기반조직이 만들어졌다. 지구계획 책정 간담회나 협의회, 물가 쓰레기 줍기 모임, 물가 꽃 기금의 모임, 반딧불의 모임이 그 예이다. 그리고 13개의 시민단체가 종결하여 '그랜드 워크 미시마 실행위원회'(전국에서 최초의 실천 예)가 설립되었다. (스즈키 노부히로 鈴木信宏)

그림 1 미시마시 겐베에강 안의 징검다리 길에서 스케치하는 중학생들. 협정의 결과 관리길, 산책길인 것과 동시에 강이 정화되는 길로서 태어난 강의 중앙길이다.

그림 2 겐베에강 하류의 산책길과 강가에 내려가는 계단이 만들어진 건너편 기슭에 있는 주택의 꽃밭과 같은 하천 부지

워크숍

workshop

워크숍이라는 말의 본래의 의미는 '직장', '작업장'이지만 최근에는 '참가자가 자주적인 활동을 실시하는 연수회' 등의 의미에도 사용된다.

연극이나 미술을 시작으로 도시계획이나 마을 만들기, 학교교육, 기업연수 등 다양한 분야에서 워크숍을 하는 방법이 주목받아 넓게 사용되게 되었기 때문이며, '참가자가 스스로 참가하고 체험하면서 배워나가는 창조하는 장소'라고 할 수 있다.

도시계획의 분야에서는 1960년대에 미국의 환경디자이너 로렌스 하프린이 제창한 워크숍은 사람들이 주체적으로 디자인에 참가하는 프로세스를 중시한 것에 대한 표현이었다. 또, 미국의 건축가 H. 사노후는 건축의 기획 · 설계에 주민의 의사를 반영하기 위해서 유효한 워크숍의 방법으로 '디자인 게임'을 발안하였다.

일본에서도 주민참가의 마을조성의 흐름과 함께 워크숍은 주민참가의 한 형태로서 정착하였다. 마을 만들기에 있어서의 워크숍은 지역에 관련되는 다양한 입장의 사람들이 참가하여 협동으로 과제에 임하여 계획을 실시하는 방법이 있고, 그 대상은 공원 만들기나 길 만들기, 공공시설의 계획, 단지재생이나 협동주택 등의 거주지계획, 시읍면의 도시계획 마스터플랜의 책정 등 다방면에 걸친다.

도쿄 세타가야(世田谷)구는 주민참가에 의한 마을조성을 적극적으로 진행해 온 것으로 알려진다. 기타자와(北沢)천 녹색도로공사계획에서는 계획안과 같은 치수인지 확인하는 투어, 시냇물 소리의 단면 이미지 게임이나 원촌(原寸, 실제 치수) 디자인 게임 등 다양한 워크숍을 행하였다.

(고오다 모모요 郷田桃代)

현장에서의 기본 설계안의 실물크기 확인 투어

도시공원의 하나의 시냇물 소리에 대해서 생각한다.

초등학교의 교정에서의 실물크기 디자인 게임

완성한 도시공원의 하나의 시냇물 소리

그림 1 기타자와천 녹색도로공사계획의 주민참가 워크숍(사진제공 : 세타가야 마을 만들기 센터)

유니버설디자인

universal design

신체장애인이나 고령자, 아이 등 환경의 약자라고 하는 사람들의 자유로운 이동을 막을 수 있는 장애(배리어)를 없애는 것을 배리어 프리라고 한다. 원래 이 배리어 프리(barrier free)라는 말에는 물리적인 장애뿐만 아니라 심리 · 사회적인 장애도 없애는 의미가 포함되어 있다.

처음에는 물리적인 장애를 해결하여 우회하더라도 액세스만 확보된다면 좋을 것이라 생각했었다. 그러나 이것으로는 불충분하며 정상인과 같은 루트를 사용해야 한다는 메인 스트리밍의 생각이 서서히 진행되었다. 한층 더 진행되어 특정의 사람들을 위해서 장애라고 하는 마이너스 면을 없애는 대처로부터 적극적으로 환경 약자인 사람들은 물론, 누구에게나 편안한 환경이나 물건 본연의 자세를 요구하는 유니버설디자인의 생각에 이르게 되었다.

휠체어를 탄 사람이 지나갈 수 있도록 넓혀 놓은 개찰구나 입구와 출구가 반대에 있는 엘리베이터는 임산부나 유모차를 밀고 가는 사람과 큰 짐을 옮기는 여행자에게도 편리한 환경이 된다.

보살핌이 필요하게 될 장래를 생각하여 만들어진 널찍한 화장실은 장애에 대한 배려이다.

유니버설디자인은 건강한 젊은이라도 운동을 하다가 상처를 입거나 임신하거나 큰 짐을 들거나 음주로 인해 취하거나 하는 등 일시적으로 환경 대응능력이 낮아지는 경우도 있을 것이며, 또한 누구나 머지않아 환경 약자의 상황에 동참하는 것은 피할 수 없다는 기본적인 인식에 근거하고 있다.

(오오노 류우조 大野隆造)

그림 1 경사로가 계단의 중앙을 가로지르고 있다.

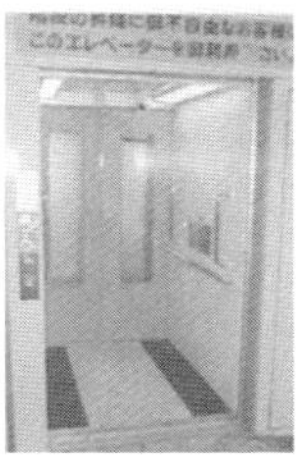

그림 2 누구한테든지 안전한 문이 있는 역 홈 (좌상)

그림 3 들어간 자세로 나올 수 있는 엘리베이터 (우상)

그림 4 넓은 자동개찰구

노멀라이제이션

normalization

1981년의 국제 장애인의 해를 계기로 일본에서도 노멀라이제이션의 이념이 급속히 침투하고 있다. 이 이념은 1950년대 초 복지선진국가라고 하는 북미로부터 일어나 '인간의 존엄'이나 '인류의 평등', '휴머니제이션'이라고 하는 시점으로부터 당시의 장애인 복지를 다시 파악하였기 때문에 다양한 나라들에게 받아 들여져 현재는 세계의 장애인 복지에 있어서 기본적인 이념으로서 정착하고 있다.

N. E. 뱅크 미켈센은 노멀라이제이션의 이념을 "장애인(정신지체인)도 비장애인과 같은 권리와 의무를 가져야 한다는 것이며, 정상화의 목표는 장애를 받아들임으로써 이들에게 정상적인(normal) 생활조건을 제공하는 것을 말한다."라고 설명하고 있다. 이 이념은 인간의 다양함을 이해하고 인간의 존엄성을 기초로 둔 평등한 사회의 실현을 의도하고 있다. 즉, 어떠한 장애가 있다고 해도 적절한 지원 아래 장애가 있는 사람들이 장애가 없는 사람들과 같이 자신이 바라는 생활을 보낼 수 있는 것이 정상적인 것이며, 우리는 그 실현을 위해서 장애가 있는 사람들의 다양한 생활조건을 가능한 한 정비하지 않으면 안 되는 것을 나타내 보이고 있다.

그리고 이 이념에 근거하는 정상적인 사회란 결코 장애가 있는 사람들을 보호라고 하는 미명하에 지역사회로부터 격리하여 수용하는 것은 아니고, 장애가 있는 사람들이 지역사회 속에서 장애가 없는 사람들과 함께 살 수 있는 장소로서 존재하는 것이라고 하고 있다.

노멀라이제이션의 이념에서는 B. 니르제에 의해서 정상적인 생활에 관한 '8개의 원칙'이 명확해지고 있고 그 중에서도 공간학이 관계할 수 있는 원칙으로서 '지역에 있어서의 정상적인 환경형태와 수준'을 들 수 있으며, 이 원칙은 주로 물리적인 환경의 정비목표를 설명하고 있다. 따라서 유니버설디자인이나 배리어 프리 등이 구체적인 환경정비방법을 나타내는 생각은 노멀라이제이션의 이념을 실천하는 경우의 유효한 방법론의 하나로서 정해지고 있다.

노멀라이제이션의 이념은 현대에 사는 우리에게는 당연한 것처럼 인식되고 있다. 그렇지만 이 이념은 아직도 50년 정도밖에 경과하고 있지 않은 것이 현실이다.

즉, 그 이전에 장애를 가지고 있던 많은 사람들이 어떠한 가혹한 조건 아래에서 일상의 생활을 보내는 것을 피할 수 없게 되었는지를 재확인해야 한다. 그리고 이 이념이 그러한 가혹한 생활을 피할 수 없게 된 사람들의 역사적인 배경의 아래에서 결실된 것이라는 점을 잊어서는 안 된다.

(아카기 데츠야 赤木徹也)

배리어 프리 디자인

barrier free design

1974년 유엔은 배리어 프리 전문가 회의를 열어 온 세상의 건축가가 모여 '건축가의 설계 대상은 평균적 성인 남자뿐이었다. 이러한 고정개념을 중지하고 폭넓은 인간상에 강요하자' (challenge to Mr. Average)라고 선언하였다. '장벽 제거'란 말은 이후, 건물의 단차 해소, 출입구 폭의 확보라는 물리적 장벽뿐만 아니라 사회 처우의 차이, 편견의 제거로 퍼졌다. 예를 들어, 안면 손상의 사람에게의 차별 취급을 제외한 '유니크피이스'라고 하는 조직운동도 있어 '마음의 배리어를 제외하다'는 목표가 되었다. 공간적인 성능으로서는 우선 Accessibility (누구라도 건물에 접근하는 것) 즉, 이동의 보장 'Access for all'의 구령의 아래 1970년대부터 영국, 북미, 미국에서 Access법이 성립하였다. 다음에 Reachability(누구라도 조작할 수 있는 설비)를 목표로 조작 버튼의 위치나 형상 그리고 개수대나 스테이지 자체 승강 가능 설비가 개발되어 엘리베이터, 에스컬레이터도 개량 보급하였다. 현재는 Usability(누구라도 잘 다룰 수 있는 제품)의 단계까지 강요하고 있다.

공간 설계에서는 휠체어 조작이 가능한 치수의 확대나 마루 단차 등이 장애인의 사용 실험을 기초로 기준화되어, 시각장애나 청각장애에 시인성을 추구한 유도 바닥재나 안내사인, 음성유도장치나 자막 · 영상 전송과 같은 방법 등이 개발되었다.

법률에서는 1990년의 미국 장애인법(ADA)을 기반으로 일본도 교통 배리어 프리법(2001), 하트빌딩법(2002)이 제정되어 법정에 의무화되었다. (요시다 아코 吉田あこ)

그림 1 노인개호 시대는 노면의 배리어가 한층 심각하다.

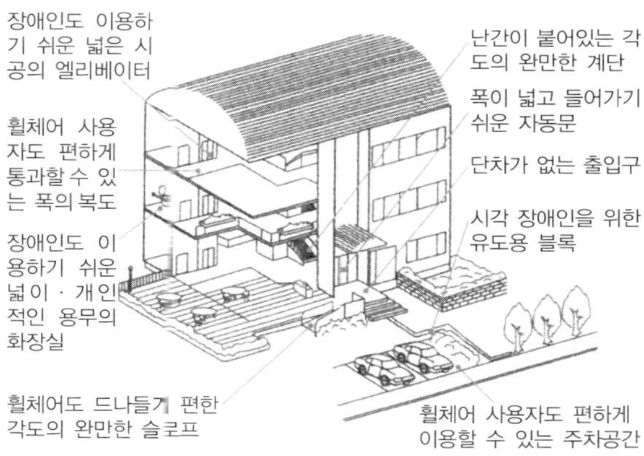

그림 2 하트빌딩법에 따르는 고령자. 신체장애인이 이용하기 쉬운 건물 이미지

환경이행

environmental relocation

공간학에 있어서의 환경이행이란 인간이 행하려고 하는 행동을 개입시켜 어느 환경으로부터 다른 환경으로 변화하는 자체를 나타내는 말로 이용되는 것이 많다. 그리고 인간의 환경이행을 취급하는 연구의 대부분이 익숙해진 환경에서 미지의 환경에 이행할 경우에 인간의 환경적응 과정을 분명히 하여 그 결과를 실제의 건축 · 도시공간의 질적 개선에 응용할 수 있는 일을 목적으로 하고 있다.

인간의 환경적응 과정을 분명히 하여 건축 · 도시공간의 질적 개선에 임하기 위해서는 인간과 환경과의 상호 관계성을 검토하는 것이 보다 필요하다. 그 때문에 환경이행에 관한 연구의 대부분이 인간과 환경과의 업무적인 관계를 취급하는 환경 행동론적 시점을 도입하고 있다.

최근 환경이행이 큰 연구테마로서 다루어지고 있는 배경에는 어떠한 장애에 의해서 환경적응 능력이 저하된 사람들을 위한 생활의 질(QOL : quality of life)의 향상이 있어, 그러한 사람들이 익숙해진 환경으로부터 미지의 환경으로 환경이행을 피할 수 없게 되는 경우 얼마나 새로운 환경에 소프트 랜딩을 시키는가 하는 것이 큰 과제가 되고 있다. 만일 환경적응 능력이 저하한 사람들이 적절한 지원이나 배려가 없는 상태로 익숙해진 환경으로부터 미지의 환경으로 급격한 환경이행을 피할 수 없게 되었을 경우, 그 급격한 환경이행은 자주 그러한 사람들에게 과잉적인 육체적 · 정신적 스트레스를 주어 그 증상에 대해서 악영향을 미치는 원인으로 연결될 수도 있는 경우가 많다고 지적되고 있다.

환경적응 능력의 저하에는 누구든지 경험하는, 나이가 드는 것에 의한 문제나 인지증세, 지적장애 등의 공간적인 인지장애를 가지는 경우 등을 들 수 있다. 그리고 그러한 사람들이 환경이행을 피할 수 없게 되는 경우에는 거주시설에 있어서의 거실 간 이후 다인실(多床室)[100]로부터 개인실, 개인실로부터 다인실 등)나 간호 유닛 사이 이행 등으로부터 지역레벨의 시설 사이 이행(있는 시설로부터 다른 시설, 자택으로부터 시설, 시설로부터 자택 등)이나 다양한 상황을 생각할 수 있다.

환경적응 능력이 저하된 사람들에 대한 환경이행의 본연의 자세에 대해서는 '생활의 계속성'이라는 생활의 질(QOL)의 향상에 빠뜨릴 수 없는 중요한 환경지원 목표의 하나가 크게 관계하고 있다. 온화한 환경이행을 실현시켜 '생활의 계속성'을 도모하는 것은 그러한 사람들에 대해서 미지의 환경에 대한 불안이나 혼란을 감소시키는 것과 동시에 정신상태의 안정이나 잔존능력의 유지 · 향상에도 연결되고, 또한 보다 자유로운 행동을 지원하는 것에 결합되는 중요한 논리이다.

(아카기 데츠야 赤木徹也)

100) 병상이 한 방에 몰려있는 병실.

장애인의 공간

space for disabled

단차를 없애고 핸드레일을 붙이고 세면대에 수전레버를 발쪽으로 장착하고 문의 폭이 넓은 미닫이에…는 휠체어나 지팡이를 사용하는 사람들도 편하게 사용할 수 있는 하트빌딩법의 매뉴얼 공간은 최저기준으로서 법제화 되고 있다.

그러나 세계보건기구(WHO)가 내놓은 국제장어인분류(ICED)는 종래의 손상부위의 분류를 개정하여 본인의 달성 기능레벨, 즉 개인의 활동능력(activities)과 사회참가 실태(participants)를 장애 기능레벨로 하였다.

따라서 이것에 대응하는 공간설계는 개별요구 대응과 사회 전체로부터의 지원이라는 2가지 방안이 있다. 일본 법제도의 최저기준과 상위 레벨의 유도기준을 혼합하여 보다 나은 개발을 시사하고 있다.

이 '안전 · 안심' 공간은 공용공간뿐만 아니라 관광 · 오락시설에도 받아들여 바뀌고 있다. 예를 들어, 도쿄 디즈니시의 공간달성 목표는 누구라도'로서 임산부 · 유아 · 고령자 그리고 장애인 · 외국인을 대상으로 각각의 요구에 치밀하게 대응하여 안전을 충분히 확보할 뿐만 아니라 노는 즐거움을 전개시키고 있다. 예를 들어, 내부 모형의 설치에는 해저나 호슷가 위의 탈 것에 탑승하기 전에 선내 구조가 쉽게 이해된다. 미리 자신의 좌석의 위치나 안전벨트의 붙이는 방법을 충분히 예비학습을 할 수 있다. 동반한 어린이나 시각장애인 · 청각장애인이 구체적으로 이해하는 것이 주목적이다.

최근 간호견법이 제정되어 맹도견(guide dog) · 청도견(hearing ear dog) 동반에 의한 숙박시설 · 음식점 · 교통기관이 정비되었다. 이것과 병행하여 맹도견과 같이 생활하는 주택 연구도 진행되었다. 아래의 그림은 맨션 리폼의 사례로 개의 고관절 탈골을 방지하는 바닥재료, 다다미 사이에 개의 발톱이 끼이는 것을 방지하는 등의 연구이다. (요시다 아코 吉田あこ)

그림 1 맹도견과의 공생의 주택계획

고령자의 공간

space for the aging

21세기는 지난 세기의 소수집단이 다수집단이 되면서 공간설계의 상식이 차례로 교체되고 있다. '인생 50년'이라고 하는 생각은 1947년까지 나타났으며, 그 뒤로 50년간 일본인의 평균수명은 80세로 늘어났으며 65세 이상의 고령자는 인구의 20%까지 차지하게 되었다. 그러나 모두가 80세까지 평안하게 무사하다고 할 수는 없다. 동일한 연도의 출생에 대한 생존율을 조사한 결과 50세에 17%가 사망하였고 그 후 사망률은 급증하였다. 인생의 죽음은 역시 50세가 기점이다.

신체적 변화는 새해가 되어 나이를 한 살 더 먹음에 따라서 시작되며 40대엔 '40어둠'이라고 하는 노안이 생기게 되고 50대에는 백내장이 생기게 되며 시야가 황변화(黃變化)하기 시작하고 '급성 요통증', '50견'이 오며 60대에는 뇌졸중의 위험이 다가온다.

그러나 인간은 시력감퇴를 돋보기로 보충하고 IT 등 기기의 도움으로 생활권을 자동화하여 세계도 움직일 수 있게 되었다. 또한 거주지나 도시를 약자에게 적합하게 재구성하여 인적 지원을 구성하는 사회시스템을 만들었다. 이렇게 하여 신체기능은 감퇴하지만 실제 노동은 떨어지지 않는 지원체제의 환경을 쌓는다.

예를 들어, 이동경로상의 단차이로부터 오는 전도골절. 이것에는 분별하기 쉬운 색을 사용하여 고령자의 눈이 되어 시뮬레이션한 색환경에서 거리 전체를 재검토하고 수정하게 된다. 그림 1은 흰색 대리석마루의 단 끝에 황색을 붙인 단차이다. 이것은 고령의 황변화 시계에서는 판별하지 못하고 경고표시의 황색 그림도 판별이 어렵다.(그림 2)

때에 따라서는 청각이 변화하여 작은 소리나 높은 소리를 듣지 못하는 경우도 생긴다. 음악당에서는 자석루프를 마루에 심어 보청기와의 연동으로 음악을 향수하면 젊었을 때에 들었던 것과 같이 도중에서 끊어지는 일 없이 전곡을 들을 수 있다.(그림 3)

(요시다 아코 吉田あこ)

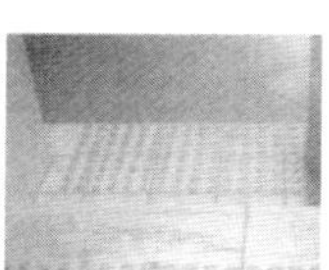

단차 상하와도 흰색, 단 끝의 황색 '분별하기 어려움 82%'

위험표시의 그림 황색(분별하기 어려움 88%)

그림 1 단차 경고

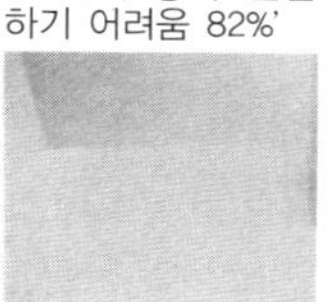

단끝의 노란색은 흰바닥과 동색화(휘도비 1)

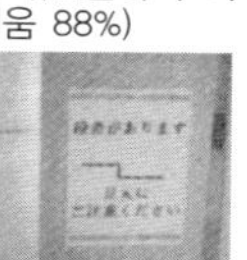

노랑 그림은 흰색 배경과 동색화(휘도비 1)

고령의 황변화 시야 색에서는 이 마루단차는 모른다. 흰색 대리석 마루에 단 끝은 황색, 흰색과 노랑은 동색으로 보인다.

그림 2 고령의 황변화 시야

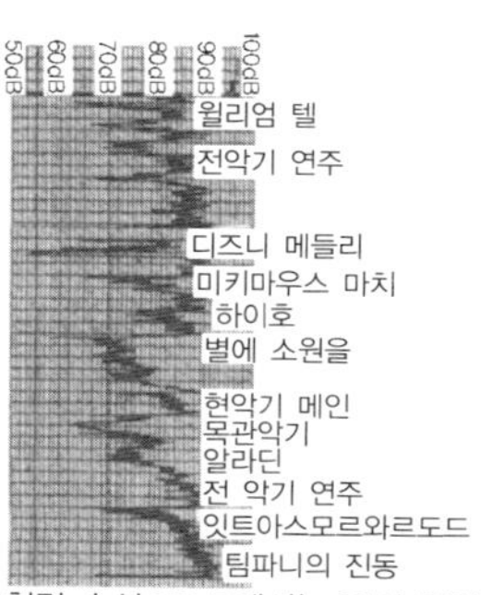

청력 손실 70dB에서는 곡이 끊어지지만 보청을 하여 50dB이 되면 전곡이 들린다.

그림 3 음곡의 시간별 음압과 보청효과

어린이의 공간

space for children

저출산이 심각해지면서 아이를 키우기 쉬운 거주지나 마을조성의 연구가 집중되고 있다. 주거지의 경우 사용자가 육아기에 들어서게 되면 아기를 위한 배리어 프리 공간이 필요하게 된다. 유아는 빠르게 성장하여 벽을 잡고 걸음을 걷는 등의 활동을 하게 되는데, 약간의 단차에서도 넘어지고 상처 등을 입게 된다. 문턱의 낙차를 매끄럽게 없애고 단의 모퉁이를 깎으며 가구는 넘어지지 않는 것으로 바꾸어 위험으로 가득 찬 주택 안을 배리어 프리로 만들어야 한다. 가끔은 아기에게 장애물을 쌓아놓는 발상도 필요하다.

발코니나 계단으로부터 굴러 넘어지거나 떨어지는 것을 막아주는 바리게이트나, 스토브 같이 방한용 불로부터 유아를 멀리할 수 있게 도와주는 주변 울타리 등은 화상의 위험에서 유아를 지켜준다. 또한, 주택 내의 사고사의 최다 장소인 욕실에서 유아와 고령자의 사고가 많이 목격된다(그림 1). 그 이유 중에는 낮에 사용하지 않는 일본 특유의 물이 담겨진 욕실에 유아가 들어가 욕조의 뚜껑 위에 올라가서 침몰사하는 경우도 있다. 이 때문에 뚜껑의 안전기준을 어렵게 하여 유아 사고사를 감소시켰다. 그림 2와 같이 욕조를 위까지 둘러싸는 것이 바람직하고 이것은 고령자의 입욕 전후의 혈압 변동으로부터 오는 심장발작의 사고사 방지에도 도움이 되고 있다.

유아의 감음성(感音性) 난청 중 반은 원인불명으로 유아기의 실청(失聽)[101]으로 풀이되고 있다. 음압 80dB 이상의 소음에 빈번히 노출되면 점차 청력을 잃게 된다. 주택 내에는 TV나 알람, 완구 등 90dB을 넘는 기계음이 많이 반입되어(그림 3) 자고 있는 유아에게 무방비로 방치되고 있다. 주택 내의 소리환경의 배려가 세계적으로 중시되고 ISO의 안전기준에도 엄격하게 나오고 있어 공간적 해결이 필요하다. (요시다 아코 吉田あこ)

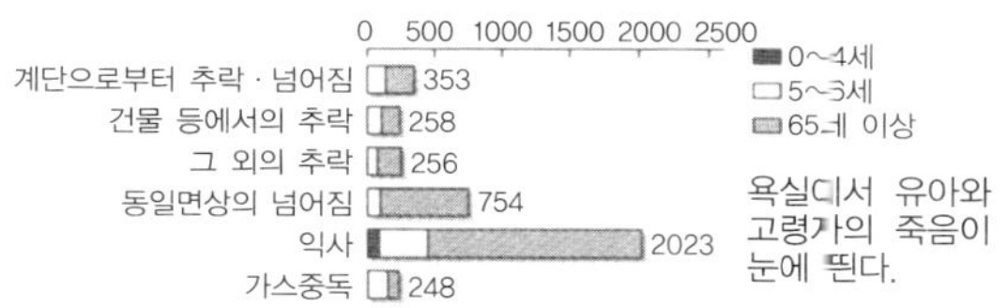

그림 1 가정 내 사고사 수(연령별 내용)

유아에게도, 고령자의 온열환경에도 안전

그림 2 안전 창호욕조 예

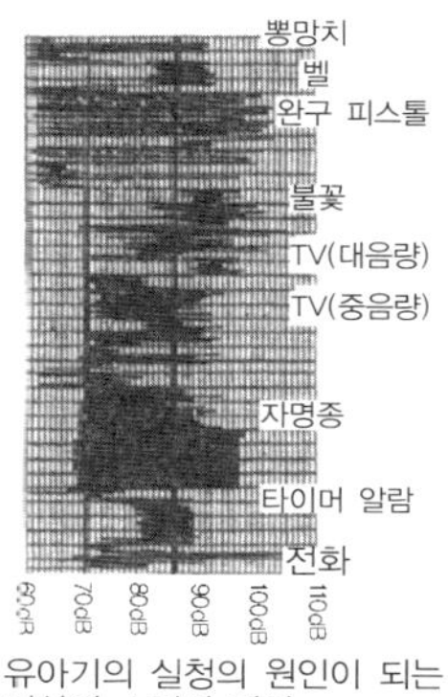

유아기의 실청의 원인이 되는 90dB 이상의 소리가 많다.

그림 3 옥내의 생활환경음의 음압

101)듣는 힘을 잃어 청각장애가 됨.

환경공생

human and environmental symbiosis

지구환경 문제의 관심이 고조되면서 친밀한 환경의 계발활동도 활발하게 이루어지고 있다. 지속가능한 사회를 실현하려면 인간의 마음대로 하는 이기적인 행위를 경고하고 지구환경의 부하를 줄이기 위한 생태계와의 공생을 생각하지 않으면 안 된다. 환경공생과 인류는 환경의 일부라는 인식은 전체적으로 그것을 지키고 보존하여 다른 생물들과 함께 살아갈 수 있는 환경을 창조하려고 하는 개념이다.

건축계에서는 학교와 같은 곳에 비오톱102)이나 환경공생주택 등 선진사례가 있다. 비오톱은 생명(bio)과 장소(topos)의 복합어로 생물의 생식공간이다. 환경공생주택이란 지역의 특성에 따라 녹색을 주로 하는 주위의 자연환경과 조화를 이루어 태양광 발전 등의 자연 에너지를 활용하는 주택이다. 최근에는 빌딩에 옥상의 녹화와 같은 도심부에서 환경공생을 위한 시책도 활발해지고 있다. 또한 환경공생의 개념이 없던 에도(江戸)시대의 거리에서는 분뇨의 리사이클까지 포함하여 매우 뛰어난 순환형 환경공생의 시스템을 자랑하고 있었다. 그러나 현재의 쾌적한 생활을 포기하고 불편함을 참는 생활을 하는 것은 생각할 수 없을 것이다. 비오톱이라고 하는 작은 것조차 열기가 식으면 단순한 웅덩이가 될 가능성이 있다.

건축이나 공간을 만드는 것은 단지 물건을 만드는 것만이 아니고 그 후의 인간활동을 풍부하게 하는 것을 목표로 하는 것으로 환경공생 또한 같은 뜻을 갖는다. (요코타 다카시 横田隆司)

그림 1 물과 녹색으로 되어 있는 집합주택의 외부공간

그림 2 초등학교의 비오톱

그림 3 환경공생주택(세타가야구 후카자와 주택)

102) 비오톱(Biotope)은 도심에 존재하는 인공적인 생물서식 공간을 말한다. 생명을 나타내는 접두사 bio와 그리스어로 장소라는 의미를 가진 topes의 합성어로 약 100년 전에 독일의 생물학자 에른스트 헤켈에 의해서 제창되었다. 자연생태계와 동일한 의미로도 쓰이나, 그것보다 구체적인 지역과 생물군으로 성립된 생태계라고 할 수 있다. 야생동물이 서식하고 이동하는 데 도움이 되는 숲, 가로수, 습지, 하천, 화단 등 지역생태계 향상에 기여하는 작은 비오톱들은 단절된 생태계를 연결하는 역할을 한다. 기법으로는 다른 나라에서 실시되었던 Biotope Network 계획과 근자연형 하천공법, 다자연형 하천공법이 있다. 1992년 브라질 리우데자네이루의 유엔 환경개발회의에서 체결된 생물의 '다양성보전 조약' 이후 일본과 유럽 지역에서 비오톱에 관한 연구가 활발해지고 있고, 한국도 비오톱 기법을 이용해 한강 생태계 보전과 청주의 생태도시 조성 등 여러 가지 사업을 수행하고 있다. – 위키백과

환경디자인

environmental design

태양 · 물 · 바람 · 녹색 · 흙이라고 하는 자연요소와 도시건축군이라고 하는 인공적 물리요소에 대한 인간 · 생태적 시점으로부터의 기초계획과 형태 부여 행위를 환경디자인이라고 한다.

적극적으로 자연환경과의 유기적 조화를 도모하여 그것을 향한 설계를 하는 것이 환경디자인의 한 측면이다. 또 하나는 인공적 건조물군을 주 요소로 하는 고밀도의 도시환경디자인이다.

생태와 건축군의 양측면의 배려는 건강한 도시환경에는 빠뜨릴 수 없다.

예를 들어, 미국 시애틀의 호수의 시선확보 조례는 좋은 예이다.

시애틀 특유의 아름다운 호수를 가능한 한 많이 보이게 하기 위해서 스트리트 엔드에는 건물을 지어선 안 된다. 거기는 작은 생태적인 공원으로 한다는 '스트리트 엔드 파크 조례'에 의해 환경을 디자인하였다.

또 독일의 맨하임 시의 바르슈타트 노르트 지구의 마을조성에서, 시에서는 여름의 바람길을 조건으로 하는 현상설계를 실시하였다. 실현된 계획안으로는 집들의 지붕에 내리는 비를 모아 초등학교의 통학로에 흘려보내어 거리 저층부(低部)에 생태공생연못으로서 그 빗물을 모아 식물에 의해서 정화되고 지하침투와 증발에 의해서 기후를 조정하고 그 연못의 바람길을 확보하는 디자인이었다.

(스즈키 노부히로 鈴木信宏)

그림 1 시애틀시의 스트리트 엔드 파크 조례로 확보된 유니온 호수에의 시선(좌), 호수를 응시하는 사람(우)

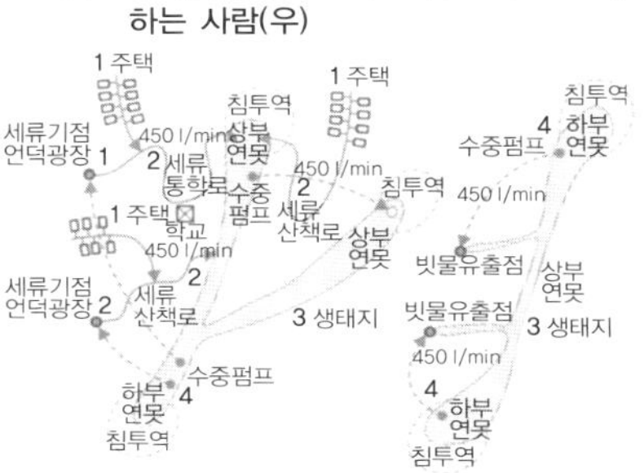

그림 2 맨하임 시 바르슈타트 노르트 지구의 빗물 순환계통도

그림 3 빗물이 흐르는 통학로

그림 4 저층부에 빗물을 모은 생태공생연못

환경영향조사

environmental impact assessment

대규모 개발행위는 필연적으로 자연환경의 훼손을 야기시킨다. 또한 환경이 일단 파괴되면 그 회복과 구제는 어려워진다. '환경영향조사'는 이러한 한도를 넘은 환경파탄을 저지하려고 하는 목적으로 행해지는 것으로, 도시개발계획 등 대규모 개발사업의 착수에 앞서 계획단계로부터 해당 사업의 예정지나 그 주변 환경에 미치는 영향을 조사 · 예측하여 환경보전을 위해서 각종 대체안을 생각하고 지역주민과 조정을 도모하는 종합적인 프로세스이다. 환경영향조사라는 생각은 미국에서 시작되었다. 1969년에 국가환경정책법(NEPA)이 제정되어 연방정부의 개발활동에 대해 환경영향평가서의 작성이나 주민참가 절차 등을 정부에서 의무화했던 것이다.

일본에서는 고도 성장기에 있어서의 환경오염의 교훈에서, 1972년에 공공사업에 한해서 환경영향조사가 도입되어 1984년에는 '환경영향평가의 실시에 관하여'의 각의결정(閣議決定)에 의해 통일적인 구조가 생겼다. 1997년에는 제도의 재검토로서 '환경영향평가법'이 성립하고 있다.

현재는 자치단체 레벨로 환경영향조사가 조례로 제정되어 실시되는 사례도 많다. 다만, 합의 형성을 위한 도구로서 충분한 역할을 이루지 못하는 것, 한 번 행해진 의지결정은 변경하지 못하고 장기적인 사업에 대응되어 있지 않은 것 등이 지적되고 있다. 향후 주민참가를 포함한 합리적인 의지결정을 위한 도구로서의 환경영향조사 확립이 바람직하다.

(요코타 다카시 横田隆司)

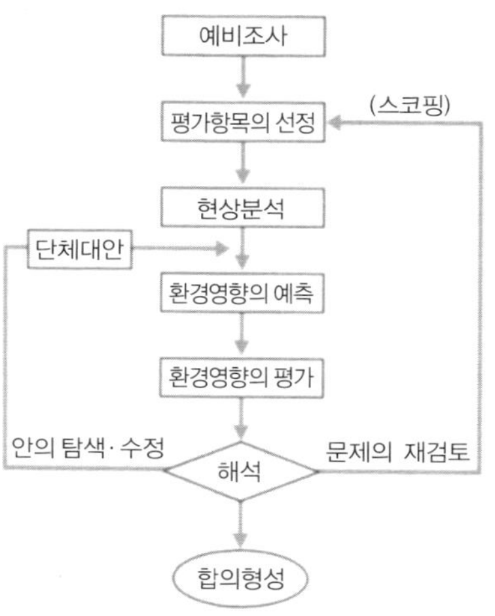

그림 1 환경영향조사의 흐름

표 1 간사이 국제공항의 입지 후보지의 비교평가

비교 항목 \ 후보지	센슈 바다	고베 바다	하리 마나다	배분율 (중량감)
1. 용의 편리함	82.1	89.4	56.2	0.217
2. 관제 · 운항	80.1	72.9	91.2	0.199
3. 환경조건	84.1	70.0	82.9	0.188
4. 건설	78.2	70.0	85.3	0.124
5. 개존권익과의 조정	85.2	66.8	61.8	0.089
6. 지역계획과 정합	86.5	65.3	77.9	0.092
7. 개발효과	85.1	64.4	75.0	0.091
합계(종합 평가)	82.7	73.6	76.0	1.000

주) 평가점은 투표한 위원(17명)의 평균을 100점 만점에 환산

그림 2 환경영향조사에 의한 개발 사례
(에비스 가덴프레이스, 시부야구)

지속가능한

sustainable

이 말은 1987년 유엔의 환경과 개발에 관한 세계 위원회(통칭 : 브룬트란트위원회)가 기초한 보고서 “Our common Future” 중에서 ‘있어야 할 개발’의 명칭으로서 사용된 sustainable development(지속가능한 개발)에 의해서 널리 알려지게 되었다.

공해, 지구의 온난화 등 인간 환경에서의 위협이 대해서 정치 · 경제 · 사회의 입장으로부터 문제 제기된 것은 1970년대이다. 한편, 과학자로부터 탄산가스의 증가와 기온상승의 관계가 지적된 것은 1820년대로 거슬러 올라간다. 이 과학과 사회의 양자가 함께 논의를 가진 것이 스톡홀름에서 개최된 제1회 국제연합인간환경회의(1972)이며, 여기서 국제사회는 지구의 유한성을 확인한다. 그리고 요하네스버그에서 개최된 제4회(2002)의 정식명칭이 ‘지속가능한 개발에 관한 세계정상회의’인 것을 보더라도 sustainable development(지속가능한 개발)는 세계의 상식이 되었다.

향후에는 일상생활이나 산업 · 건설 활동에 있어서 3R[삭감(reduce), 재이용(reuse), 재생(recycle)]의 추진, 자연 재생에너지 개발, 목재의 CO_2 고정적 이용의 착수가 요구된다.

또한, 스크랩 앤드 빌드(scrap and build) 방식을 고쳐 구축물이나 그 공간의 물리적 · 사회적 수명을 늘리는 방법, 즉 리폼(재생 · 성능 향상 · 변신), 전환(건물용도 변경)을 보급시킬 필요가 있다.

한편, 사는 방법에 대해서도 쾌적성(amenity) 추구 일변도를 반성하여, 이른바 ‘에도시대로의 회귀’라고 말해지는 청빈생활 등 지속적 환경윤리 형성의 노력이 필요하다.

(하시모토 미야코 橋本都子)

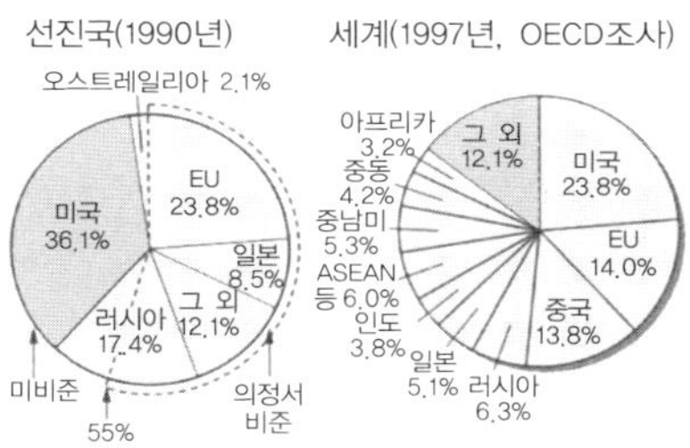

지구온난화 방지 때문에 선진 각국의 온실효과 가스 삭감 의무를 정한 국제의정서가 ‘교토 의정서’이다. 이산화탄소 등의 온실효과 가스 배출량에 대해서 2008–12년간에 90년 수준보다 EU 8%, 미국 7%, 일본 6% 등의 삭감을 의무화 하고 있다.

그림 1 세계의 나라 · 지역별 CO_2 배출량

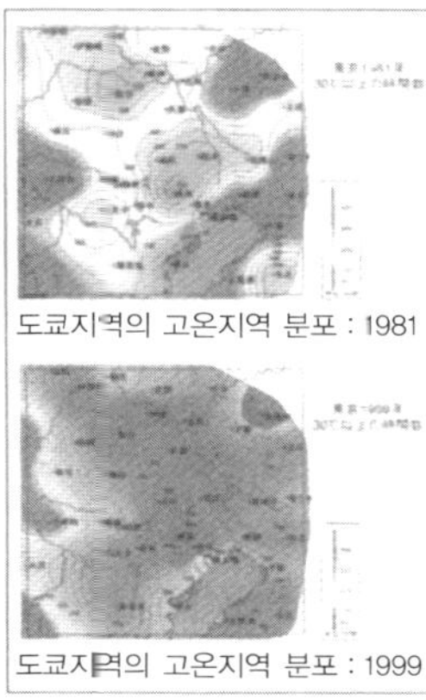

도시지역의 기온이 교외에 비해 높아지는 히트 아일랜드 현상이 대도시를 중심으로 일어나고 있다. 이 때문에 하계는 열대야의 출현날짜가 증가하고 냉방 등에 의한 배출열이 기온을 상승시켜 또 다른 냉방을 위한 에너지 소비 증가라고 하는 악순환이 발생하고 있다.

그림 2
도쿄지역의 고온지역의 분포
(출전 : 환경청 ‘히트 아일랜드 현상의 실태 해석과 대책의 본연의 자세에 대한 보고서’)

가구 · 설치 관찰조사

생활이 영위되는 건축공간에는 대부분의 경우 어떠한 가구든 놓여진다. 공간에 가구를 두는 것, 또는 그 가구의 놓는 방법에 따라 생활에서 사용자의 공간사용법에 관한 의지가 표현되고 있다고 생각할 수 있다.

평면도는 준비해 놓은 도면상에 실제로 가구가 놓이는 방법을 실측하여 그려 넣어 가는 것으로 거기에 있어서의 생활의 모습을 생생하게 표현할 수 있다. 그 공간의 잘 다루는 방법, 생활과 공간의 대응관계가 이것에 의해서 고찰 · 분석할 수 있다. 사용자의 인터뷰 등은 병용할 수 있으며 고찰된 내용은 깊어진다.

주택을 대상으로 한 이러한 조사를 '거주지 분석조사'라고 부르지만 집합주택에서 이것을 반복하는 것으로 배치와 거주지 분석, 즉 공간과 인간행동의 대응관계에 관한 다양한 법칙성이 발견되어 왔다.

초등학교 오픈스페이스에 있어서의 장소 · 코너의 형성에 대해서, 우에노 준(1988)은 오픈스페이스를 기초로 한 초등학교의 전형적인 예를 추출하여 거기에 있어서의 교구(教具) 배치를 상세하게 계측하였다. 각각의 교구가 주로 쓰이는 방법이나 교재나 교구의 수납방법, 전시 · 게시의 실제 등도 모두 수록하고 있다. 이러한 조사로부터 오픈스페이스에는 고유의 목적을 가진 몇 개의 학습코너가 공통적으로 언제든지 사용할 수 있게 설치되어 있는 것으로 나타났다.

(우에노 준 上野 淳)

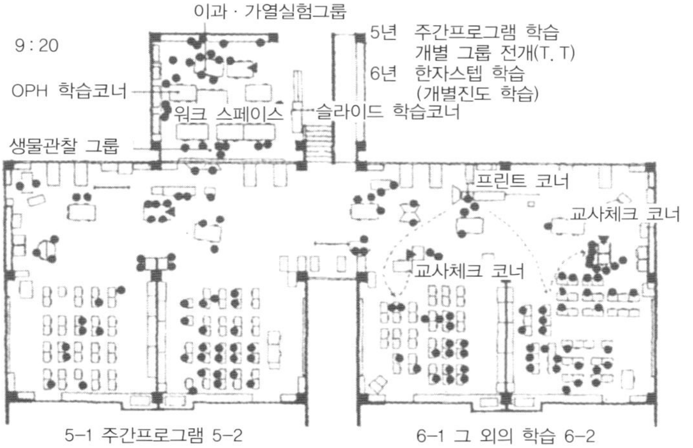

그림 1 오픈스페이스의 가구배치 조사의 학습행동 관찰조사

행동 관찰조사

공간에 있어서의 인간행동의 모습을 관찰한다. 가능하면 '가구 · 설치 관찰조사'의 항목으로 가구의 배치실태가 그려 넣어진 평면도에 정해진 시간의 인간행동을 그려 나가면 보다 효과적이다.

공간에 있어서의 인간행동이나 생활은 벽이나 창이라고 하는 건축의 딱딱한 구성요소 외에 거기에 있는 가구를 매개로 생활이 일어나고 있다. 이러한 작업을 반복하는 것에 의해서 공간의 본연의 자세와 인간행동의 대응관계가 보다 한층 선명히 파악될 수 있다.

언제, 누가, 어느 장소에서 어떠한 행동내용을 누구와 함께 등의 항목을 서술하면서 평면도상에 그려 나가는 것으로, 어떠한 인간행동이 어떠한 공간요소를 매개로서 유발되고 있을까를 읽어낼 수 있다. 이러한 도면을 'Behavior map'이라고 부르기도 하고 또한, 장소나 건축요소와 인간행동의 대응을 '행동장면－behavior setting'이라고 부르기도 한다.

공간의 본연의 자세가 인간행동에 규제나 모순을 주거나 하고 있는 사실이나 반대로 공간의 상태가 특정의 인간행동을 유발해 있거나 하는 사례를 추출할 수 있어 일반적 법칙성을 이끌어낼 수 있으면 공간디자인에 일정한 지식과 조문을 줄 수 있다. (우에노 준 上野 淳)

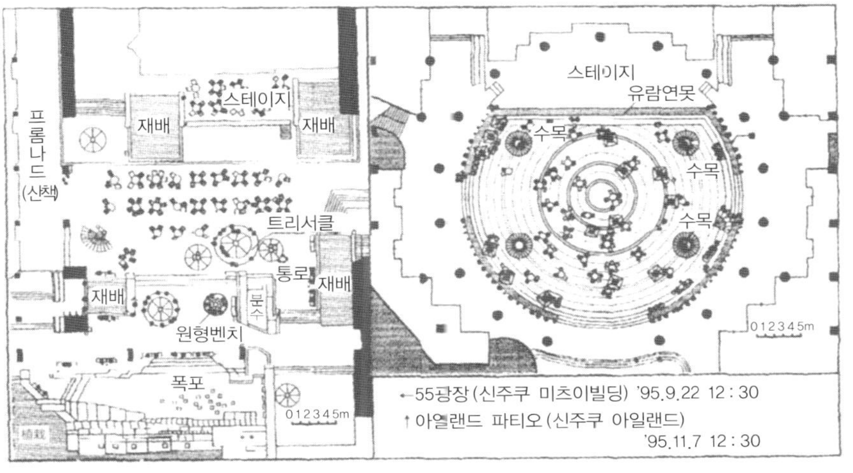

그림 1 도시의 오픈스페이스에 있어서의 행동 관찰조사(behavior map의 예)

앙케트 조사

앙케트 조사는 사회학이나 심리학 등에도 넓게 이용되는 방법이다. 공간연구의 영역에서 이용되는 경우 주로 그 시설의 이용자가 대상으로 여겨지지만 그러한 사람들의 연령이나 주소 등의 사실을 파악하는 것을 목적으로 하는 경우 등 시설에 대한 평가나 요구 또는 의식을 묻는 경우로 나누어 생각할 수 있다. 즉, 객관적 사실을 묻는 조사와 대상자의 주관을 묻는 조사가 있다. 구체적으로는 몇 개의 종류가 있다. 예를 들어, 설문지에 쓰는 경우와 듣는 경우로 나눌 수 있다.

전자는 질문과 회답에 일정한 틀을 미리 주는 방법으로 그 중에서도 회답에 선택사항을 설정하는 방법은 통계적인 처리를 가능하게 한다. (그 중에도 배표조사, 유치조사, 우송조사 등이 있다.)

후자는 인터뷰 조사라고도 불리고 예상하기 어려운 다양한 조사대상자의 회답 중에서 유효한 지혜와 식견을 찾아 가려고 하는 경우를 지향하고 있다.

다만, 조사자의 기량이나 통찰력에 크게 의존하게 되는 것은 말할 것도 없다. 조사기획 시 엄밀한 고찰을 게을리하여 앙케트 표 자체의 디자인에 문제가 있는 사례가 많다. 의도적으로 또는 눈치채지 못하고 유도적인 질문을 하거나 대상자에게 있어서 질문내용이나 선택사항이 이해하기 어렵거나 하는 경우 등이다.

또, 조사대상자의 선정에도 충분한 검토를 필요로 한다. 모 집단의 성격이나 속성에 따라서 결과가 달라지는 것은 당연하다.

(우에노 준 上野 淳)

다이토오구 · 노인복지관 · 이용실태조사 입관시간 : 퇴관시간 :

연령	세	성별	남 여
주소	구 번지 번호		
복지관에서 오늘 한 일에 ○를 그려주세요.	1. 입욕 2. 춤 3. 담화 4. 바둑 5. 장기 6. 학습 7. 상담 8. 식사 9. 리하빌리 10. 회합 11. 독서(책, 신문, 잡담) 12. 가라오케 13. 그 외		
복지관을 어느 정도 이용하십니까?	1. 거의 매일 2. 주 2,3회 3. 주 1회 4. 월2,3회 5. 월1회 6. 거의 이용 안함.		
복지관에는 오늘 무엇으로 오셨습니까?	1. 보도 2. 자전거 3. 자동차 4. 버스 5. 그 외( )		
복지관에 오실 때 어느 정도 걸리셨습니까?	분 정도		
몇 년 전부터 이용하셨습니까?	년 전부터(세부터)		
가족구성은 어떻게 되십니까?	1. 혼자 2. 부부 3. 자녀세대와 동거 4. 그 외		
강습회 등에 참가한 적이 있습니까?	1. 있음 2. 없음		
	동반자 1. 있음 2. 없음		

그림 1 고령자 데이센터 이용자 앙케트 표

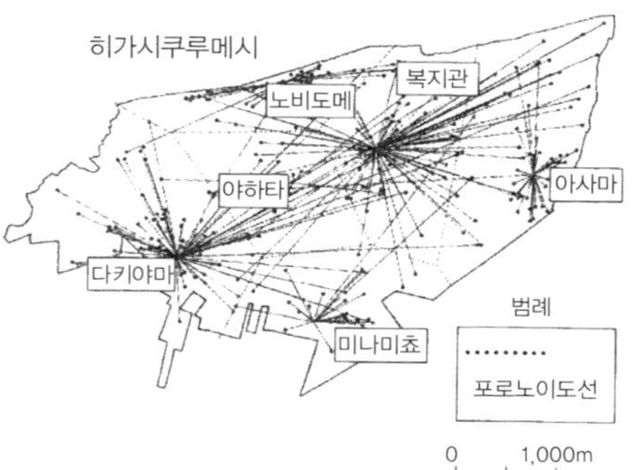

그림 2 고령자 데이센터 이용자의 지역분포

인터뷰 조사

interview

면접에 의해서 행해지는 청취조사의 총칭. K. 린치의 도시의 이미지 연구에 있어서 조사가 유명하고 공간에 대한 심리적인 인지나 평가, 주민참가 등의 디자인 프로세스, 주민활동 등을 대상으로 한 연구로 이용되는 경우가 많다.

일반적으로는 두 종류의 방법이 있는데, 하나는 내용만 준비되어 구체적인 질문방법이나 선택사항이 정해져 있지 않은 부정형의 타입(비지시적 면접조사), 다른 하나는 질문으로부터 회답의 기록방법까지가 엄밀하게 정해진 통일된 방법(지시적 면접조사)이다.

전자는 조사원이 의문점 등을 그 자리에서 깊게 추구하는 것이 가능하지만, 고도의 능력과 기술이 요구되는 것과 동시에 조사시간도 길다. 이 때문에 대량의 통계처리용 데이터를 수집하는 것은 불가능하지만 생생한 현실이나 예측할 수 없는 듯한 회답을 얻을 가능성이 있다. 연구자가 연구의 예비단계에 있어서의 지혜와 식견을 직접 얻기 위해서도 유효하다.

후자의 방법은 질문지를 준비해 조사원이 이것을 읽어내는 것과 같은 방법을 사용하며 면접 기술의 우수함과 그렇지 못함 등 조사원의 차이를 방지할 수 있으므로 다수의 조사원의 차이를 방지할 수 있어 다수의 조사원을 도입하여 대량의 데이터를 확실히 모으는 경우에 적절하다.

다만, 조사가 형식적으로 되기 쉬워 대상자와의 커뮤니케이션이 충분히 성립되지 않고 이 때문에 조사 거부에 맞는 경우가 있거나 불성실한 회답이 될 우려가 있는 결점이 있다. 실제로는 양자의 특성을 맞추어 중간적, 복합적인 조사를 하는 경우도 많다.

(다나카 가즈나리 田中一成)

그림 1
인터뷰 조사에서 얻을 수 있던 도시의 이미지 (로스앤젤레스)

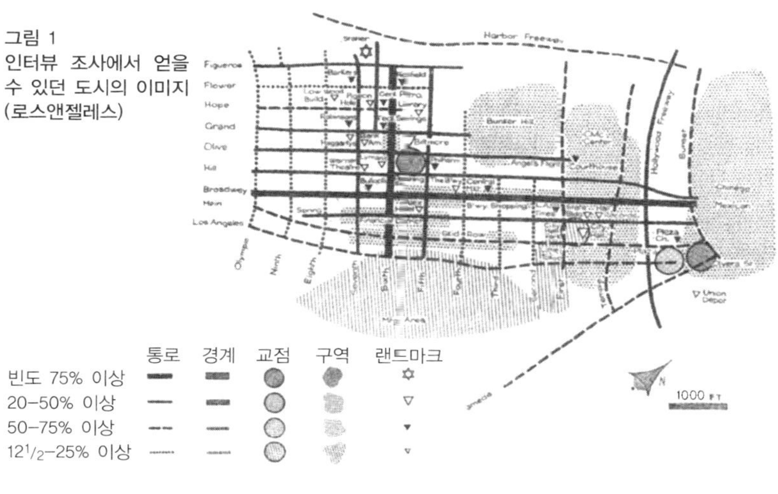

디자인 서베이

design survey

디자인 서베이란 건물, 취락, 도시공간 등을 대상으로 하고 물리적, 공간적인 현황의 모습을 측정하여 그 결과를 도면, 표, 사진, 문자 등에 의해서 객관적으로 기록, 분석하는 방법을 가리킨다.

실제로 행해지는 디자인 서베이 방법은 연구과제나 조사자의 문제의식에 따라 다양하다. 많은 경우 대상에 대한 역사적, 민족적 조사를 병용하거나 지리학이나 사회학 등의 지혜와 식견을 원용한 해석이나 분석을 한다. 방법으로서의 범용성이 높은 반면 연구 가설의 설정, 분석축의 선정, 기술의 객관성의 유지 등 견실한 연구의 범위의 구축이라는 과제가 있다.

일본에서 디자인 서베이를 하게 된 것은 1960년대부터이며 70년대에는 붐이라고 할 수 있을 정도의 융성함을 보였지만 80년대에 격감하여 현재는 해외에서의 연구에 이용되는 정도이다. 60년대 후반부터 70년대에 걸쳐서는 근대에 대해 다시 생각해 볼 수 있는 시대이며 거리풍경의 보존 · 수경의 의의가 주장되었던 시기이기도 하다.

디자인 서베이가 완수한 역할은 역사적인 취락이나 시가지의 기록, 보존계획의 공헌 외에 계획, 연구에 있어서의 인식전환을 들 수 있다.

그것은 역사적으로 형성되어 온 환경 가운데 인간과 공간과의 다양한 관계를 읽어내어 거기에서 공간구성의 원리나 요소의 배치, 형태의 디테일이나 소재와 재질감 등에 대한 디자인의 언어를 풍부하게 하려는 의도하에 행해진 것이었다. (도이 히로시 土肥博至)

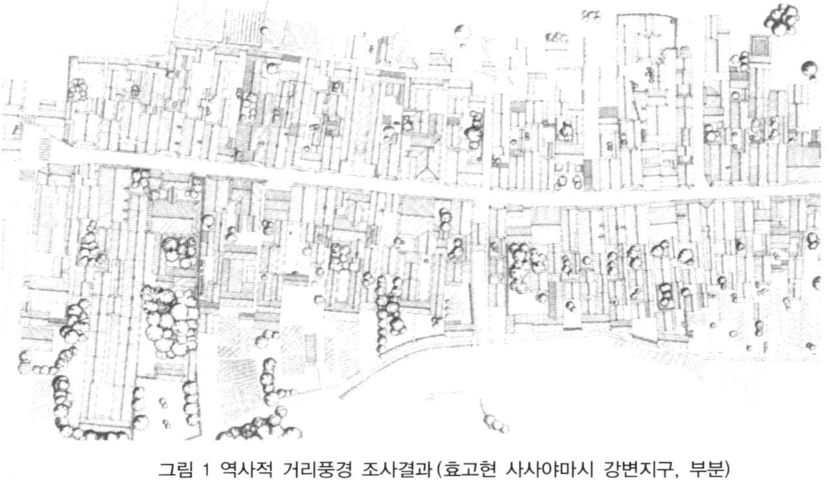

그림 1 역사적 거리풍경 조사결과(효고현 사사야마시 강변지구, 부분)

소시오메트리(계량 사회학)

sociometry

소시오메트리란 다양한 사회집단에 있어서의 인간관계, 집단의 구성원 상호관계를 단서로서 조사하여 그 결과를 이용하여 집단 내에서 각각의 구성원이 차지하고 있는 사회적 위치를 분명히 하기 위한 이론 및 그것을 위한 방법을 말한다. 즉, 일반적으로 Social Measurment를 의미하며 인간관계와 집단생태에 대한 분석 및 측정의 이론이라고 할 수 있다. 사회심리학이나 사회학, 때에 따라서는 사회인류학과 정신의학에서 쓰이는 측정기법이다.

구체적으로는 어느 범위의 집단에 있어서의 각 구성원의 선택과 배척의 관계를 조사하는 소시오메트릭 테스트를 실시하여, 그 결과를 매트릭스로서 표현하여 그 집단의 심리학적 구조, 즉 하위집단의 구성, 하위집단 간의 관계, 각 구성원의 위치 등을 분석한다. (연구대상으로는 지도력, 사회적으로 고립된 인물이라고 할 수 있는 선택되지 않은 개인들과 많은 사람들에게 선택되는 사람들의 사회적응의 차이, 소시오메트리 측면에서 본 지위와 다른 인성변수, 인구학적 변수, 지능들 사이의 관계, 소수집단의 편견, 태도 · 믿음 · 가치 등이 있다.)

그림 1은 구리하라 가이치로우(栗原嘉一郎) 등에 의한 테라스 하우스의 배치방법과 주부의 근린교제의 관계를 조사한 연구에 대해 얻을 수 있었던 매트릭스의 일부이다. 이 결과로부터 자신의 동 내의 교류가 주된 것, 남쪽 북쪽의 서로 마주보는 동끼리의 교류가 있고, 넓은 도로는 반대로 교류를 방해하는 것 등의 지식과 견문을 얻고 있다. (도이 히로시 土肥博至)

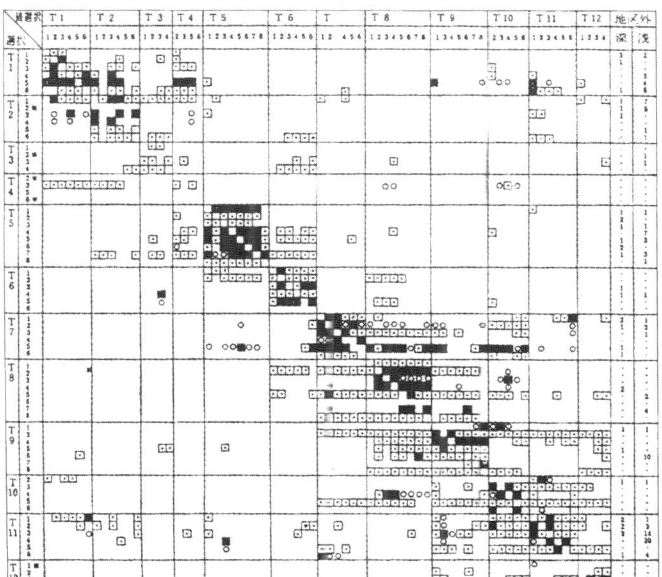

그림 1 소시오메트릭 매트릭스(테라스 하우스 집합주택지의 일례)

SD법

semantic differential method

SD법이란 C. E. 오스굿이 1957년에 제안한 심리측정 방법으로 본래는 언어 의미의 연구를 목적으로 한 것이다. 어느 개념(여기에서는 넓게 평정대상 전반을 가리킨다)을 나타내는 언어 척도를 이용한 심리실험을 실시하여 주어진 값을 변수로서 인자분석을 실시한다. 추출된 유의(有意)의 인자를 의미공간의 좌표축이라고 파악하고 그 개념의 의미를 기술하여 최소의 인자축 수를 얻는 것이 일반적인 방법이다. 공간연구의 분야에 있어서는 조사대상이 되는 공간이 사람들에게 주는 진리적 영향(분위기)을 파악하기 위해서 이용하는 것이 많다.

실제의 방법으로는 대상공간을 표현하는 데 적합한 형용사 · 형용동사[103]를 다수 수집하여 반대어와 그 짝이 되는(bi-polar) 형용사를 편성하여 만든다. 그리고 연구(조사) 목적에 부합되는 것을 검토 · 채용하여, 이것을 임의로 늘어놓아 평가척도로서 대상공간마다 피험자에게 평가받는다. 여기서 심리적인 평가구조를 얻기 위해 앞의 인자분석에 의해 수학적 처리를 실시한다. 추출되는 인자에 대해 오스굿은 제1 인자로서 Evaluation, 제2 인자는 Patency, 제3 인자는 Activity(E. P. A)를 얻을 수 있다고 하였다.

아래 그림은 가로공간에 SD법을 적용한 예로 각각의 가로의 평가를 알아보기 쉽게 그림으로 나타낸 것이다. 이와 같이 평균치를 그림화한 것을 '프로필'이라고 하며, 각 가로공간의 심리적 평가를 나타낼 수 있다. (히로노 가츠토시 廣野勝利)

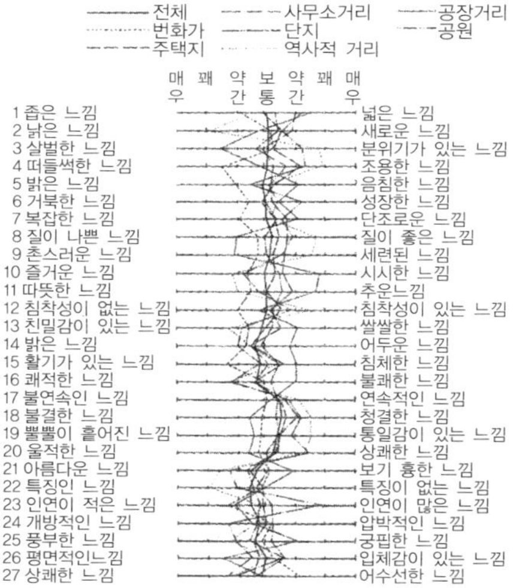

그림 1 평정 척도의 예(가로공간의 연구)

그림 2 '떠들썩하다' '어수선하다' '활기가 있다' 느낌을 주는 번화가

그림 3 '낡다' '분위기가 있다' '조용한' 느낌을 주는 역사적 가로

103) 일본어 문법에서 형용사와 동사의 성질을 다 갖추고 있는 품사. 어간의 자립성이 형용사보다 강하다. 예를 들면, 우리말로 '용감하다', '당당하다' 따위이다.

공간인지 조사

사람이 지역이나 건축공간의 본연의 자세를 어떻게 파악하고 있는가의 구조를 분명히 할 수 있으면 건축이나 지역의 공간구성에 관한 지혜와 식견을 얻을 수 있다.

이 인지영역은 개개인의 행동영역과 깊은 관계가 있지만 지역이나 건축의 공간구성의 본연의 자세에 의해서도 강한 영향을 받는다.

사람의 공간파악의 구조를 찾기 시작하는 대표적인 방법으로서 다음의 2가지가 있다.

(1) 이미지맵법 – 피험자에게 대상으로 하는 공간의 지도를 자유롭게 묘사시키는 방법. 스즈키 시게부미(鈴木成文)(1974)는 주택단지를 대상으로 하고 아동 및 주부를 피험자로서 이 방법을 시도하여 올바르고 또렷이 그려져 있는 부분을 확정영역, 약간 부정확하거나 혹은 애매하게 그려져 있는 부분을 잠재영역이라고 인정하면서 인지영역에 관하여 분석을 실시하였다.

(2) 엘리멘트(element) 상기법 – 예를 들어 대상의 지역공간에 실재하는 건물, 도로, 벤치, 전화박스 등의 공간요소를 나타내며 각각 인지의 유무나 평가를 나타내게 한다. 대량 데이터를 습득하기 쉽게 통계적인 처리를 가능하게 한다. 전자는 피험자에게 일정한 골조를 주지 않는 자료를 얻을 수 있지만, 통계적 처리가 어려운 반면 평정하는 연구자의 판단에 맡겨지는 부분이 많다고 하는 득실이 있다. 후자는 수리적 분석이 가능하지만 피험자에게 미리 일정한 골조를 주게 된다. (우에노 준上野 淳)

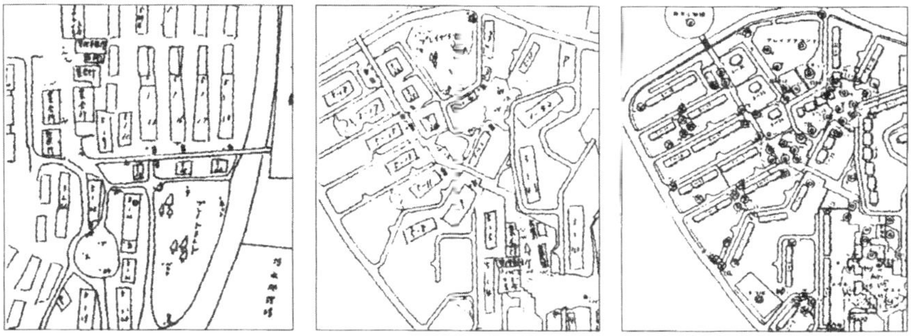

① 이미지맵 ② 사인맵법 ③ 엘리멘트 상기법

그림 1 공간인지 조사의 방법

공간감각 측정

소리나 빛 등의 물리적 에너지는 사람의 감각기관을 통해서 수용되어 '큰 소리', '밝은 빛' 등의 감각이 된다. 이 경우 감각의 크기 : ϕ와 자극의 에너지 : S와의 사이에는

$\phi = K \log S$ (페히너의 법칙)

$\phi = KS^a$ (스티븐스의 법칙)의 관계가 성립된다.(K, S는 정수)

공간의 크기 또는 건축공간에 있어서의 사람의 혼잡상태의 느낌 등 우리는 건축공간으로부터 다양한 감각을 수용하고 있다고 말할 수 있다. 이것들은 의식, 평정, 인지 등과는 다른 심리량이라고 생각할 수 있고 거기에는 고유의 측정법이 있다.

대표적인 측정법으로 마그니치에이드 추정법(Magunitud Estimation Method)이 있다. 이 방법에서는 어느 표준자극을 두어 여기로부터 받는 느낌을 100으로 했을 때 대상이 되는 비교자극으로부터 받는 감각의 크기를 10배로 느끼면 1,000, 반이라고 느끼면 50 등 수치로 직접적으로 대답하게 하는 방법이다.

인간은 건축공간에 들어갔을 때 큰 공간–작은 방과 같이 그 공간의 기적(気積)(장소의 바닥면적×높이)에 대한 감각을 갖는다고 생각된다.

대학캠퍼스 내의 다소 다양한 공간을 대상으로 행해진 공간의 기적감에 관한 실험적 연구에 대하여 우에노 준(1993)은 일반 강의실을 표준자극으로 체육관 등의 극히 큰 공간으로부터 도서관의 캐널리 부스 등의 극소의 공간까지 크고 작음의 다양한 버라이어티가 풍부한 비교자극에 대해서 ME법에 따르는 실험을 시도하였다. 실제의 기적과 ME값(감각)은 로그(log)에서 직선에 회귀하여 스티븐스의 법칙에 따르는 것이 나타났다. (우에노 준 上野 淳)

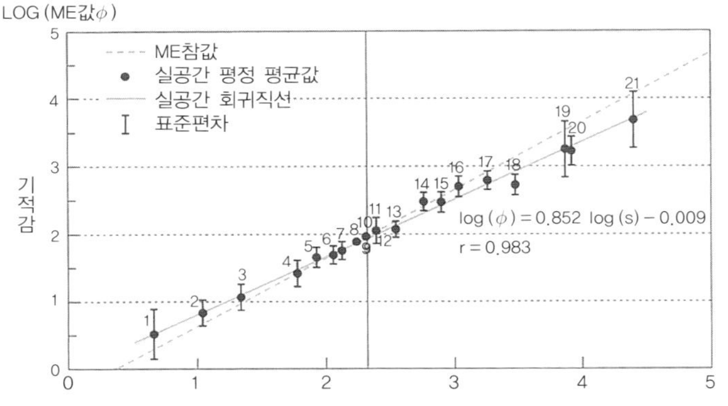

그림 1 공간의 기적과 기적감(ME법 평정)

실험실 실험

실제 공간에서의 조사나 관찰로는 공간과 인간행동(의식, 심리)의 대응관계를 정확하게 이끌어내는 것이 어려운 경우도 있다. 이 경우, 연구대상으로 하는 요인만을 겨냥하여 요점을 도출함으로써 그 요인 이외에 조건을 갖춘 환경을 인공적으로 만들어 내어 행동이나 의식, 심리를 계측한 것이라 할 수 있다. 이것은 실험실 실험을 목적으로 한다는 점이다. 다만,

(1) 실험실 공간이 실제 공간과 비교하여 일정한 생동감을 가지고 있는지를 검증할 필요가 있다.

(2) 이 때문에 실제공간에서의 부분적, 추출적인 조사나 실험과 병행시키는 것이 적절하다.

등에 유의해야 한다.

병원의 병실은 간호와 치료를 하는 장소임과 동시에 입원 환자의 생활의 장소이기도 하다. 병실의 적절한 면적을 요구하는 실험실 연구에 더해서 우에노 준(1990)은 입원 환자의 침대와 침대의 간격이 어느 정도이면 최적한가라는 과제를 설정하여 실험실 실험으로 연구하였다.

'실험 A'는 실험병실에서 간호사에 다양한 간호행위를 실시하게 하여 이것을 VTR 카메라로 상세하게 추적하여 필요한 작업영역을 산출하는 분석을 실시한 것이다. '실험 B'는 모의병실에서 모의 환자에게 다양한 침대 간격의 병실을 체험시키고 가장 심리적 안정감을 얻을 수 있는 침대 간격을 찾으려고 한 것이다. 관점이 다른 실험의 결과는 거의 동일한 정도의 공간규모에 수렴하고 있다. (우에노 준 上野 淳)

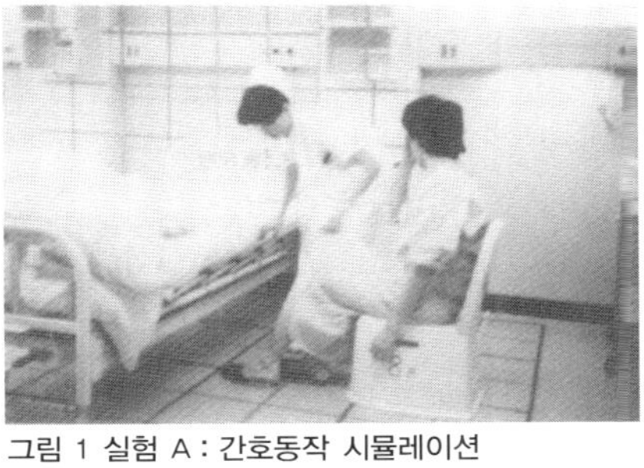

그림 1 실험 A : 간호동작 시뮬레이션

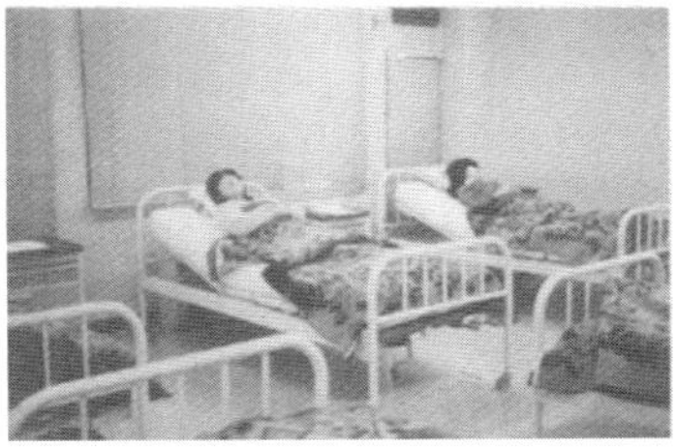

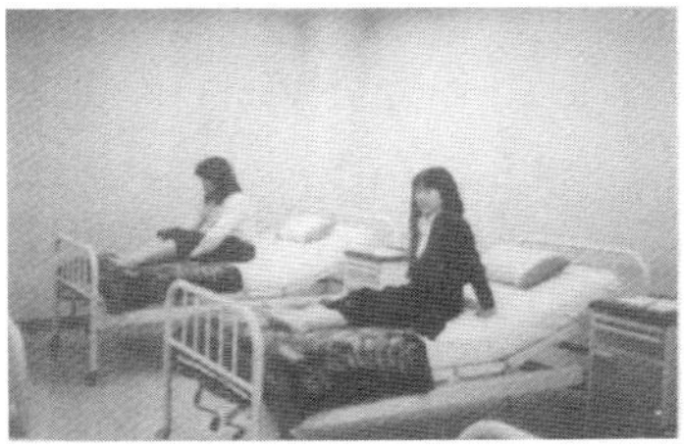

그림 2 실험 B : 침대 간격 평정실험 1(우상)
그림 3 실험 B : 침대 간격 평정실험 2(우하)

모형실험

모형실험은 실험실 실험의 카테고리에 포함되는 방법이다. 실물 크기의 실험공간을 만들어 실시할 수 있는 경우를 '실험실 실험'의 항으로 해설하였지만 과제로 하고 싶은 환경적 요소를 실물 크기에서는 용이하게 조작적으로 취급할 수 없는 경우도 많다. 연구에 투입할 수 있는 비용의 문제도 있고 동원할 수 있는 피험자 수의 문제도 있다.

이러한 경우, 축척 스케일을 이용한 정교한 모의공간을 만들어 실험을 하는 환경요소를 여러 가지로 조작하면서 환경요소와 인간의 평가나 간격의 대응관계를 이끌어낼 수 있는데 이것이 모형실험이다.

제시하는 공간이 3차원적인 것은 피험자에게 있어서 실제의 공간을 상상하기 쉽게 하는 장점이 있다. 이 점은 슬라이드나 도면에 의해서 2차원적으로 공간을 제시하는 경우에 비해 일정하게 생동감을 확보할 수 있다.

다만,

(1) 제시하는 모형공간의 정교함은 이른바 장인의 기술적인 노력을 필요로 한다.

(2) 축척 스케일의 공간이기 때문에 얻어낸 결과가 실물 크기 공간 또는 실제 공간에 비추어 유효한 관계를 보관 유지할 수 있는지 아닌지에 임해서 부분적이라도 검증해야 한다.

등에 유의가 필요하다.

주택단지에 있어서의 주동배치의 구성은 외부공간에 있어서의 정리감 · 일체감 · 연대감 등에 다양한 영향을 준다. 주동의 배치구성에 관한 실험적 연구(마츠모토 나오시 1979)에서는 매우 정교하게 만들어진 모형 시뮬레이션 공간을 피험자에게 파이버스코프(fiberscope)[104]로 들여다보게 하는 것으로 평정(評定)을 실시하게 하여 주동배치의 시각적 영향을 이끌어 내고 있다.

(우에노 준 上野 淳)

그림 1 실제의 공간

그림 2 모형의 공간

104) 내시경 검사에 쓰는 기구의 하나로 유리섬유로 된 내시경이다. 지름 1cm 정도로 묶은 수만 개의 유리섬유의 양끝에 대물렌즈와 접안렌즈를 달았으며, 가늘고 유연성이 있다.

생리적 측정

physiological measurement

환경으로부터 받는 영향을 신체의 상태로부터 검토하는 경우 생리적 측정이 이용된다. 사람의 상태를 실시간에 정량적으로 측정할 수 있는 점에 특징이 있다. 따라서 환경 아래에서의 운동, 대사나 스트레스 상태, 기분이나 환경정보의 인지 관련되는 측정에 이용된다.

건축학 · 도시계획학으로 주로 이용되고 있는 것은 생리학적 · 생화학적 측정방법이다. 생리학적 측정에서는 심박수 · 혈압 · 호흡주기 · 피부온도의 분포를 나타내는 서모그래피, 발한이나 동공지름 등 자율신경기능의 응답을 보는 것, 뇌파 · 뇌 자장 · fMRI 등 중추신경기능의 응답을 보는 것이 있다. 예를 들어, 자율신경기능의 응답을 보는 측정 가운데 심전도 R-R간격에서는 심전도 중 최대의 피크인 R파와 다음의 R파의 간격을 측정한다.

심신이 긴장하거나 흥분한 상태에서는 R-R간격이 단축하여 간격의 변동도 적다.

또한, 운동이나 자세 제어 시의 부하의 측정에는 근전도(筋電圖)105)가 이용된다. 아래에 굵은 자갈이나 목제조각 등 입상의 재료로 덮인 바닥 위를 걸었을 때 근전도의 예를 들면 걷기 어려운 바닥(굵은 자갈 · 자료 1, 2)의 보행 시에는 대퇴 이두근의 근전위가 크다.

생화학적 측정에서는 소변이나 타액, 혈액 중의 호르몬 농도를 측정하여 스트레스 상태를 분석한다.

생리적 측정결과에 영향을 주는 요인은 반드시 하나는 아니기 때문에 그 해석은 신중하게 실시할 필요가 있다. 그날의 변화나 연령, 성차 개인차 등 다양한 요인에 의한 영향에 주의하면서 실험계획을 세워 결과를 분석하는 것, 복수의 지표를 취해 검토하는 것이 중요하다.

(사노 나오코 佐野奈緒子)

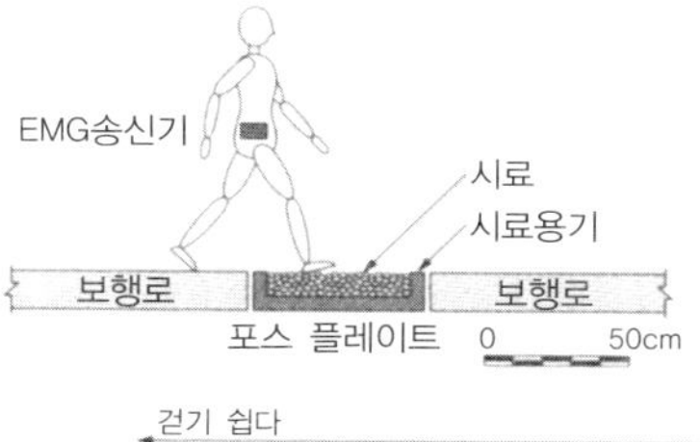

그림 1 실험상황의 개요

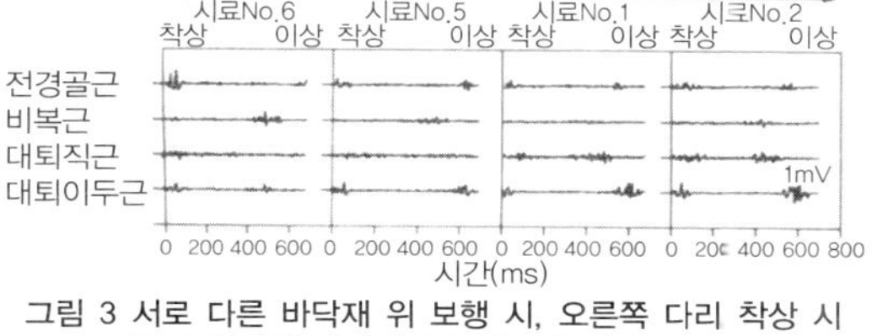

그림 3 서로 다른 바닥재 위 보행 시, 오른쪽 다리 착상 시부터 떨어질 때까지의 근전도의 일례

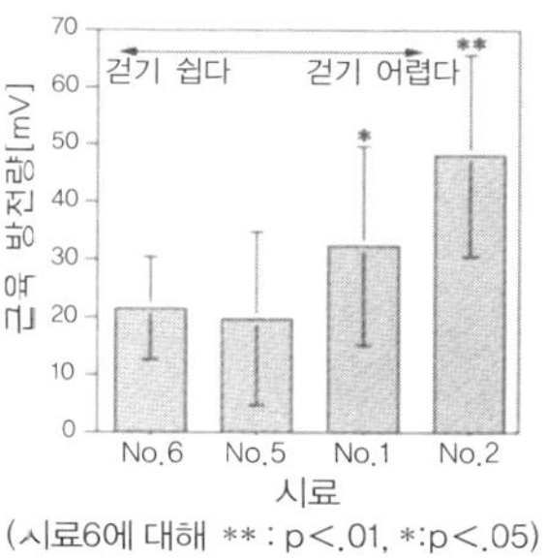

그림 2 바닥 보행 시의 대퇴 이두근의 근육 방전량
(바닥재의 시료 6, 5는 합판과 목지 팁, 시료 1, 2는 쇄석자갈과 굵은 자갈)

105) 근육의 전기적 활성을 그래프로 기록하는 과정.

뇌파 해석

EEG(electroencepharograph) analysis

뇌 응답의 주된 측정지표에는 뇌파, 뇌자장, fMRI, 광 토포그래픽 등이 있다. 뇌파는 쉽게 측정할 수 있어 소음이나 강한 자장에 피험자를 드러내지 않고 실험실 외에서도 측정 가능하기 때문에 공간인지 연구에 이용되고 있다. 온열이나 음·광 환경의 조건, 작업상태나 환경 아래에서 일어나는 이벤트에 대한 각성(覺醒)수준, 주의상태 등 환경에 대한 뇌의 정보처리 상태를 측정한다.

뇌파는 대뇌신피질의 신경활동에 수반하는 전위변동을 파악한 것이다. 주파수 성분의 낮은 쪽에서부터 δ, θ, α, β, γ 물결로 분류된다. 수면심도·각성상태를 반영한다고 생각할 수 있어 각성상태가 저하됨에 따라 저주파 성분이 많이 출현한다. 이 중 α파는 8~13Hz의 주기적인 전위변동인 대뇌신피질의 신경활동이 활성화하면 α파보다 높은 주기의 β물결이나 γ물결이 출현하여 α파는 소실한다. 각성수준이 낮으면 α파의 출현율이 높아진다.

뇌파로부터 특정의 정보에 대한 정보처리 상태를 꺼낼 수도 있다. 환경 아래의 소리나 광 자극에 의한 이벤트 발생 시를 기점으로 뇌파를 가산 평균하면 이벤트에 대해 생기는 전위변동(사상관련 전위)을 얻을 수 있다. 이것은 이벤트에 대해서 주의나 인지에 관련된 고차원의 정보처리 활동을 반영하고 있다.

아래 그림은 2종류의 소리의 출현에 대하여 저주파에 출현하는 타깃 음에 대해 키(건반음)를 강요하는 과정 수행 시의 사상관련 전위의 예이다. 타깃 음 출현 시에는 소리에 대한 초기적인 주의상태를 반영하는 음성전위 성분(N1)의 증대가 관찰된다. (사노 나오코 佐野奈緒子)

그림 1 실험풍경

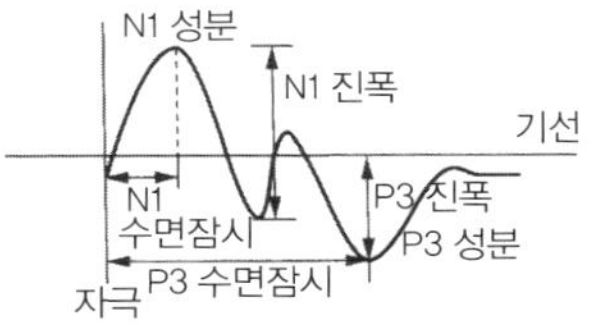

그림 2 수면잠시와 진폭을 읽어내는 방법의 예

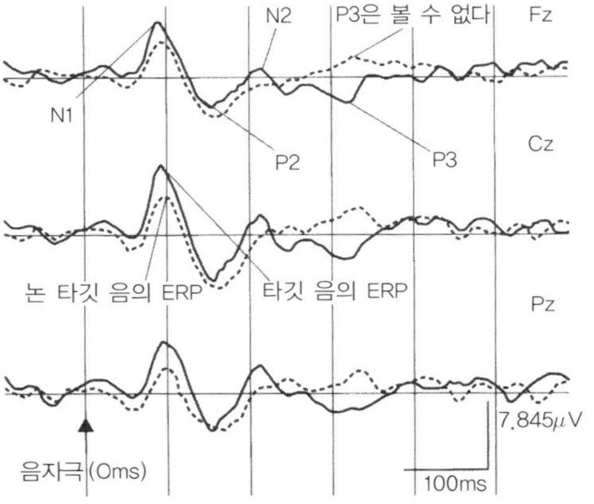

그림 3 타깃 음과 논 타깃 음 청취 시의 사상관련 전위의 사례

예측 추계법

prediction interenec

예측이란 과거, 현재(지금까지 얻을 수 있었던 데이터)로부터 미래를 추측하는 것이며 대부분 확률현상이기 때문에 계산을 하여 추정을 실시하는 경우 이것을 추계라고 한다. 넓은 의미를 포함한 예측 추계법에 대해 여기에서는 '표본으로부터 모 집단을 추정한다', '과거부터 현재로 시간과 함께 변화할 때 시계열 데이터[106]로부터 미래를 예측한다'의 2개의 분야에 대해서 설명한다.

(1) 표본으로부터 모 집단을 추정한다. : 국세조사 등을 제외하면 전수(全數)조사[107]를 실시하는 것은 가끔 있는 일이고 또한, 전수조사가 불가능한 경우도 많다. 거기서 일반적으로 행해지는 것이 모 집단으로부터 표본을 추출하는 샘플링 조사이다. 표본의 선택방법에는 여러 가지가 있지만 공통적인 것은 랜덤 샘플링이며 이것에 의해서 통계적 추정이 가능하게 된다.

데이터의 분포를 나타내는 것에 대표값이 있으며 주된 대표값(산술)에는 평균값이 있다. 표본으로부터 모 집단의 모 평균을 추계하는 방법에는 두 종류 있다. 첫 번째로는 구간 추정법이며 표본평균[108]에 있는 폭(신뢰구간)으로 추정한다. 두 번째는 점 추정법이며 추정치에 표본평균, 표본분산[109]을 이용해 그 값이 모평균인 확립을 나타낸다.

(2) 시계열 데이터로부터 미래를 예측한다. : 시간의 경과와 함께 변화하는 시계열 데이터의 움직임은 '변동'이라고 불리며 이하의 4개로 분류하여 생각할 수 있다.

① 경향변동은 장기간의 매끄러운 변동부분에서 트랜드라고도 한다. / ② 계절변동은 일정 주기에서 반복하는 변동부분에서 연월주(年月週)를 주기로 하는 것이 대부분을 차지한다.

③ 순환변동은 계절변동 이외의 주기가 별로 명확하지 않은 일반적으로는 계절변동보다 긴 주기의 변동부분이다. / ④ 불규칙변동은 상기의 3개의 변동 이외의 변동으로 우발적인 원인에 의한 변동, 지금의 시점에서는 명확하지 않은 요인에 의한 변동 등이 포함되어 오차변동, 우연변동이라고도 한다. 시계열 데이터를 대상으로 하는 분석방법을 시계열 해석이라고 한다. 예측을 실시하기 위해서 변동의 메커니즘을 설명하여 변화의 법칙을 발견하는 정식화한 방법은 없다. 그러나 불규칙변동을 제거하는 가중이동평균법, 계절변동을 제거하는 평균법, 순환변동을 제거하는 자기상관계수를 이용한 코렐로그램(correlogram)에 의한 방법이나 파워 스펙트럼을 요구하는 방법 등이 있어 이것들을 조합해 분석하는 것이 많다. 다만, 시계열 해석의 첫걸음은 데이터를 그래프화하고 시찰에 의해 검토하는 것이다. 이것으로 많은 것을 알 수 있을 뿐만 아니라 급히 계산을 실시하는 것에 의해서 생기는 잘못을 막을 수 있다.

106) 시계열 데이터(時系列-, time series data) 일정 기간에 대해 시간의 함수르 표현되는 데이터. 과거 5년간의 연도별 매상액, 3시간마다의 태풍 위치 등을 예로 들 수 있는데 주로 예측 업무에 사용된다.

107) 대상이 되는 통계집단의 단위를 하나하나 전부 조사하는 관찰방법.

108) 같은 모 집단에서 추출한 n개의 표본의 값을 모두 더하여 그것을 n개로 나눈 값.

109) 모 집단의 특징을 분석하기 위한 일부 표본자료에서 얻어진 값에 대한 분산.

통계적 가설 검정(檢定)

statistical hypothesis testing

검정이라는 언어로서 떠오르는 것은 국가시험과 같은 여러 가지의 검정(시험)이 있다. 이러한 검정은 나라가 일정한 기준에 근거하여 가부를 정하고 있다. 통계적 가설 검정도 기본적인 사고방식은 같으며 어느 기준(수준)을 정하여 판정을 실시한다. 다만, 기준치로 판정하는 값이 모두 확립된 것부터 통계적 가설 검정으로 불리고 있다.

통계적 가설 검정은 우선 통계적 가설을 세운다. 그 가설 아래에서 표본의 출현 확립을 계산하여 그 확립이 사전에 정한 확립보다 작은 경우 우연한 범위를 넘고 있다고 생각하여 가설이 진정한 것이 아니기 때문에 기각한다.

동전의 표리(表裏)에 나오는 태도에 '습관'이 있는가를 조사한다. 통계적 가설로서 보통 동전으로 표리가 나올 확률이 비슷하다고 한다. 이 가설을 귀무가설110)이라고 한다. 사전에 정하는 기준치(확립)를 유위수준(有爲水準)이라고 한다. 표본의 출현확률이 유위수준 이하의 경우 가설은 기각되므로 위험성은 유위수준의 확립이 되어 이것을 위험률이라고 한다.

동전을 우선 1회 던진다. 그 동전에 '습관'이 없으면 밖과 안이 나오는 확률은 각각의 0.5이다. 3회 계속하고 표가 나오는 확률은 $0.5 \times 0.5 \times 0.5 = 0.125$가 된다. 4회로는 0.0625가 된다. 유위수준을 0.1로 하면 3회 계속하고 표가 나와도 $0.125 > 0.1$이므로 사전에 정한 유위 수준에서 보면 우연한 범위 내이며 가설은 기각되지 않고, 보통 동전이라고 판정한다. 4회 계속하고 표가 나오면 $0.0625 < 0.1$이므로 보통 동전이라고 하는 가설은 기각된다.

통계적 가설 검정의 사고방식은 이와 같지만 취급하는 데이터의 분포와 척도 수준에 의해서 검정방법(확립의 계산방법)이 다르다. 크게 분류하면 대상으로 하는 데이터가 양적 · 경량 데이터로 모 집단의 정규성(normality test)을 전제로 하는 파라메트릭 검정법과 질적 · 비계량 데이터를 대상으로 하고, 모 집단의 분포가 어떠한 것이라도 좋다고 하는 논파라메트릭 검정법이 있다. 파라메트릭 검정법을 대상으로 하는 데이터(모집단으로부터의 표본)의 평균치의 분포는 표본수가 많아지면 정규분포로 간주해도 좋다고 하는(중심 극한 정리) 것으로 검정은 정규분포를 전제로 행해진다. 그러나 엄밀하게는 표본분포가 어떠한 형태의 분포인지 검정한다. 많은 경우 χ^2(힘의 자승) 값을 계산하여 실시한다.

모 집단의 분포가 분명하지 않을 경우는 논파라메트릭 검정법을 이용하지 않으면 안 된다. 논파라메트릭 검정법 대상으로 하는 데이터의 척도는 많은 경우 명의척도, 순서척도이다. 명의척도에서는 χ^2값을 이용하는 검정이 많다. (야스하라 하루키 安原治機)

110) 가설 검증에서 표본에 의하여 그 진위가 검증되어야 할 가설. 두 모 수치 사이에 차이가 없다고 하는 가설로, 기각될 것을 상정하고 있으므로 이런 이름이 붙었다. 이 가설이 기각되지 않으면 모 수치들 사이에 확률적으로 차이가 없다고 결론 내리며, 기각된다면 차이가 있다고 결론내린다.

크로스 분석

cross tabulation analysis

정리된 두 범주형 변수의 관계를 확률적으로 분석하고 검정하는 것을 크로스 분석이라 한다. 크로스 집계는 분류를 대상으로 하고 있으므로 질적 · 정성적 데이터는 기본적으로 그대로 계수가 가능하다. 양적 · 정량적 데이터는 계급으로 불리는 구분을 설정하여 각 구분의 상한치와 하한치의 사이에 포함되는 수를 계산한다.

크로스 집계의 분석으로 우선 이용되는 것은 그래프이다. 도수를 대응하는 점의 수나 면적으로 대신하는 점그래프, 면적그래프 등을 시찰에 의해서 검토한다.

크로스 분석에 사용되는 검정통계량은 카이제곱 분포를 따르기 때문에 교차분석을 카이제곱 분석이라고도 한다. χ^2(힘의 자승)을 이용해 실시하는 주된 분석방법에는 2가지가 있다.

첫 번째로 비율(도수분포)의 차이의 검정이다. S조의 표본 혹은 S개의 구분과 T조의 표본 혹은 T개의 구분의 도수분포에 차이가 있는지를 검정한다.

두 번째로는 두 변수 간의 관련을 조사하는 것이다. 원리는 비율 차이의 검정과 같다. 다만 관련 계수(수량 데이터의 상관계수에 상당)를 요구하는 것이 전자와 다르다. 데이터의 양과 구분수의 영향을 없앤 관련 계수에 크래머의 컨틴전시 계수(Cr)가 있다.

직종에 의해서 건물의 기호에 차이가 있을까. 이것을 검정하는 귀무가설은 '직종에 의한 건물의 기호에 차이는 없다', 즉 각 셀의 표본 도수비가 동일하다고 하는 것이다. 유위수준(有為水準) 0.1로 자유도 4의 χ^2값은 $\chi^2_{.1}(4)=7.78$이며, $\chi^2=13.41>\chi^2_{.1}(4)$보다 유위이며 직종에 의해서 건물의 기호에 차이가 있다고 말할 수 있다. 덧붙여 크래머의 컨틴전시 계수(Cr)가 0.034인 것부터 직종과 건물형식의 기호와 관련은 없다고 말할 수 있다.

(야스하라 하루키 安原治機)

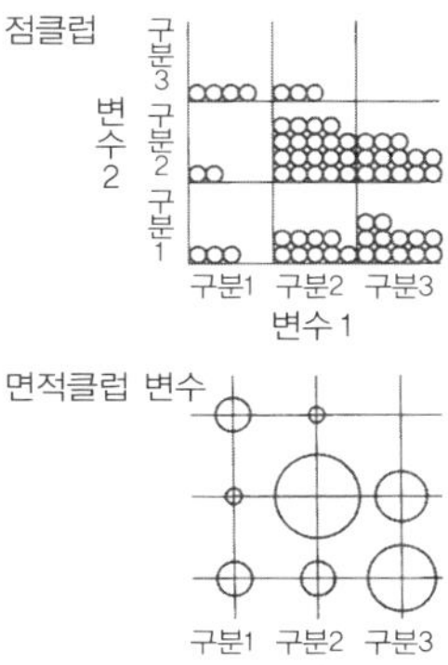

그림 1 크로스 집계의 그래프

표 1 크로스 집계

B \ A	A_1	A_2	A_j	A_t	계
B_1	F_{11}	F_{12}	F_{1j}	F_{1t}	$F_{1.}$
B_2	F_{21}	F_{22}	F_{2j}	F_{2t}	$F_{2.}$
B_i	F_{i1}	F_{i2}	F_{ij}	F_{it}	$F_{i.}$
B_s	F_{s1}	F_{s2}	F_{sj}	F_{st}	$F_{s.}$
계	$N_{.1}$	$N_{.2}$	$N_{.j}$	$N_{.t}$	$N_{.}$

표 2 직종에 의한 건물형식의 기호

	화이트 컬러	블루 컬러	그레이 컬러	소계
일본풍	15	20	35	70
절 충	10	15	15	40
서양풍	40	25	25	90
소 계	65	60	75	260

다변량해석

multivariate analysis

복수의 개체(측정대상, 피험자 등)에 대해서 복수의 변수 · 변량(측정치, 질문 항목 등)이 있는 데이터를 대상으로 하는 통계해석을 다변량해석이라고 한다.

다변량해석의 다양한 분야에 공통되는 특징은 인과관계가 명확하지 않거나 작용의 메커니즘이 복잡하고 이해하기 어려운 점 등이다.

다변량해석의 분석방법을 선택하는 단서는 외적 기준의 유무와 데이터의 척도 수준인 것이 많다.

데이터의 척도 수준에는 명의척도, 순위척도, 간격척도, 비율척도라고 하는 4개의 척도가 있다. 명의척도, 순위척도의 데이터를 질적 데이터, 간격척도, 비율척도의 데이터를 양적 데이터와 분류하는 것이 많다. 외적 기준의 유무와 변수의 척도 수준에 의한 분석방법의 분류를 표 1, 사용목적별의 분류를 표 2에 정리해 본다.

다변량해석의 분석방법의 상당수는 선형 모델을 전제로서 설명변수 x_1, x_2,···, x_p의 1차 결합과 목적 변수 Y를 대응시키고 있다. 오차성분을 생략하면 일반적으로

$$Y = a_1x_1 + a_2x_2 + \cdots + a_px_p$$

가 된다. 식 중의 a_1, a_2, ···, a_p는 각 설명변수 x_1, x_2, ···, x_p가 목적변수 Y에 미치는 영향의 힘을 나타내는 중량감 계수이다.

외적 기준이 없는 경우 변수 간의 상호관계로부터 내부구조를 찾게 된다.

변수 x_1, x_2, ···, x_p의 상관관계보다 이하의 모델로 가정한다.

$$x_j = a_{j1}f_1 + a_{j2}f_2 + \cdots + a_{jr}f_r + \varepsilon_j \ (j = 1, 2, \cdots, p)$$

식 중에 f_1, f_2, ···, f_r은 공통인자로 불리고 있는 잠재인자이다.

(야스하라 하루키 安原治機)

표 1 외적 기준의 유무와 척도 수준에 의한 다변량해석의 분류

		외적 기준수	설명변수	분석방법
외적 기준이 있는 경우	외적기준이 수량일 경우	외적 기준 변수가 1개	수량	중회귀분석
			수량 이외	수량화 I 류
		변수가 다수	수량	정준상관분석
	외적기준이 수량이 아닌 경우	분류가 2군	수량	판별분석
		분류가 다군	수량	중판별분석
			수량 이외	수량화 II류
외적 기준이 없는 경우	변수가 수량인 경우	간각, 비율척도	주성분, 인자분석	
		유사도	수량화 IV류	
		비유사도	클러스터분석	
		거리 등	메트릭 MDS	
	변수가 수량이 아닌 경우	수량화 III류 잠재구조분석 논메트릭 다차원 척도법		

표 2 사용목적별 다변량해석의 분류

목 적	사용하는 다변량 해석
예측식의 발견 양의 추정	중회귀분석, 정준상관분석 수량화이론 I 류
분류 질의 추정	판별분석, 클러스터분석, 중판별분석, 수량화 II 류
다변수의 정리 · 통합	주성분분석, 수량화류, 인자분석, 수량화류
데이터의 축약	잠재구조분석
변수의 분류	메트릭 다차원척도법
대표변수 발견	논메트릭 MDS

상관분석

correlation analysis

상관은 2개의 변수(변량) 간의 관계를 어느 쪽을 원인, 어느 쪽이 결과라고 생각하지 않으며 대등한 상호관계라고 생각했을 때의 개념이다. 이러한 점에서 회귀와 다르다. 그러나 형식적 혹은 계산과정에 대해 많은 공통점이 있어 중상관분석과 중회귀분석을 동일하게 취급하고 있는 문헌도 많다.

N개의 짝(対)이 이루어진 실수치(관측치, 실측치, 측정치, 계측치 등)의 조(組) x_i, y_i (i = 1, 2 …, N)를 2변수 데이터라고 한다. 이 데이터 (x_i, y_i)를 2차원 평면상의 N개의 점으로 구성한 도면을 산포도라고 한다. 1변수에 있어서의 특성치의 하나인 분산 $\sigma_x^2 = \Sigma(X - \overline{X})^2$과 같이 변수의 분산을 공분산 $\sigma_{xy} = \Sigma(X - \overline{X})(Y - \overline{Y})$이라고 한다. X, Y의 표준편차를 σ_x, σ_y이라고 하면, X와 Y의 상관관계는 $r_{xy} = \sigma_{xy}/\sigma_x\sigma_y$라고 정의되어, 이것을 피어슨의 적률 상관관계라고 한다.

값의 범위는 $-1 \leq r_{xy} \leq 1$이며 절대치가 1에 가까운 만큼 X와 X, Y는 직선적인 관계에 있고 상관관계가 강하며 0에 가까우면 상관관계가 없는 무상관이다.

또한, 부부호(負符号)의 경우를 역상관이라고 한다. 상관계수의 절대치가 1보다 작고, 0보다는 큰 경우 데이터 수에 의해서 상관계수의 신뢰 한계가 바뀌므로 2변수 간의 상관관계에 대해 논하는 경우 유위성의 검정을 실시할 필요가 있다.

상관분석에는 단순상관분석, 중회귀분석, 주성분분석, 정준상관분석 등이 있다. 단순상관분석은 상기의 두 변수 간의 상관계수를 이용해 변수 간의 관련이 많으면 그 편성이 방대해지지만, 문제가 있는 현상이나 그 주변에 관한 넓고 깊은 지식과 통찰력에 의해서 유용한 변수의 대를 좁히고 분석을 실시하지 않으면 안 된다.

그러나 이 방법에도 한계가 있다.

이때 이용하는 방법의 하나로 주성분분석('다변량해석' 참조)이 있다. 주성분분석은 서로 상관이 있는 다변수의 정보를 정보의 손실을 최소한으로 하여 서로 무상관(無相関)인 것보다 적은 합성값(주성분)을 요구하는 것에 의해서 데이터의 축약, 다변수의 정리 · 통합을 목적으로 하여 이용되는 것이 많은 방법이다. 인자분석과 외관상 유사하지만 본질적으로는 다른 수법이다. 그러나 방법으로서는 인자분석의 한 방법인 주된 주 인자법으로 특수 인자를 가정하지 않는 경우에 대응하고 있다.('인자분석' 참조).

다른 상관분석법은 다변량해석으로 불리는 수법이며, 3변수 이상의 변수 간의 상관계수를 매트릭스로한 상관 행렬을 계산의 기본으로 하고 있다. (야스하라 하루키 安原治機)

회귀분석

regression analysis

변수(변량) 사이의 인과관계나 상호관계를 분명히 하기 위한 통계(해석)수법 중에서 (중)회귀분석은 가장 넓게 이용되고 있다.

회귀라고 하는 용어는 19세기말 영국의 한 연구자의 부모와 자식의 신장관계 조사로부터 시작되었다. 대체로 키가 큰 부모들의 아이의 평균 신장은 부모들보다 낮고, 키가 작은 부모들의 아이의 평균 신장은 부모들보다 높아지는 경향이 있어 아이의 평균 신장은 전체의 아이의 평균 신장에 가까워지는(회귀한다) 일이 분명해지고 부모와 자식의 신장관계를 나타내는 직선을 회귀직선이라고 부르게 되었다.

부모의 신장으로부터 아이의 신장을 예측할 수 있는 것은 부모의 신장이 주된 원인, 아이의 신장이 결과인 것을 자명한 사실로 보기 때문이다. 이와 같이 회귀분석에서는 예측이 주요한 목적의 하나이다. 다만, 원인과 결과, 즉 인과관계는 경험에 의한 법칙인 것이 많아 객관적으로 인과관계를 분명히 하려면 여러 가지의 인과추론법(因果推論法)을 이용하지 않으면 안 된다. 아이 신장을 목적변수(Y), 부모의 신장을 설명변수(X)라고 부른다.

회귀분석에서는 우선 X와 Y에 대한 분포를 그래프(산포도)에 그리고, 시찰에 의해서 X와 Y의 관계(직선 관계나 곡선 관계인가 등)를 조사하지 않으면 안 된다. 그림으로부터 대체로 직선 관계라고 인정되었을 경우에는 근사 직선의 식

$\hat{Y} = AX + B$를 요구하게 된다. A는 직선의 기울기(구배), B는 Y의 조각이다.

설명변수가 2개 이상의 경우 중회귀분석이 되어 설명변수를 $X_1, X_2, \cdots, X_n$로서 중회귀식은

$\hat{Y} = A_1X_1 + A_2X_2 + \cdots + A_nX_n + B$가 된다.

실측치 Y와 예측치 Y와의 상관계수가 중상관계수이며 예측의 확실한 것 같음을 나타내는 지표의 하나이다.

설명변수 중에 상호의 상관이 매우 높은 변수가 있는 경우 다중공선성(multicollinearity)[111]의 문제가 생기므로 변수의 선택에는 주의해야 한다. (야스하라 하루키 安原治機)

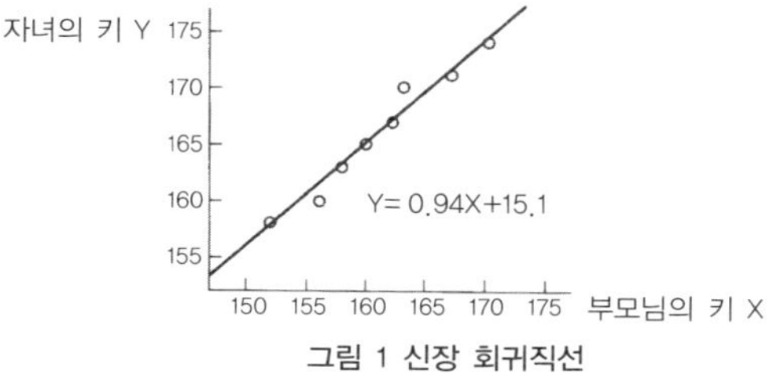

그림 1 신장 회귀직선

111) 다중공선성(Multicollinearity)은 다중회귀 모델에 2개 이상의 예측변수가 높은 상관관계가 없는 통계현상이다.

인자분석

factor analysis

인자분석은 심리학의 분야에 있어 심리적 잠자인자나 잠재능력 등을 탐구하기 위한 수단으로 이용되어 발달한 통계 해석안의 다변량해석의 한 방법이다. 이러한 경위로부터 인자분석에 있어서의 '인자'란 어디까지나 가설적인 변량이며 유사한 수법인 주성분분석의 '주성분'과 다른 것이다. 주성분분석에서는 데이터를 서로 상관이 없는 소수의 종합 특성치를 요약하는 데 있고, 인자분석에서는 데이터를 분해하는 것으로써 공통된 인자를 요구하는 것이다.

인자분석의 기본 모델은 변수(변량) x_j의 상관관계에서

$$x_j = a_{j_1} f_1 + a_{j_2} f_2 + \cdots + a_{jm} f_m + d_j u_j$$

$$(j = 1,\ 2,\ \cdots,\ p)$$

의 1 다음 결합에 의해서 나타낸다. 또한 $f_1,\ f_2,\ \cdots,\ f_{jm}$을 공통인자 스코어, u_j를 독자(특수)인자 스코어의 중량감 계수 d_j를 독자성이라고 한다.

인자부하는 각 변수와 각 공통인자와의 관계를 규정하는 계수이다. 또한, 공통인자 간의 상관에 대해서 서로 무상관(無相関)과 가정하는 경우를 직교인자, 그 이외를 사교인자라고 한다.

인자분석의 풀이를 요구하는 것은 상관 행렬로부터 인자부하 행렬을 요구하는 것이고 많은 방법이 있다. 그 중에서 직교풀이 주된 방법으르 주 인자법, 센트로이드법, (직접) 발리막스법이 있다.

주 인자법은 다변수 간의 공통변동 중 모든 변수에 대해서 가까운 변동이 되는 것(인자 부하의 평방화가 최대)을 인자로 하는 방법이다.

센트로이드법은 세스톤에 의해서 개발된 계산량을 줄인 주 인자법과 비슷한 방법이다. 그러나 컴퓨터가 발달한 근래에는 별로 이용하지 않게 되었다.

주 인자법에는 인자부하의 제곱화가 최대의 것을 제1인자 이후, 전에 요구한 인자와 직교(무상관無相関)로 인자부하의 제곱화가 최대의 것을 제2인자로서 차례차례 인자를 요구하는 것으로, 각 인자에서는 모든 변수의 인자부하가 평균적으로 높아진다. 거기에서 일부의 변수의 인자부하를 높게, 그 이외의 변수의 인자부하를 낮게 하는 인자를 요구하는 방법이(직접) 발리막스법이며, 이러한 인자구조를 단순구조라고 한다. 어느 인자의 인자부하가 일부의 변수로 높고 다른 변수에서는 낮을 때 그 인자는 인자부하의 높은 한 무리의 변수와 관련이 있다고 생각할 수 있어 인자의 해석이 용이하게 된다.

인자의 단순구조를 요구하는 방법에는 상기의(직접) 발리각스법 이외에 주 인자법 등에서 요구한 인자부하 행렬을 회전해 요구하는 방법도 있으며, 이것을 발리막스 회전법이라고 한다.

(야스하라 하루키 安原治機)

클러스터분석

cluster analysis

'나눈다'는 것은 '안다'의 첫걸음이라고 말하고 있지만 공간연구의 분야에서도 분류 · 유형화 등을 목적이나 방법으로서 많이 이용되고 있다. 이것들이 집약되는 것은 다양하고 복잡한 대상보다 조사, 계측, 실험, 측정 등에 의해서 얻을 수 있는 데이터로부터 어느 특징에 대해 유사한 것을 일괄로 하고 대상 간의 관련성, 전체상 등을 분명히 하여 새로운 지혜와 식견을 얻거나 이후의 지침을 얻는 것이 많기 때문이다.

클러스터분석은 대상 간에 유사도 혹은 상위의 정도(비유사도)를 정의할 수 있을 때, 그 수치에 근거해 닮은 것을 모으고, 몇 개의 집합(클러스터)으로 분류하는 방법이다. 클러스터분석은 변수에 관한 전제조건(변수의 정기성이나 변수 간의 선형관계)이 느슨하기 때문에 응용범위가 넓고 취급하기 쉬운 분석방법이다.

클러스터분석의 순서 중에서 분석자가 결정하거나 주의하지 않으면 안 되는 주된 것에 유사도 · 거리(비유사도)의 정의, 새롭게 구성된 클러스터 간의 유사도 · 거리를 다시 계산하는 방법, 클러스터 수의 결정이 있다.

클러스터분석에서는 양적(정량적) 데이터, 질적(정성적) 데이터의 모두 이용할 수 있다. 양적 데이터에서는 데이터의 단위가 차이나거나 중요도나 분산 등을 고려하고 데이터를 표준화(기준화)하거나 중량감으로 유클리드 거리, 마하라노비스의 거리, 상관계수, 인자 득점, 주성분 득점 등을 유사도라 한다. 또한, 질적 데이터에서는 일치계수, 관련계수, 각종의 순위 상관계수 등을 유사도로 사용한다.

새롭게 구성된 클러스터 간의 거리를 구성 전의 각 클러스터와 다른 클러스터와의 거리 가운데 최단거리법에서는 최소거리, 최장거리법에서는 최장거리, 메디안법에서는 중간의 거리로 한다. 그 밖에 중심법, 무리의 평균법, 워드 등이 있다.

클러스터분석은 통계 모델을 갖지 않기 때문에 클러스터 수의 타당성을 검정하는 방법은 없다. 분류에 의해서 주어진 결과의 해석에 의해 수는 결정된다.

클러스터분석은 대상 간의 유사도 · 거리만 정의할 수 있으면 다른 제약이 거의 없는 응용범위가 넓은 취급하기 쉬운 분석방법이다. 그러나 이것은 클러스터분석을 이용하는 경우의 중요한 포인트이기도 하다.

분석결과는 대상 간의 관계를 정확하게 나타내는 유사도 · 거리의 정의에 좌우된다.

(야스하라 하루키 安原治機)

수량화 이론

quantification theory

수량화 이론에는 Ⅰ종류부터 Ⅳ종류까지 있으며 일본에서 개발된 다변량해석의 방법이다. 유사한 방법으로 프랑스에서 개발된 더미 변수법 등이 있다.

취급하는 데이터는 질적 · 정성적(定性的)[112] 데이터이다. 데이터를 질적 · 정성적 데이터와 양적 · 정량적 데이터로 분류할 수 있는 것에 대해서는 '다변량해석'에서 언급하였다. 수량화 이론(수량화 이론Ⅳ 종류는 제외하다)은 질적 데이터인 명의(분리)척도(성별, 취미, 직업 등)와 순위(순서)척도(좋고 싫음의 정도, 만족도, 성적의 순위 등) 가운데 주로 전자를 대상(변수)으로 하는 분석방법이다.

수량화 이론으로 취급하는 명의척도의 데이터에는 표 1, 표 2와 같은 2종류의 형식이 있다. 정량 데이터의 변수에 대응하는 것이 아이템(요인)으로 표 1에서는 반응한 카테고리 번호가값이 되어 표 2에서는 카테고리에 반응했을 때 '1'이 된다.

수량화 이론의 개발자인 하야시 지키오는 '질적 변량을 각 상태에 대해 적당한 수량을 부여하고 합성 변량의 값을 구하는 방법'이라고 하는 것이 수량화의 목적이라고 하였다.

수량화 이론은 일반적으로 외적 기준이 있는 경우와 없는 경우로 나눌 수 있다.

외적 기준과 중회귀분석의 목적변수, (무게) 판별분석의 무리 등이다.

설명변수, 독립변수가 수량이 없는 경우의 중회귀분석에 상당하는 것이 수량화 이론Ⅰ 종류, (무게) 판별분석에 상당하는 것이 수량화 이론Ⅱ 종류이다.

외적 기준이 없는 경우 각 개체와 카테고리 간의 관계(카테고리에의 반응패턴)로부터 내부적 의미가 있는 수치를 고체나 카테고리에 이르러 요구한다. 그 수량에 의해서 고체나 카테고리를 공간 내에 구상하고 분류하여 데이터의 내부구조를 찾는 방법이다. 수량화 이론Ⅲ 종류는 수량 데이터를 대상으로 하는 주성분분석이나 인자분석과 같은 목적으로 사용된다.

수량화 이론Ⅳ 종류로 이용되는 데이터는 거리, 유사도, 친근도 등이 있고, 목적도 유사한 것부터 다차원 척도구성법의 일종이라고 생각할 수 있다. (야스하라 하루키 安原治機)

표 1 수량화 이론으로 취급하는 데이터 형식(1)

고체 \ 아이템	1	2	…
1	3	1	2
2	2	1	1
⋮	⋮	⋮	⋮
N	3	2	3

표 2 수량화 이론으로 취급하는 데이터 형식(2)

	아이템 1			아이템 2			아이템 3		
고체 \ 카테고리	1	2	3	1	2	3	1	2	3
1	0	0	1	1	0	0	0	1	0
2	0	1	0	1	0	0	1	0	0
⋮	⋮	⋮	⋮	⋮	⋮	⋮	⋮	⋮	⋮
N	0	0	1	0	1	0	0	0	1

112) 성분(成分)이나 성질(性質)을 밝히는 (것)

다차원 척도구성법

multidimensional scaling

분류의 주된 목적 중 하나는 복잡하고 다양한 대상 간의 관계, 즉 구조를 분명히 하는 것이다.

분류에는 많은 방법이 있다. 분류를 직접적인 목적으로 하는 클러스터분석, 수량화 이론 Ⅲ종류, Ⅳ종류, 주성분분석 등에서 얻을 수 있던 수량, 주성분 득점을 유클리드 공간[113] 내에 구상하고 시찰에 의해서 분류하는 방법이 있다.

또한, 판별분석, 수량화 이론 Ⅱ종류 등도 분류에 이용할 수 있다. 여기서 채택하는 다차원 척도구성법도 분류 · 구조화 방법의 하나이다. 이하, 다차원 척도구성법을 MDS라고 표기한다.

MDS는 분석대상으로부터 계측, 측정 등에 의해서 얻을 수 있던 많은 관측치보다 대상 간의 거리와 (비) 유사도를 계산하고, 그 값을 기초로 대상을 다차원 유클리드 공간 내의 점으로서 공간적 표현을 주는 방법이다. 이때 점간의 거리가 데이터로서 주어진 대상 간의 (비) 유사도와 가장 자주 적합하도록 구상한다.

MDS는 복잡하고 다양한 데이터를 취급하지 않으면 안 되는 심리학 분야에서 주로 개발, 응용되어 왔다. 같은 경위의 방법으로 인자분석이 있다. 양자에게 공통되는 것은 많은 대상에 대하여 그것보다 적은 차원의 공간 안에 대상을 구상하는 것이다. 즉 서로 다른 점은 초기에 이용하는 기본 데이터이다. 인자분석은 대상 간의 상관계수 행렬로부터 출발하고 MDS는 대상 간의 거리 행렬로부터 출발한다. 거리로서 가장 많이 이용되는 것은 (비) 유사도이며, 이를 구하는 방법이 MDS를 적용하는 포인트이며 분석결과의 양부를 좌우한다.

MDS에는 양적 데이터를 취급하는 메트릭 MDS와 질적 데이터를 취급하는 논메트릭 MDS의 2종류가 있다. 또, 취급하는 데이터의 상세한 상위로부터 세미메트릭 MDS를 분류에 가세하는 경우도 있다.

MDS에서는 분석의 목적에 의해서 데이터의 형태가 달라 계산방법도 바뀐다. 데이터의 형태는 '원', 즉 피험자, 대상물, 자극 등의 항목(수량 데이터의 경우의 변수에 상당)의 수와 '상', 즉 항목의 편성수에 의해서 결정된다. 단상2원 데이터가 가장 많이 이용되고 있다. 2상3원, 2상2원 데이터는 개인차를 고려한 MDS에 이용된다. (야스하라 하루키 安原治機)

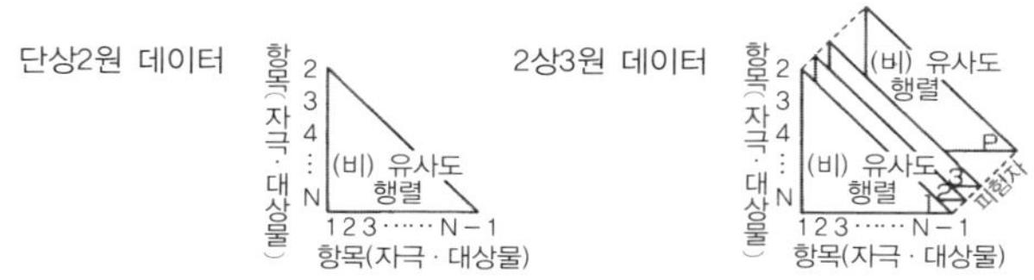

그림 1 입력 데이터의 형태

113) 유클리드 기하학의 연구대상이 되는 공간. n차원 유클리드 공간의 점은 n개의 실수의 순서쌍으로 표현할 수 있고, 이때 2점 $A(a_1, a_2, \cdots, a_n)$와 $B(b_1, b_2, \cdots, b_n)$의 거리는 $\sqrt{((a_1-b_1)^2+(a_2-b_2)^2+\cdots+(a_n-b_n)^2)}$ 으로 정의된다.

모델분석

analytic model

삼라만상은 복잡 · 다양하고 서로 관련한 유기적 총체이다. 이러한 현상이나 사상에 대해 이해가 깊어지기 위해서는 많은 일을 조사하거나 생각해야 한다. 그러나 현상이나 사상의 모든 것을 파악하고 설명하는 것은 불가능하다. 이것들을 간결 · 명쾌하게 설명하는 도구로서 생각된 것이 모델이다.

헤라클레스에 의하면 '만물은 유전'하여, 불은 변화하여 물에, 물은 흙에 또 흙은 물에, 물은 불에 돌아간다고 한다. 이것은 만물을 화 · 수 · 토의 3요소로 구성된 동적인 모델로 파악한 것이라고 할 수 있다.

모델은 다종다양하지만 여러 가지의 모델에도 공통된 형식과 특징 등이 있다. 이것들을 정리하면 표 1과 같은 분류도 할 수 있다. 이러한 안으로 모델분석이 주로 이용되는 것은 수학(수리) 모델이다. 대표적인 모델을 표 2에 정리했다.

모델의 구성에서는 현실의 현상이나 사상을 간결하고 명쾌하게 설명하기 위해서 주목하는 특정의 성질과 요소를 추출한다. 이때 대상이 되지 않는 부분은 버려진다. 추출하는 것이 많은 만큼 모델은 현실을 많이 반영하지만 복잡하게 되어 명쾌함이 부족해진다. 또한, 사상(捨象)하는 것을 더하면 간결, 명쾌가 되지만 현실로부터 유리한 추상적인 모델이 된다. 이 추출과 사상의 밸런스가 모델 구성의 포인트이다.

실용적인 모델이란 명쾌하고 알기 쉽고, 또한 현실을 잘 반영하고 있는 것과 동시에 일반성, 검증 가능성을 갖고 있지 않으면 안 된다. (야스하라 하루키 安原治機)

표 1 모델의 종류

수학(수리) 모델		상세한 내용은 표2
물리 모델	시뮬레이터 모델	풍동실험용 모형
	아날로그 모델	시각측정실험용 모형
도식 모델	개념도 모델	수류에 의한 군집 모델
	도표 모델	광선에 의한 음향 모델
언 어	술어논리 모델, 의론 모델, 학설	

표 2 수학(수리) 모델

선 형 비선형	변수 간의 관계가 1차식에 나타냄 변수 간의 관계가 1차식 이외
확률적 확정적	변수에 확률적 요소의 변동을 포함 변수에 확률적 요소의 변동을 포함하지 않음
동 적 정 적	변수에 시간적 요소를 포함 변수에 시간적 요소를 포함하지 않음
정량적 정성적	변수가 수치, 양과 대응한 연속량 변수가 집합, 순위와 대항한 이산량
관 수 구 성	변스 간의 관수관계를 대상으로 한 것 변수 간의 구조를 대상한 것
상 관 관 련	변수 간의 관계가 상관계수로서 정의됨 변수 간의 관계가 관련계수로서 정의됨

위상기하학

topology

토폴로지란 기하학의 한 분야의 호칭이며, 도형을 면적이나 길이 등의 절대적인 위치나 수량이 아닌 점이나 선, 면 등의 연결되는 방법에 의해서 해석하는 것으로, 수학자 오일러의 한 번에 쓰기의 연구가 기원으로 여겨진다. 위상이라는 용어는 가우스의 제자 중 한 사람인 리스팅이 1847년 이 주제에 관한 최초의 책인 『위상입문』의 제목에서 소개하여 그리스어의 트포스(장소)와 로고스(론)를 합성한 것이 시작으로, 위상기하학이라고 하는 번역어가 나타났다.

예를 들어, 유클리드 기하학에서는 서로 다른 도형인 삼각형과 사각형은 점 상호의 연결이 같은 모양으로 닫혀있기 때문에 같은 도형이라고 한다. 또한, 3차원에서는 입방체와 구체, 혹은 커피 컵과 도넛 등도 구별을 하지 않는다. 이와 같이 형태가 바뀌어 보통 성질이나 법칙을 기술하려고 하는 것으로, 천체역학, 생물학, 의학 등에서 응용되고 있다.

공간학 분야에서도 복잡한 현실의 공간을 추상화하는 주로 형태와 위치를 기술, 분석하는 방법으로서 지금까지 많은 연구로 이용되어 왔다. 특히, 순수기하학적 의미로부터 파생한 연결성을 이용하는 것이 많아 초기에는 기호론 연구 중에서 기호로 파악할 수 있던 일정한 의미를 가지는 공간 상호의 관계를 구문론적 차원으로서 구조적, 도식적으로 기술하는 방법으로 이용되었다. 근래에는 공간의 복잡함이나 네트워크의 구조 등을 기술하기 위한 방법으로 사용되고 있다.

덧붙여 광의로 해석되는 경우에는 거리나 방향이 추상화된 철도의 요금 표시판 등도 2차원(토폴로지)적인 도시 표현의 하나이다.

(다나카 가즈나리 田中一成)

그림 1
2차원의 생각으로는 삼각형, 사각형, 원형은 같은 도형이지만 오른쪽 아래의 열린 선형은 이 3개와는 다른 도형이 된다.

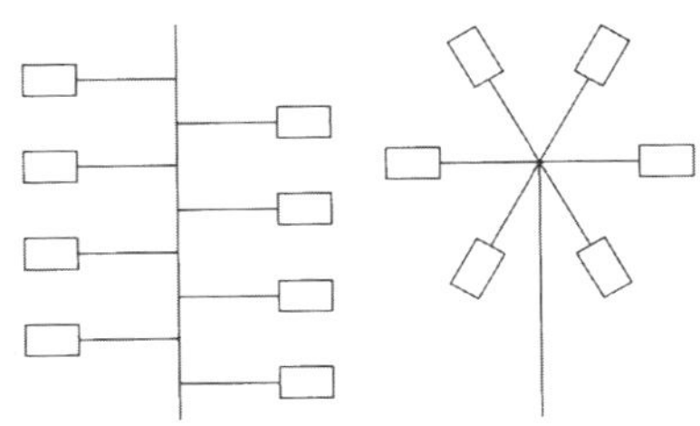

그림 3
공간의 연결을 2차원적으로 그림으로 알리는 것(네트워크 토폴로지)

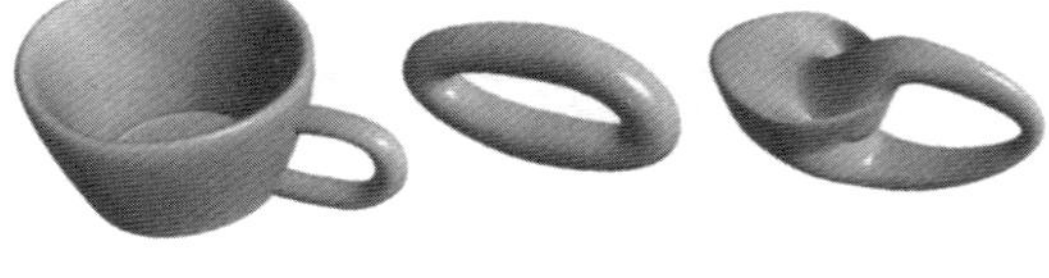

그림 2
커피 컵과 도넛형(원환체)은 같은 형태가 된다. 좌측 그림은 커피 컵과 도넛형 및 2개의 중간에 해당하는 형태(3차원 토폴로지)

그래피컬 모델링

graphical modeling

어느 목적변수와 그것을 설명하는 변수와의 관계를 분석하는 다변량해석 방법의 하나로서 그래피컬 모델링이 있다. 그 특징은 먼저 가설을 설정하여 설명해 나가는 것 외의 수법과 달리 데이터를 의지하면서 관계를 밝혀간다고 하는 탐색적인 수법이라는 점이다. 이것에 의해 변수 간의 생각하지 않은 관계가 표출할 가능성을 기대할 수 있다.

또 복수변수 간의 관계의 방향과 힘을 시각적 또는 정량적으로 나타낼 수 있는 모델의 표현방법에도 특징이 있다.

상점건축에 있어서 '들어가기 쉬움'을 그 외관의 색채나 통로의 비율 등의 물리적 요인으로 설명하는 연구를 기초로 해서 그래피컬 모델링 도표에 대해 해설한다.

그래피컬 모델링 도표에는 크게 '동일 계층 내에서의 항목의 관계', '복수 계층 안에서의 항목의 관계'의 2종류로 나눌 수 있다. 일반적으르는 선의 굵기로 관계의 힘(편상관[114]계수의 절대값의 크기), 색이나 선 종류 등의 계수와 방향(편상관계수의 양수와 음수)을 나타낸다. 이것에 의해 변수 간의 전체적인 관계의 방향 및 힘을 시각적인 것으로 파악할 수 있다.

그림 1의 동일계층 내의 관계에서 항목끼리은 선의 굵기와 선의 종류로 보기 좋다. 또한, 그림 2의 복수계층 간에는 우측의 항목 정도의 상위 개념이므로 왼쪽의 항목으로부터 오른쪽의 항목의 판단으로 옮긴다고 하는 심리적 구조를 읽어낼 수 있다.

그래피컬 모델링에 의해서 목적변수를 조작하기 위해서는 어느 설명변수를 조작하면 좋은가가 구조적으로 이해가 가능해진다. (하야시다 가즈토 林田和人)

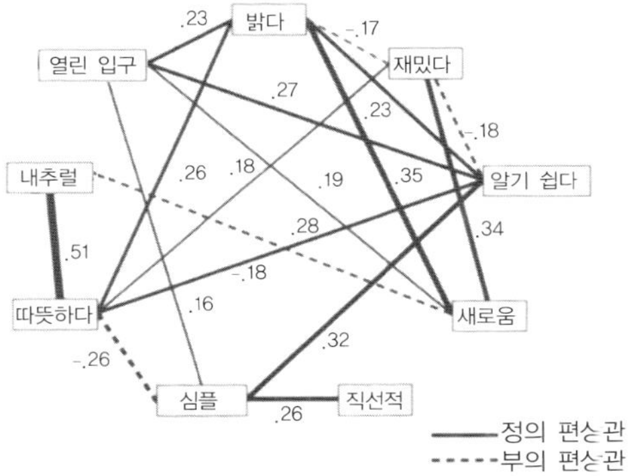

그림 1 동일 계층 내의 모델

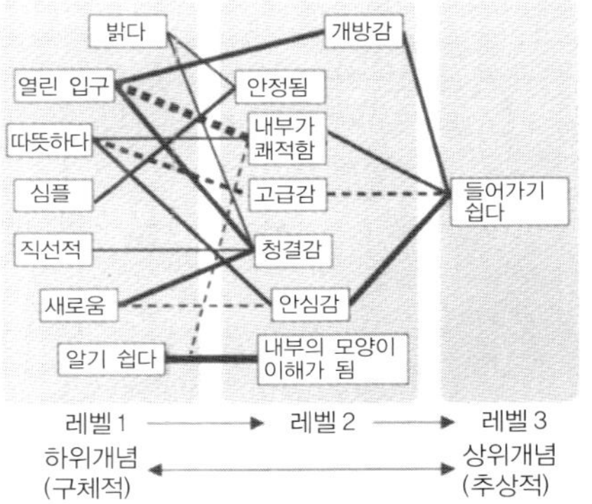

그림 2 복수계층 간의 모델

114) 편상관 : 3개 이상의 변수들이 상호 상관을 갖는 경우, 그 중에서 두 변수만의 고유한 관계를 측정하기 위한 상관.

공분산(共分散) 구조분석

covariance structure analysis

공분산 구조분석이란 직접 관측할 수 없는 잠재변수를 가정하여 관측변수와의 사이에 인과관계를 구조 모델(그림 1)로서 조립하여 분석하는 다변량해석 방법의 총칭이다.

통계분석의 이론으로는 오래되었지만 이론적 정비가 진행된 것, Amos 등 이용 가능한 소프트웨어가 충실해 온 것 등에서 최근 급속히 심리학이나 사회학 등의 분야에서 보급해 온 다변량해석을 위한 도구이다.

잠재변수를 가지는 분석 모델에게는 별항의 인자분석이 있지만 공분산 구조분석 모델은 인자분석이나 중회귀분석(그림 2)도 포함한 총괄적 분석 모델이라고 이해할 수 있다. 그림 3은 구조 모델로서 사용되고 있는 전형적인 인과관계 모델로서 탐색적 인자분석의 사례를 패스로도 나타내 보인 것이다. 덧붙여 통상의 인자분석 모델은 검증적 인자분석 모델이라고 칭해져 그림 3을 수정한 그림 4로서 분석할 수 있다.

공분산 구조분석은 패스라고 하는 인과관계를 나타내는 관계를 모델로 자격화할 수 있다고 하는 이점에 가세하고, 다른 다변량해석이 통계적 검정에 별로 친숙해지지 않는 데 대해 모델의 타당성을 검증하기 위한 검정 통계량이 충실하고 있어 분석결과의 검정이 가능한 것에 특징이 있다.

더욱이 성별과 같이 속성별로 모델이 동일한가 아닌가를 검증하는 여러 모 집단으로의 분석이나 시간적으로 전후관계가 있는 인과관계를 검증할 수 있는 등의 종래의 분석방법마다 고정되고 있던 인과관계의 구조를 자유롭게 설정할 수 있는 것도 강점이다.

(요코타 다카시 横田隆司)

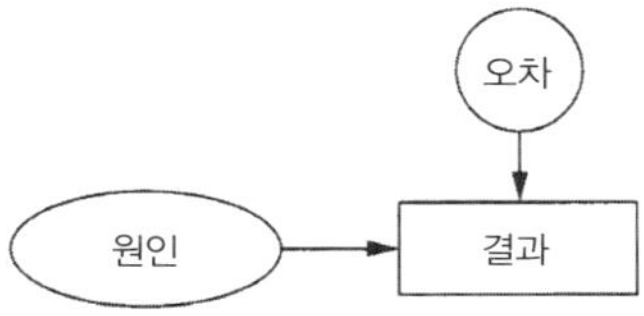

그림 1 구조 모델의 기본

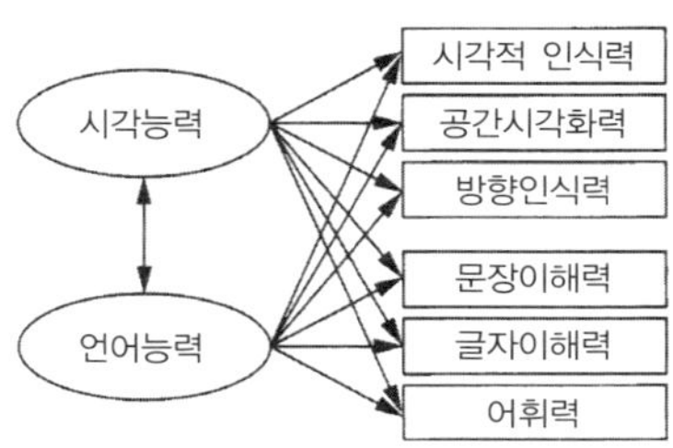

그림 3 탐색적 인자 분석 모델

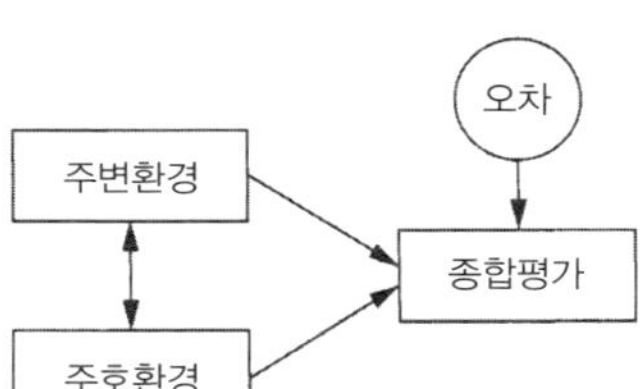

그림 2 중 회귀 모델

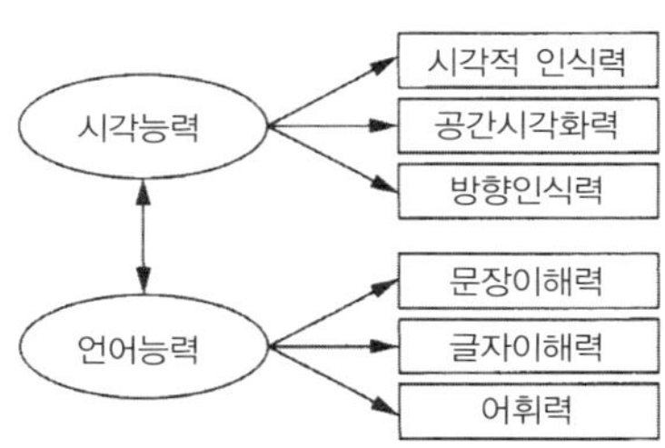

그림 4 검증적 인자 분석 모델

인지심리학

cognitive psychology

인간의 인지기능의 구조를 연구하는 심리학의 한 분야인데, 인지기능은 기억, 학습, 해결, 의사결정 등의 기능을 목표로 하며 이러한 기능이 어떠한 구조로 움직이고 있는지를 분명히 하는 것을 인지심리학은 목표로 하고 있다.

일반적으로는 인지심리학은 형태심리학(gestalt psychology)의 영향을 받아 1950년대 이후에 성립했다고 여겨지고 있다. 1910~50년대에 걸쳐서 주로 북미에서 지배적인 행동주의(behaviorism)나 신행동주의(neo-behaviorism)는 자극과 반응의 조건부에 의해서 성립하는 단순한 요소의 편성으로서 기억이나 학습 등의 고도의 인지과정을 설명할 수 있다고 하고 있었다.(S-R연합 이론)

이에 대해서 인지심리학의 입장에서는 인간의 인지과정을 요소로 분해하지 않고 전체적 구조로 파악하여 학습이나 기억을 단순한 조건으로 짓지 않고 보다 능동적으로 정보가 의미를 부여하거나 취사선택(取捨選擇)을 하는 과정이라고 생각한다. 또한, 인간은 천성적으로 인지의 능력이 갖춰지고 있어 선험적으로 결정할 수 있던 양식에서 인식하여 반응하는 것으로 하는 천성설도 인지심리학의 특징 중 하나이다. 인지심리학에서는 인간의 다양한 인지과정을 포괄적으로 기술 · 설명하는 수단을 정보처리 과정이라고 파악하였다. 예를 들어, 기억은 기호화–저장–검색이라고 하는 일련의 정보처리의 프로세스로서 재구성되는 정보처리 모델은 대체로 애매하고 검증 불가능한 개념이나 가설을 정보처리의 과정으로 모델화하는 것으로, 엄밀하게 정의할 수 있는 것 외에 다양한 인지기능을 포괄적 · 범용적으로 기술할 수 있는 도구라고 해도 유용하고 인지심리학의 성립에 큰 역할을 이루고 있다.

인지심리학의 연구대상은 ① 기억의 구조(말이나 문장을 이해하거나 기억하거나 하는 언어적 정보처리, 화상정보나 공간정보에 관하여 비언어적 정보처리)를 분명히 하는 것, ② 인지과제의 수행, 즉 추리나 문제해결, 의사결정 등의 과정을 분명히 하는 것 등이 있다.

인지과학(cognitive science)은 인지심리학 외에 신경심리학이나 인공지능(AI), 언어학 등 인간의 인지기능에 관련되는 제 학문을 종합하는 것보다 넓은 입장을 목표로 한다.

(다니무라 히데히코 谷村秀彦)

환경심리학

environmental psychology

환경심리학은 환경과 그 아래에서 행해지는 인간의 행동의 관계를 취급하는 심리학의 한 분야이다. 실험심리학에서는 통제조건으로서 환경-빛이나 소리 등의 자극 - 을 고려하는 것이 옛부터 행해져 왔지만 환경심리학이 말하는 환경은 단지 반응을 유인하는 자극의 총체에 머무르지 않고 환경에 움직임 환경으로부터의 피드백을 받는다고 하는 인간 - 환경계의 인식이 그 근저에 있다. 그 인식 하에서 행해진 환경에 관련되는 다양한 심리학적 연구에 대한 총칭으로서 환경심리학이라고 하는 호칭이 있다.

환경심리학의 대상은 D. 스토콜스에 의하면 ① 공간이 어떻게 인지되고 있는가 하는 환경에 대한 인간의 인지, ② 스스로의 주어진 환경의 쾌적도와 같은 환경의 평가, ③ 개인공간의 범위나 침해에 대한 대응 등 환경에 대한 인간의 능동적인 행동, ④ 고층주택에 있어서의 주민의 적응이나 소음에 대한 도시 스트레스의 분석 등 환경에 대한 인간의 수동적인 행동과 같이 분류된다.

환경심리학이 성립한 배경에는 자연파괴나 고층주택의 탄생 등에 의해서 인간이 주어진 환경에 대한 관심이 높아진 것, 생태학의 확립과 함께 사람과 환경과의 전체적인 진입의 필요성이 인식되었던 적이 있다. 따라서 환경심리학의 특징으로는 개별의 요인은 아닌 총체로서의 환경을 고려하는 것, 제반 조건이 통제된 실험실은 아닌 일상의 생활공간 그대로를 연구의 대상으로 하는 것 등을 들 수 있다. 또한 문제 지향성이 강한 것도 환경심리학의 연구 특징이라고 할 수 있다.

환경심리학은 1970년대 들어서면서 H. M 프로산스키 등 일련의 논문집 등이 자리확립에 기여하였다. R. 소마나 D. 칸타와 같이 건축 혹은 도시계획적인 문제의 의식 아래에서 행해진 환경심리학적 연구도 많으며 건축과 인간의 관계는 환경심리학 중에서도 중요한 주제이며 고층빌딩이나 지하거리에 있어서의 심리적 적응, 건축환경에 의해 일으켜지는 사회적 행동의 차이, 시설의 이용밀도의 최적 규모, 도시경관이나 도시계획, 피난행동 등 많은 연구가 이루어지고 있다.

(다니무라 히데히코 谷村秀彦)

발달심리학

developmental psychology

인간의 성장 · 변화의 과정을 설명하려고 하는 심리학의 한 분야이다. 이전에는 청년기를 인간으로서의 완성점으로 생각하여 유아로부터 청년에 이르는 성장을 중심으로 한 연구를 하고 있었다. 현재는 청년기를 정점이라고 생각하는 발달관은 소용없게 되어 생애발달이라고 하는 생각이 일반화되고 있다. 이에 따라 생애발달심리학(life-span development psychology)이라고 부르는 법도 나타나고 있다.

인간의 발달단계(developmental stage)는 일반적으로는 연령에 의해서 신생아기(출생~생후 4주간), 유아(~생후 12개월), 유아기(1세~5세), 아동기(6세~11세), 청년기(12세~20대 전반), 성인기(20대 후반~60대 전반), 노년기(60대 후반~) 등과 같이 구분된다.

물론, 이러한 구분의 정의는 엄격한 것이 아니어서 경계가 되는 연령이나 구분의 방법에도 여러 가지 의견이 있는 것은 말할 필요도 없다. 각각의 발달단계에 대응하여 획득해야 할 심리적 특징 혹은 학습해야 할 과제가 있고 이것을 발달과제(developmental task)라고 부른다.

발달이론으로서 중요한 것은 J. 피아제의 인지 발달론, E. 에릭슨의 심리 · 사회적 발달 이론 등이 있다. 피아제는 발달을 추진하는 보편적 기능으로서 동화와 조절이라고 하는 상보적인 기능을 가정해, 그러한 기능에 의해 순서도 단계적으로 새로운 균충상태(감각 운동기-전 조작기-구체적 조작기-형식적 조작기)를 낳아 가는 프로세스로서 발달을 파악하였다. 이것에 대해서 에릭슨은 전 생애에 걸치는 라이프 사이클로 발달을 파악하는 것과 동시에 프로이드의 심리 · 성적 발달론에 있어서의 욕구 충족의 의미를 대인관계를 중심으로 하는 심리 · 사회적 기능에까지 확대 · 발전시켰다.

현재의 발달심리학에서는 성인기 · 노년기에 대한 발달연구가 진행되는 것에 의해서 발달에 있어서의 환경이나 경험의 역할이 상대적으로 중요시하게 되었다. 그것과 함께 발달단계가 연령에 따라 규정되는 연령 단계적인 발달관이 재검토되고 있다.

(다니무라 히데히코 谷村秀彦)

생리심리학

physiological psychology

생리학적 사상을 생리학적 사실과 묶어 설명을 실시하는 심리학의 한 분야인데, 생리심리학이라고 하는 것은 W. 분트에 의해서 명명되었으며, 생리학과 심리학의 경계영역을 연구하는 학문이다. 생리학적 심리학으로도 해석된다. 정신생리학(psychophysiology)이 행동적인 사상을 조작하여 생리적 변수를 기록하는 데 대하여 생리심리학은 생리적 변수를 조작해 행동적 사상을 기록하는 것이라고 하지만 반드시 그 구별은 명확하지 않다.

생리심리학의 내용은 ① 뇌파, 유발 전위, 안구운동, 줄기활동 등의 측정 · 해석을 통해서 수면 등의 인간(동물)행동을 분석하는 ② 심신장애의 생리학적 측면에서의 분석과 장애아 교육에 있어서의 생리학적 지혜와 식견의 적용 등이다.

또한, 대뇌반구의 편측성은 어느 기능이 대뇌반구의 좌우 어딘가에 의존하고 있는 것을 가리켜 지각 · 학습 · 정서 장애 등의 해명에 큰 역할을 이루어 있지만 이것도 생리심리학적인 주제의 하나이다.

생리심리학의 대응적인 도구로서 뇌파가 있지만 예를 들어, 뇌파를 측정하는 것으로 생태리듬이나 의식상태의 변화나 학습이라고 하는 심리상태의 연속적 변화를 파악할 수 있고, 자극에 대한 생태활동의 변화를 예민하게 파악할 수 있으며, 개인차가 있는 일관성을 가지고 나타나므로 장애아의 판별 · 진단이 가능함 등 다양한 이점을 얻을 수 있다. 물론 뇌파나 유발 전위인 방법 이외에도 기술의 진보에 의해 다양한 측정수단이 새롭게 이용 가능해지고 있다.

생리적 사상의 정밀한 측정과 거기에 기초를 두는 실증적 분석이 생리심리학적인 어프로치의 특징이라고 할 수 있다. (다니무라 히데히코 谷村秀彦)

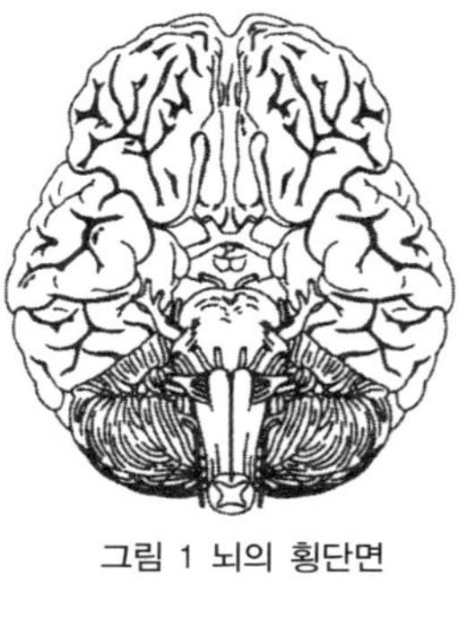

그림 1 뇌의 횡단면

인간공학

ergonomics, human factor engineering

인간의 신체적 혹은 심리적 특성에 적합하도록 기계 등의 개선을 도모하는 학문이다. 인간이 작업할 때에 지각하거나 동작할 때 적절한 능력의 범위와 한계가 있는데 자신과 타인의 작업환경을 제공하는 것으로 작업의 효율성이나 쾌적성을 향상시키거나 착오를 줄이거나 할 수 있다.

인간공학은 20세기 초에 주로 산업계의 요청에 의해 생산성의 향상을 목적으로 하여 탄생했다. 기계의 조작에 임하는 데 있어 가장 빠르고 불필요하지 않는 동작은 어떠한 것인가 혹은, 특정의 작업에 대한 적성을 가지는 인간을 어떻게 선발하는가의 문제가 주로 다루어졌다.

그런데 기계기술의 발달에 수반하여 인간 능력의 한계를 넘는 작업환경이 출현함에 따라 이것에 대해서 인간을 작업이나 기기에 적응시키는 것이 아니라 작업이나 기기의 옆을 인간에게 적합한 필요성이 강조되도록 하였다. 현대에 있어서는 인간과 기계와의 개별대응 관계에 머무르지 않고 자주적 · 능동적으로 신체 혹은 정신적인 활동을 실시한다고 하는 인간의 본성에 적응한 인간과 기계의 관계를 구축하는 것의 중요성이 주목받고 있다.

인간공학의 내용은 ① 인체치수, 작업자세, 손발의 동작범위 등의 감각적 특성에 관한 연구, ② 기기와의 관련에 있어서의 인간의 피로나 작업부담의 연구, ③ 동기기의 출력 – 인간의 감각 입력 – 인간의 정보처리 – 인간의 출력 – 기기의 입력이라고 하는 일련의 흐름을 종합해 취급한다. 맨 머신 시스템의 연구, ④ 휴먼 에러와 시스템의 사항의 관계를 검토하는 인간의 신뢰성이나 시스템의 안전성에 관한 연구, 더 다방면에 걸쳐 의복, 가구로부터 기계, 건축, 또 작업시스템 전체나 도시 등 넓은 범위에 적용된다. (다니무라 히데히코 谷村秀彦)

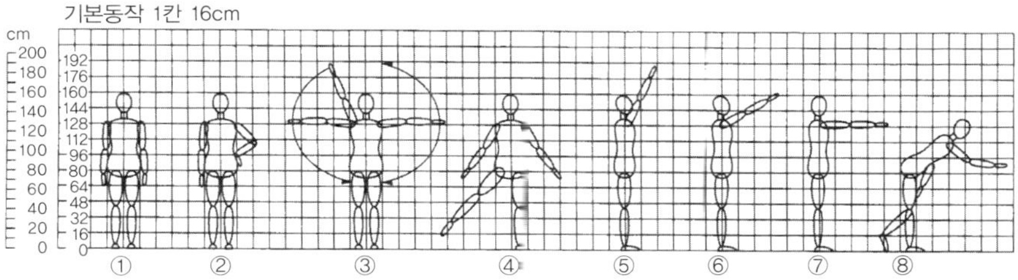

① 직위(전면) / ② 손을 허리에 둔 동작 / ③ 손을 수평으로부터 상하로 움직이는 동작 / ④ 다리를 옆으로 올리는 동작 / ⑤~⑧ 손을 자연스럽게 올린 자세부터 32cm씩 내리는 동작

그림 1 동작공간

도상학

iconography, iconology

미술사학의 한 분야로서 도상(圖像)의 내용을 기술 · 해석하는 학문이며, 인간에 의해서 만들어진 그림과 그 내포하는 의미를 맞추어 도상이라고 부른다. 표제에는 도상학(iconography)과 도상해석학(iconology)이라고 하는 2종류의 단어가 나타나고 있는 있지만 도상학은 작품의 배경으로 붙이는 역사적 · 문화적 전통을 이해하는 것에 의해서 그림 모양의 내용을 기술하는 학으로 도상해석학은 한층 더 진행되고, 작품의 근저를 이루는 세계관의 파악이나 해석을 이루는 학문이다. 그 때문에 아이코놀로지를 도상해석학이라고 불러 구별하기도 한다.

역사적으로는 르네상스기에 있어 고대의 초상의 분류에 관한 학문을 도상학이라고 불렀으며 그 후 주로 크리스트교 고대미술의 수집 · 해석의 학문에 이르게 되었다. 무엇보다 이런 종류의 전통은 서구에 머무르는 것에 끝나지 않고 일본에 있어서도 불교미술에 관해서 옛부터 도상의 수집이라고 해석하고 있다.

현재의 문화 기호론적인 도상학의 성립에 강한 영향을 준 것은 E. 파노프스키에 의한 '도상해석학 연구'(1939)이다. 파노프스키는 그림 모양의 해석을

① 일상적 상식에 근거해 대상을 형태로서만 인식 · 기술한다. ② 특정의 역사적 · 문화적 조건의 아래에서 성립한 도상의 의미를 문헌자료로부터 얻을 수 있는 역사적 · 문화적 배경의 지식에 의거하여 분석한다. ③ 도상의 본질적 의미에 대한 종합적인 직감의 적용에 의해 작품의 근저를 이루는 세계관('상징적' 가치)을 파악한다.

라고 하는 3단계로 분류하였다.

①은 '남자의 잘린 얼굴만 쟁반 위에 들고 있는 여자의 그림' 같은 형태에 기술에 머무르며, ②에서는 성서의 기술이나 동시대까지의 동종의 주제의 회화로부터 이 그림이 누구를 그리고 있는가만을 분석한다. 도상학은 이 단계를 가리키고 있다. 도상해석학은 ③에 상당히 역사적으로 변화하는 인간 정신의 본질적 경향을 고려하면서 작가 혹은 작품의 근저적인 세계관을 파악(해석)하는 작업이다.

도상학의 적용범위는 일반적으로 말하는 미술작품에 머무르지 않고 건축이나 도시를 대상으로 하는 건축도상학도 행해지고 있다. 이 경우 건축이나 도시의 형태와 그 기능, 관념의 대응을 문제로 한다.

(다니무라 히데히코 谷村秀彦)

인지과학

cognitive science

인지과학에 관한 유명한 책에는 H. 가드너(1985)의 저서인 『인지혁명』이 있다. 이 책의 영문 제목은 "The Mind's New Science"이고, 인지과학이란 무엇을 실시하는 학문인가를 단적으로 나타내고 있다. 간단하게 말하면 인지과학이란 정보과학의 이론과 컴퓨터 기술의 발전을 배경으로 지각, 사고, 의식, 감정, 기억, 언어, 학습 등의 심리현상을 이해하기 위해서 인간의 뇌와 마음의 기능을 종합적으로 연구하려고 하는 학문이다. 인지과학이 가지는 특색은 학제적 연구이며 H. 가드너의 철학, 인지심리학, 인공지능, 언어학, 인류학, 신경과학 등에서 활약하고 있는 연구자 모임이라고 볼 수 있다. 그러나 시대의 흐름과 함께 중심이 되는 연구자의 관심도 넓어지면서 학문으로서 지금도 움직이고 있어 학문영역의 확대는 다방면으로 걸쳐지고 있다.

H. 가드너는 인지과학이 공식적으로 인정된 것은 1950년대 중반이라고 말하고 있다. 그러나 시작에 대해 연구분야나 연구자의 견해에 따라 다르며 정설은 분명하지 않다.

인지과학은 상기와 같이 복수의 학문분야를 횡단하는 형태로 분야도 넓고, 전체상을 파악하는 것은 용이하지 않다. 거기서 인지과학에 대한 이해를 돕기 위해서 그 맹아로부터 초기에 있어서의 발전의 역사를 개괄하고 싶다. 인지과학은 발전과 함께 복잡하게 되어 있어 초기의 발전과정에 특징이 잘 나타나고 있다고 볼 수 있다.

인지과학의 맹아는 1930년대의 튜링 기계[115]나 자동장치 이론[116]으로부터 시작되어 1940년대의 노버트 위너에 의한 사이버네틱스나 클로드 E. 섀넌에 의한 정보처리 등의 연구에서 볼 수 있다. 이러한 연구는 인지과학의 방법에 영향을 주어 각각의 내용을 넘어 정보를 통해 개념적으로 인지과정을 파악할 수 있다고 생각하는 기초가 되었다.

1950년대에는 F. 로젠 블뤼트가 뉴럴 네트워크(neural network)의 원류가 되는 연구를 실시하였고 정보과학으로 A. 뉴웨리나 H. 제문이 사고의 시뮬레이션 연구를 실시하여 언어학으로 N. 톱스키가 생성 문법에 길을 열었다. 또한, 오랜 세월 심리학을 지배한 행동주의에 대해서, G. 밀러 등의 내적 심리과정의 연구가 시작되었다. 1960년대에는 뉴럴 네트워크에 영향을 미친 퍼셉트론의 연구, G. 밀러 등의 TOTE(Test- Operate-Test-Exit) 단위의 개념, M. 마빈 민스키에 의한 의미 정보처리의 도서, 다이클 킬리언의 의미 네트워크 모델 등이 있다. U. 나이서(1967)는 『인지심리학』을 저술하여 심리학자의 사이에 정보처리의 진입을 넓혔다. 인지과학의 연구는 현재에도 널리 펼쳐져 진행 중이다. (미야모토 후미토 宮本文人)

115) 튜링 기계(Turing machine)란 컴퓨터의 실행과 저장에 관한 추상적인 모델로서 1936년에 앨런 튜링이 알고리즘에 대한 엄밀한 수학적 정의를 위해 도입한 개념이다. 이 개념은 컴퓨터 과학 이론에서 널리 사용되고 있는데, 특히 계산 복잡도 이론과 계산이론에서 아직도 널리 사용되고 있다. 튜링 기계가 논리나 수학에서 사용될 수 있는 체계의 뭉뚱그려진 개념까지도 모두 온전히 묘사할 수 있다는 명제는 처치-튜링 명제로 알려져 있다. 튜링 기계는 인공지능의 개념을 밝히고자 튜링이 발표한 튜링 테스트와 간혹 혼동되기도 하지만 이 둘은 별개의 개념이다

116) 자동장치 이론(automata theory) 자동장치의 원리나 동작에 대한 연구를 여러 가지 형태적 이론이나 개념에 응용하는 이론. 컴퓨터 언어를 조직적으로 인식할 수 있는 여러 가지 기법과 장치에 관한 이론.

26

관련분야

생태학

ecology

생태학은 생물과 그것의 환경을 다루는 과학이며, 환경이라는 말은 주체가 되는 생물 이외에 다른 생물들과 물리적 환경을 포함한다. 19세기 독일의 동물학자 E. 헤겔에 의해서 그리스어의 오이코스(oikos)에서 '에콜로지'라고 명명되었다.

생물의 구조에 대해서 크게 2개의 견해가 있다. 하나는 개체 자체의 기능이나 구조를 분석적으로 진행하는 것, 다른 하나는 생물과 생물의 관계에 있어 각각 생물의 존재 의미를 깊이 아는 것이다.

미시마 지로는 간단한 예로서 토마토가 왜 붉은가의 질문을 주고 있다. 붉은 이유를 표피의 카로티노이드 화합물에 의하는 것이라고 파악하는 것이 전자의 입장이며 결과적으로 종자를 보다 먼 곳에 넓게 살포할 가능성이 높아지기 때문이라고 하는 것이 후자의 입장이다. 이것은 생물의 구조로서 어느 쪽이나 올바르게 이해할 수 있지만 후자의 경우에는 환경과의 관계로부터 붉지 않으면 안 되는 이유를 설명하고 있다. 이와 같이 생물의 개체 레벨 이하의 이해로는 파악할 수 없는 환경 속에서의 존재 이유를 생태학에서는 취급하며 생물의 양태나 행동에 대한 이해가 깊어진다. 생태학에는 많은 분야가 있어 자연분류에 의한 식물 생태학이나 동물 생태학, 생물의 생식장소에 의한 삼림 생태학이나 해양 생태학, 생물의 집합의 레벨에 의한 개체 생태학, 고체군 생태학, 군중 생태학이라고 하는 것이 있다. 복수의 생태학의 기본에는 다른 종의 동물을 같은 물리환경에 두었다고 해도 주체의 수만큼 환경이 다르다고 하는 점이 있다. 인간, 개, 새, 각각으로 환경의 인식이 다르다. J. J. 깁슨이 '생태학적 시각론'이라고 부르는 이유가 생물과 환경이 고유의 조합으로서의 어포던스로 정의되어진다. 또한 생물과 환경의 관계이지만, 그 관계에는 작용, 반작용, 상호작용의 3개가 있다. 외부세계에서 생물로의 움직임을 작용이라고 불렀으며 열이나 빛은 대표적인 것이다. 반대로 생물 측으로부터 외부세계로의 기능을 반작용이라고 부르며 통상은 호흡에 의한 이산화탄소와 같이 미세한 것이지만 공업의 힘을 가지는 인간은 생물활동을 넘어 큰 반작용의 힘을 갖고 있다고 말할 수 있다. 또한 생물 간의 관계를 상호작용이라고 하여 자웅관계(雌雄關係)나 피식(被食)[117]과 포식(捕食)[118]의 관계, 군중 내의 인간 상호의 위치의 잡는 방법이나 몸의 변형이라고 한 것에서 볼 수 있다.

이러한 작용, 반작용, 상호작용의 밸런스 위에 생태계는 유지된다. 건축은 인간이 스스로 환경을 갱신하는 행위이며 가장 큰 반작용이라고 해도, 이 행위의 결과를 고쳐 쓸 수 있는 외부세계에 대한 파악이 필요하다.

(나스 기요시 那須聖)

117) 피식 – prey. 포식자의 먹이 공급원이 되는 동물.

118) 포식 – predation. 동물의 행동 중에서 먹이를 구하기 위해 동물을 쫓고, 잡고, 죽이는 것.

기호론

semiotics

소쉬르는 '사회 속에서의 기호의 생을 연구하는 과학'으로서 기호학(semiology)을 제창한 것은 유명하다. 같은 무렵 미국인의 찰스 샌더스 퍼스는 기호론(semiotics)의 이름 아래에 기호의 일반 이론을 구상하고 있었다. 오늘날의 기호학도 기호론도 '기호에 대한 학문'이라고 하는 같은 하나의 학문영역을 가리키고 있다. 양자에게 기호학은 유럽인, 기호론은 영어권 민족에 의해서 선호되는 경향이 있다고 하는 차이가 있다.

기호론에는 언어적인 휘호로부터 신체적인 전갈이나 후각적인 기호, 미학이론, 수사학자 등의 의미 작용적인 체계의 분석에 이르기까지 확대적인 분야가 포함된다. 모든 인간적인 일에는 그것을 지배하는 암묵의 법칙이 있는 것을 기호론에서 찾아냈다. 문화적인 패턴도 사회적인 행동도, 그 하나하나가 명시적이든 암시적이든 커뮤니케이션을 수반하고 있다.

이러한 엄청난 기호현상의 기반을 형성하는 것은 기호표현과 기호내용의 사이에 성립될 수 있는 다양한 관계이다. 기호론의 기반도 여기에 있다고 생각하면 된다. R. 바루토의 기호표현과 기호내용의 종합체로서의 기호가 기호체계에 있어서의 기호표현으로서 새로운 기호내용을 획득하듯이 겹겹이 적층해 나가는 기호현상의 구조를 분명히 하고 있다. 그것에 의해 통상은 보이기 어려운 숨겨진 의미작용의 분석이 가능해진다.

기호의 각종 기능 중 미적 기능은 관계의 법칙으로서 코드화된 의미작용의 규칙을 조직적으로 위반하는 것에 따라 반드시 달성된다. 따라서 미적 기능의 기호론적인 분석은 그 기능 안에 규칙위반의 제도화라고 하는 역설적인 것을 간파하지 않으면 안 된다. 또한, 미적 메시지에 대해 최종적인 해독에 달성하는 것은 결코 없다. 이런 종류의 기호내용은 다음의 기호로 재편성될 가능성 중에서 항상 흔들리고 있기 때문이다. 현실을 알고 현실에 대처하고, 현실을 바꾸어 가는 방식으로서 미적 기능의 기호론은 오히려 그 역할을 완수할 수가 있다.

공간의 기호론은 이러한 일련의 흐름을 취하는 것이 요구된다. 기술이나 도구로서 명시적인 곳으로부터 출발하여 마지막에는 시적 기능으로서 세계에서 마주보는 마음 속 깊은 성격을 담당하기 때문이다. (세오 후미야키 瀨尾文彰)

정보이론

information theory

정보가 물질, 에너지와 함께 만물을 달성하는 3요소라고 하는 것이 인식하게 된 것은 인류의 역사에서 보면 최근의 일이다. 정보는 에너지와 같이 눈에 보이는 존재는 아니다. 그러나 그 존재가 인식되면 우선 생각하는 것이 양으로서 어떻게 측정할 수 있는가 하는 문제이다.

1개의 회선으로 어느 정도의 정보를 보낼 수 있을까 등의 실용상의 필요성으로부터 통신공학의 분야에서 통신이론의 체계화가 진행되어 왔다. 그러나 이 이론의 응용은 행동과학, 심리학 등 주로 인간을 대상으로 하는 넓은 분야에서도 행해져 왔다.

넓게 응용된 것은 통신이론의 일부 정보량의 정의(정보의 경량화)이다. 1948년 C. E 섀넌에 의해서 기초적 체계화가 이루어진 통신이론에 있어서의 정보는 의미나 가치로부터 떼어내진 객관적으로 수량화할 수 있는 양이며, 정보원을 확률론적 모델로서 엔트로피 함수를 정의한 것에 특징이 있다.

섀넌의 정의한 정보량은 사상의 집합 $\{A_1, A_2, \cdots, A_n\}$에 있어서의 각 사상의 출현 확립이 $p_1, p_2, \cdots, p_n$인 정보원

$$X = \begin{pmatrix} A_1, & A_2, & \cdots, & A_N \\ p_1, & p_2, & \cdots, & p_N \end{pmatrix}$$ 는 평균 정보율은

$$H(X) = -\sum_{i=1}^{N} p_1 \log p_1$$

에서 $H(X)$을 엔트로피라고 한다. 대수의 바닥은 어떤 것이 있어도 괜찮으며 일반적으로는 2로 하지만 이 정보량의 단위를 비트(bit : 2진법 Binary digit의 약어)라고 한다.

출현 확립이 동일한 2개의 사상의 평균 정보량은 $N=2$, $p_1=p_2=0.5$으로 $H(X)=1$ 비트가 되어 $p_1 \neq p_2$일 때 $H(X)<1$이 된다. 즉, 엔트로피는 각 사상의 출현 확립이 동일할 때 최대치 $(X)max=\log N$가 된다.

$H(X)max$는 사상의 수가 증가하는 것에 따라 커진다. 사상수의 영향을 없앤 정보량을 총체 정보량(상대 엔트로피)이라고 불러, 평균 정보량 $H(X)$와 $H(X)max$와 비

$$Hr = \frac{H(X)}{H(X)max}$$

로 정의하고, 이 보수(補數) $R=1-Hr$를 중복도(redundancy)라고 한다. 중복도가 0이라고 하는 것은 각 사상의 출현 확립이 동일하고, 다음에 무엇이 출현할지 예측이 되지 않는 경우이며 중복도가 1이란 다음에 일어나는 것을 100% 예측할 수 있는 것이다. 이러한 극단적인 경우만이 아니라 일반적으로 전보문의 중복도는 적고 소설은 많다고 한다. 이것은 벌레가 먹은 듯한 문장으로 확인할 수 있다. 수(數)문자가 빠진 전보문은 판독이 곤란하지만 소설은 날려 읽기가 가능하다.

(야스하라 하루키 安原治機)

프랙탈 이론

fractal theory

B. 만델브로트에 의해서 제안된 수학상의 개념인 프랙탈 이론에 의해서 자연계에 존재하는 불규칙한 형태를 기술하려고 하는 일련의 이론이다. 프랙탈 이론은 베노이트 B. 만델브로트에 의한 말로 '물건이 망가져 불규칙한 파편이 된 상태'를 나타내는 라틴어의 형용사 fractus에 유래한다.

만델브로트의 문제의식은 자연계에 존재하는 여러 가지 형태(구름이나 산, 해안선, 수목 등)가 유클리드 기하구성 성분으로 설명할 수 없는 현상이나 여러 불규칙 형태로 묘사할 수 있다는 것에서 비롯되고 있다. 그는 프랙탈 이론이라고 하는 개념을 정의하는 것에 의해서 이러한 불규칙하고 단편적인 형태를 기술하는 것에 성공하였다. 예를 들어 리아스식 해안은 그 일부를 확대해도 역시 리아스식 해안의 특징적인 형태를 잃지 않으며 또한, 불규칙하고 단편적인 도형은 부분을 확대했을 때에 전체와 같은 형태를 얻을 수 있는 것이 특징이다. 이것을 자기 상사적이다 라고 말하지만 프랙탈 이론과는 자기상사성[119](similarities)을 가지는 도형의 집합이라고 정의할 수 있다.

아래의 그림은 프랙탈 이론의 예로 나타낸 코흐곡선이라고 하는 유명한 도형이다. 이 그림의 부분으로부터 1/3의 부분을 꺼내 보면 그것은 전체를 1/3에 축소한 도형과 일치한다. 부분으로부터 1/9의 부분을 꺼내도 같다. 이러한 관계를 자기상사적이라고 한다.

자기상사성을 정량하기 위해서 프랙탈 이론 차원이 정의된다. 프랙탈 이론 차원은 상사성을 기초로 한 측정되는 정도로, 위상 차원(통상적인 의미로의 차원)과 달리 비정수값을 받는 것이 특징이다. 실제로는 프랙탈 이론 차원에는 여러 가지 측정하는 방법(하우스도르프 차원이나 용량 차원 등)이 있지만 엄밀한 정의에는 여기에 접하지 않는다.

컴퓨터에 의한 지형이나 수목 전체 모양의 생성에 이용되는 등 복잡한 현상의 기술 등에 응용이 기대되고 있다. (다니무라 히데히코 谷村秀彦)

① 코흐 곡선(자기 상사성을 가지는 프랙탈 이론의 다)

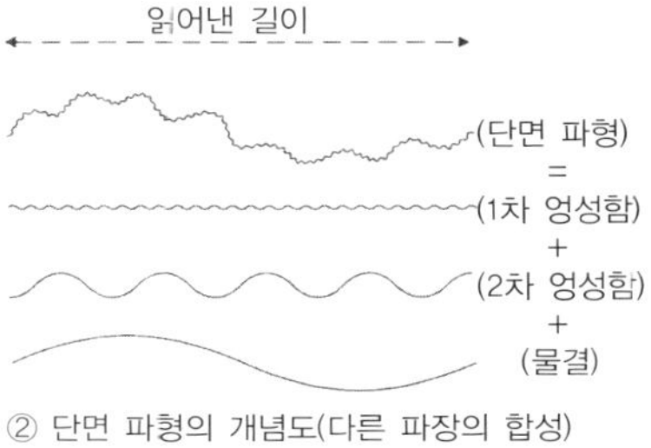

② 단면 파형의 개념도(다른 파장의 합성)

그림 1 재료 표면의 단면 파형과 프랙탈 이론(이니시타)

119) 자기상사성 : 도형의 어떤 부분이든 전체와 닮아 있다는 성질.

퍼지 이론

fuzzy theory

1965년에 L. A. 더 데이에 의해 발표된 논문을 기점으로 발전한 애매함(fussiness)을 중심적인 개념으로 하는 집합론과 그 응용의 체계이며, 퍼지 이론이 주목하고 있는 '애매함'은 '아름다운 사람'과 같이 인간의 주관성에 기인하는 엄밀한 계량이 불가능한 상태를 말하며 확률론으로 말하는 '애매함'과는 본질적으로 다르다. 퍼지 집합(fuzzy sets)은 각각의 요소가 집합에 소속하는 정도를 0~1의 사이의 실수로서 주는 소수 함수(membership function)에 의해서 정의된다. 통상의(비퍼지) 집합에 대한 이치 논리의 자연스러운 확장으로서 퍼지 집합에 대해서는 퍼지 이론이 적용된다. 즉, 명제의 진리치(眞理値)가 0 또는 1의 이치가 아니고, 0에서 1의 사이의 값을 받을 때도 AND, OR, NOT 등의 연산을 정의할 수 있어 결합법칙이나 분배법칙 등의 제법칙이 거의 성립한다.

1970년대 후반에는 소수 함수의 값으로 0으로부터 1의 사이의 실수가 아닌 퍼지 집합 자체가 있을 수 있는 퍼지 집합이 제안되었다. 이것을 타입 2의 퍼지 집합이라고 부른다.(이것에 대해서 종래의 것을 타입 1의 퍼지 집합이라고 부른다).

타입 2의 퍼지 논리라고 부르지만 타입 1의 퍼지 집합에 대응한 퍼지 논리와는 분명하게 차이가 나므로 주의가 필요하다.

퍼지 이론은 패턴 인식, 제어 이론, 클러스터링 등 많은 방면으로 응용되어 기존의 기술에서는 비용효율의 좋은 해답을 얻을 수 없었다. 많은 문제－예를 들어 캐릭터 레코그네이션 등－에 대해서 유효한 접근이 되고 있다. (다니무라 히데히코 谷村秀彦)

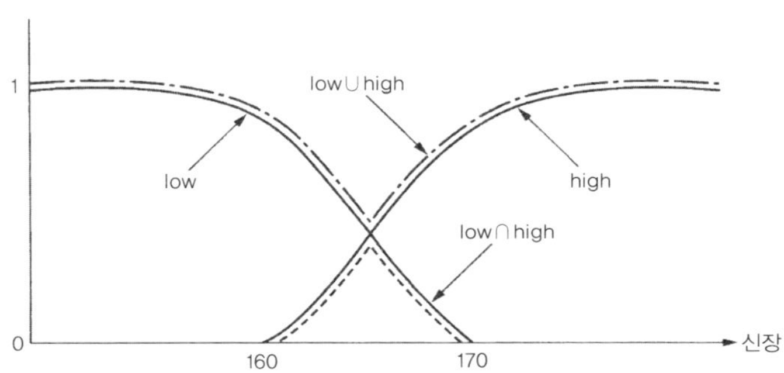

그림 1 소수 함수

소프트 컴퓨팅

soft computing

퍼지(애매함을 허용한다), 뉴럴 네트워크(neural network)(뇌의 구조를 본뜬 알고리즘), 유전적 알고리즘(유전자의 행동을 본뜬 알고리즘) 등의 수법에 따르는 문제해결의 총칭을 소프트 컴퓨팅이라고 한다. 이것들은 종래의 수법에서는 해결할 수 없는 문제를 풀기 위해 등장하였으며, 주로 구조기관에서 성과를 올리고 있지만 계획기관에서도 최적화 방법 검색이라는 부분에서 성과를 거두고 있다.

여기에서는 최적화 방법과 유전적 알고리즘(GA)을 이용한 시스템을 바탕으로 해설을 실시한다.

종래의 최적배치 수법에서는 그것을 구성하는 요소의 수나 조건의 증가에 수반하여 계산량이 방대해지기 위해 현실의 계획에 대해서 이용하는 것이 곤란하였다. 그러나 이 시스템에서는 GA를 이용하는 것으로 설계자가 의도하는 인간 유동을 반영한 건축평면을 효율적으로 요구하는 것을 가능하게 하고 있다.

GA의 특징으로서 최적값에 반드시 도달하는 것이 수학적으로 보증되고 있는 것은 아니라 서서히 최적값에 가까워진다고 하는 점이다. 드, 실제의 알고리즘은 유전행동을 모방해서 계획값의 산정, 자연도태, 평범한 교차, 돌연변이를 설정한 세대수나 수습상태가 될 때까지 반복한다고 하는 것이다.

구체적인 시스템의 흐름은 우선 이용자가 초기 평면이라고 기대하는 평가값을 입력한다. 그 다음 초기 평면으로부터 다수 파생한 평면의 평가값을 산정하여 기대하는 평가값과 비교해 자연도태를 실시한다. 자연도태에 의해 남은 평면에 평범한 교차를 세우고 또 돌연변이를 실시하는 것으로 부분 솔루션에 빠지는 것을 막는 조작을 실시한다. 이 순서를 수세대 반복하여 종래의 수법보다 효율적으로 최적 평면을 탐색하는 것이 가능해졌다.

(하야시다 가즈토 林田和人)

그림 1 (GA를 이용한) 플랜 창출 시스템

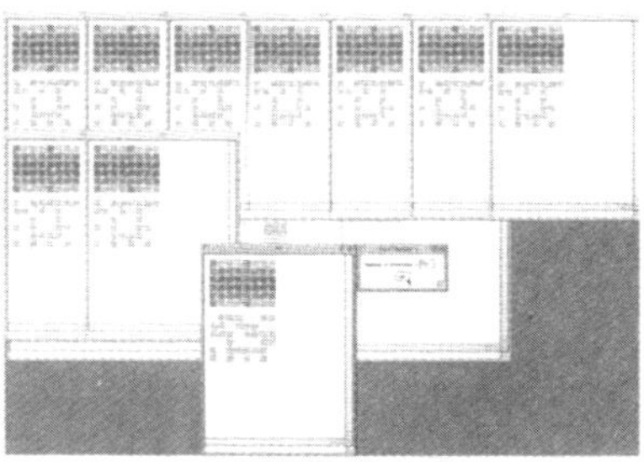

그림 2 최적 플랜의 창출

| 찾아보기 |

ㄱ

가구 · 설치 관찰조사 222
가독성 47, 50, 52, 57
가로공간 117, 148
가상 173
가상현실 94
가스파르 몬쥬 100
가시 19
가시영역 19
가시화 93
가장자리 51
간격척도 238
간체세포 18
간호견법 215
감각 32
감각등록기 55
감각적 공간 171
감상공간 137
감시카메라 44
개인적 공간 40
개인차 69
거리공간 62, 85
거리의 항상성 29
거리 지각 21
거리치수 88
거리풍경 129, 159, 167, 208
거리풍경 보존 · 재생 208
건축 · 도시공간론 63
건축 · 도시공간인지 67
건축계획학 61
건축도상학 254
게슈탈트 23
게슈탈트 심리학 23
격식공간 137
결절점 158
경계 · 결계 115
경계공간 169
경관구성 184
경관구조 183
경관단위 184
경관론 182
경관요소 184
경관의 구조 182
경관조명 133
경관타입 184
경관특성 184
경관평가 184
경로탐색 61, 75, 82
계급구성(hierarchy) 109, 113
고령자의 공간 216
고소감 45
고소공포증 45
골목공간 149
공간감각 측정 230
공간개념 106, 188
공간계획학 61, 104
공간구성 요소 103
공간구성 원리 176
공간구조 113
공간도식 63, 105
공간론 63
공간사상 125
공간 스케일 39
공간악보 99
공간언어 176
공간연구 114
공간연구론 63
공간연출 121
공간영역 41
공간요소 112
공간유형 107
공간의 가시화 93
공간의 거리 70
공간의 다양성 191
공간의 연구 61
공간의 연속성 123
공간의 유사체험 93
공간의 유형 80
공간의 의미 60
공간의 질서 190
공간인식 176

공간인지 조사 229
공간정보 102
공간체험 117
공간파악 70
공간평가 71
공간표현 100, 192
공간형성 176
공개공지 146, 159
공공예술 187, 202
공기 원근법 100
공동공간 159
공동체 203
공분산(共分散) 구조분석 248
공용공간 193, 206
공적 공간 135
과잉반응 44
관련계수 242
광경(scene) 121
광장공간 147
광학적 유동 31
교점 51
교차분석 237
구심적 구성 107
구역 51
구조 54, 108
국가환경정책법(NEPA) 220
국제양식 188
국제연합인간환경회의 221
국제장애인분류 215
군집동선 76
군집밀도 80
군집사고 76
군집 유동 76
궤적 · 동선 74
균질공간 63
그래피컬 모델링 247
그리드 구성 107
그림과 땅(도형과 배경) 24
근대건축의 공간 188
근대건축의 5원칙 168
근린주구 110
글로벌-내비게이션 81
기술된 공간 192
기억 55
기초계획 219
기호 48, 49
기호내용 49
기호론 257
기호표현 49
기호학 257
깊이의 항상성 29

ㄴ

내부공간 166, 167, 169
내부공간의 외부화 144
내비게이션 81
내연 169
내적 구조 72
내포적 의미 60
네트워크 113
노멀라이제이션 212
노테이션 99
녹색공간 153
논파라메트릭 검정법 236
뇌파 252
뇌파 해석 234
뉴럴 네트워크 255, 261

ㄷ

다니자키 준이치로 38
다변량해석 238, 239, 248
다의성 48, 53
다이어그램 104
다중공선성 240
다차원 척도구성법 244
단기저장고 55
단순상관분석 239
단위공간 88
단지재생 210
닫힌 공간 135
대심도(大深度) 지하 142
대지예술 202
데이터 글로브 94
데이터 수트 94
도상학 254
도상해석학 254
도시경관 167, 250
도시계획 185, 250
도시공간 162
도시광장 146

도시디자인 120, 185
도시의 이미지 50, 62, 64, 103, 115, 225
도시의 전체상 103
도시 이미지 52, 108
도시재생기구 187
도형정보 102
독립변수 243
동선공간 169
동심원상 190
동안시야 18
동일성 54
동작공간 88
동작치수 88
등비수열 87
디자인 서베이 226
디지털환경 96

ㄹ

라이트 업 133
라이트 웰 138
랜드마크 51, 118, 119, 122
레벨 17
레비 브륄 46
로고스 246
로버트 자이언 152
로컬-내비게이션 81
루트맵 64
르 코르뷔지에 157, 168, 188
리사이클 141
리스팅 246

ㅁ

마그니치에이드 추정법 230
마을조성협정 209
마이클 킬리언 255
마하라노비스의 거리 242
메르텐스의 논리 34
메를로 퐁티 47, 191
메시데이터 102
멘탈 맵 64
명시성 17
명의척도 236, 238
모더니즘 188
모델 91
모델분석 245
모듈 87
모듈러스 87
모듈러 코디네이션 87
모의실험 92
모형실험 232
목적변수 243, 247
몰 156
뫼비우스의 띠 85
문화의 공간 189
물리적 공간 59, 112
미국 장애인법(ADA) 213
미니공원 155, 156
미스 반 데어 로에 188
밀도 · 혼잡 41

ㅂ

발달단계 251
발달심리학 251
발리막스 회전법 241
발터 그로피우스 188
밝기의 항상성 29
밤의 공간 132
방사상 구성 107
방어범위 66
방위 111
방향감각 33
방향성 113
배리어 프리(barrier free) 211
배리어 프리 디자인 213
배리어 프리법 213
보일 듯, 말 듯 128
보행공간 149
보행속도 80
복잡성 48
분절 123
분절공간 123
분절점 123
불가시 19
불가침의 장소 165
불명확한(ambiguous) 53
브루넬레스키 100
비례 89
비스타 120

비엔날레 202
비율척도 238
비일상의 공간 195
비지시적 면접조사 225
빛과 어둠 38

ㅅ

사거리 163
사람의 유형 80
사운드스케이프 186
사이 162
사인 48
사인계획 82
사인 맵 70
사적 공간 136, 154
사후평가 73
산책길 156
상관계수 242
상관분석 239
상관분석법 239
상기(想起)거리 66
상징공간 137
상징적 공간 168
색시야 18
색의 항상성 29
색채 37
색채 원근법 100
색환경 216
생리심리학 252
생리적 측정 233
생리적 특성 69
생물공간 62
생애발달심리학 251
생태학 256
생활구조 176
생활영역 205
생활장면 65
서열 109, 115, 117
선상 구성 107
선원근법 100
선호태도 68
설계 방법론 63
설명변수 243, 247
세계보건기구 215
세미라티스 98, 110
센트로이드법 241
셰이프 그래머 97
소쉬르 257
소시오메트리 227
소시오메트릭 테스트 227
소프트 컴퓨팅 261
속도의 항상성 29
속성정보 102
쇼핑광장 156
수량화 이론 243
수량화 이론 I 243
수량화 이론 II 243
수량화 이론 III 243
수량화 이론 IV 243
수사 134
수사학 134
순서척도 236
순위 상관계수 242
순위척도 238
스카이라인 131
스케일 86
스키마 25, 62
스키머 그래머 97
스토이케이아 106
스트레스의 분석 250
스트리트 퍼니처 148
스펙트럼 해석 130
스포츠시설 200
습관 28
습관의 오차 28
시각발달 68
시각적 인자 36
시간성 127
시공간지각 16
시그널 48
시뮬레이션 92
시야 18
시인성 17, 82
시지각의 항상성 29
시퀀스 108, 125, 150, 158
시퀀스의 불연속 구조 58
신경과학 255
신체 거리 115
신체적 공간 63
신행동주의 249
실내디자인 141
실존적 공간 47, 62, 63, 115

실존주의적 현상학 47
실험실 실험 231
심리 · 사회적 발달 이론 251
심리적 공간 59, 112
심리적 구조 69
심리적 평가 131
심벌 48
심상방향 180
심상변환 97
심상위치 180
심상풍경 180
심층면접 71

ㅇ

아니마 174
아실 165
아웃도어 룸 145
아웃도어 리빙 145
아이덴티티 54
아이소메트릭 104, 192
아이소비스트(isovist) 19
아이 스톱 112, 119, 128
아이코놀로지 254
아이템 243
아케이드 167
아트리움 154, 166
아핀변환 22
안과 밖 190
안길이 지각 22
안내사인 82
안심감 44
안전감 44
안전성 44
안쪽 193
알렉산더 클라인 74
알브레히트 뒤러 100
알코브 140
암시적 공간 171
앙상블 109
앙케트 조사 224
애니메이션 95
애니미즘 46, 174
액자효과 30
앰비언트 사운드 186
양계=생의 세계 172
어린이의 공간 217
어메니티 42
어트랙션 77
어포던스 83
어프로치 공간 117
에콜로지 256
엔트로피 58, 258
엘리먼트 58
엘리멘트(element) 상기법 229
여가공간 200
여유치수 88
연결공간 151, 159
연상력 49
연속성 121, 126
연속적인 공간 125
연습효과 28
연출방법 127
열린 공간 135
영국식 정원 158
영상공간 95
영역(territory) 40
예능공간 199
예측 추계법 235
오픈스페이스 126, 146, 162
오행 지각 22
옥상 157
옥외공간 146
완충공간 160
외부공간 167, 169
외부공간의 내부화 145
외부환경 116
외연적 의미 60
용적의 추정 70
운동사상 125
움직임 30, 130
워크숍 210
워크스로 92, 96
원근법 100
원풍경 181
웨르트하이머 23
웨버-페히너의 법칙 90
위상공간 85
위상구조 102
위상기하학 106, 246
위상입문 246
위상적 공간개념 105
위안-치유 43

위치사인 82
위치의 항상성 29
유니버설디자인 211
유니버설 스페이스 188
유도사인 82
유동계수 76
유동효율 76
유람 151
유람공간 151
유람행동 78
유전적 알고리즘 261
유클리드(Euclid) 106
유클리드 거리 242
유형학 107
융즉 46
은유 134
음계=죽음의 세계 172
음양오행설 173
음영예찬 38
음의 크기의 항상성 29
의미 54
의미공간 63
의미 네트워크 모델 255
의사결정 73
의식 46
이동 흐름 82
이동경로 74
이미지 50, 103, 111
이미지 구조 194
이미지 맵 64, 66, 70
이미지맵법 229
이미지 스케치 181
이미지 어빌리티 51
이미지의 구체화 93
이미지 코드 194
이벤트공간 201
이행공간 160
인간공학 253
인간의 인지 250
인간행동 61, 231
인공지능 255
인공지능(AI) 249
인과관계 175, 248
인상평가 184
인식론 191
인자 241
인자 득점 242
인자분석 126, 239, 241, 248
인자축 59
인지거리 66
인지과학 249, 255
인지권 205
인지기능 249
인지 발달론 251
인지심리학 67, 249, 255
인지 스타일 67
인지양식 67
인지영역 65, 229
인지지도 64
인지혁명 255
인체치수 39, 87, 88, 253
인터내셔널 스타일 188
인터뷰 조사 224, 225
인터페이스 81
일루미네이션 132
일본 정원 158
일본식 공간 143
일원론적 공간 171
일치계수 242

ㅈ

자극역 17
자기상관계수 235
자기상사성 259
자아영역 70
잠재영역 229
장기저장고 55
장면 124
장소 56, 113
장소 독립성 67
장소성 56
장소의 영혼 174
장소 의존성 67
장송공간 197
장애인의 공간 215
재개발 지구 187
재질감 35
전망 120
전통적 공간 171
정보선택 특성 69
정보이론 258
정수비 89

정원 158
정위(定位) 111
정위도식 111
정준상관분석 239
정체성 54
조형작품 187
조화 · 대립 129
종교공간 198
주성분 득점 242
주성분분석 239
주위 광배열 31
중량지각의 항상성 29
중상관분석 239
중심 · 주변 114
중심와(fovea) 34
중회귀분석 59, 239, 243, 248
지각 16
지각순환 111
지구의 온난화 221
지니어스 로사이 174
지도 101
지리 학문적 공간 175
지리정보 시스템 102
지명 176
지배범위 66
지속가능한 221
지시적 면접조사 225
지역성 178
지하공간 142
지형 177
지형정보 102
진입공간 150, 159, 168
질감 36

ㅊ

차원 85
착시 20
착시현상 20
찰스 샌더스 퍼스 257
참배길 150
척도 수준 238
천심도(淺深度) 지하 142
천이공간 161
청공간지각 16
청지각의 항상성 29
체류 인원수 80
체류공간 149
체류시간 80
체류행동 77
초기효과 28
초점 · 축선 122
촉각적 인자 36
촉공간지각 16
추체세포 18
축제공간 196
출입구 116
취락공간 170
친수공간 152
친자연적 공간 171

ㅋ

칸트 191
컨틴전시 계수 237
코렉티브(corrective) 하우스 207
코렐로그램 235
코퍼레이티브 하우스 207
코흐곡선 259
쾌적함 42
크기의 항상성 29
크로스 분석 237
크로스 집계 237
크리스토퍼 알렉산더 98
클라인의 항아리 85
클러스터 구성 107
클러스터분석 109, 242
키스 부케 86

ㅌ

탐색행동 75
탐이행동 64
테리터리 66, 204, 205
테마파크 195
텔레 프레젠스 94
통계분석 248
통계적 가설 검정 236
통로 51, 117
툇마루 169, 171
투시도 100

트리엔날레 202
트포스 246
특수효과 95

ㅍ

파노프스키 192
파라메트릭 검정법 236
판별분석 243
팔레이 파크 152, 155
패턴 25
패턴 랭귀지 98
퍼블릭 이미지 103
퍼스널 컨스트럭트 이론 72
퍼지 261
퍼지 이론 260
페리스티리움 154
평가구조 72, 126
평가성 인자 36
평가척도 126
평면계획학 61
포식 256
포위공간 154
포위광배열 31
표본분산 235
표본평균 235
풍경디자인 185
풍경론 179
풍수 172, 173
프랑스식 정원 158
프랙탈 이론 131, 259
프레그넌트트의 법칙 23
프로그램 109
피난 계산 79
피난경로 79
피난계획 79
피난시간 80
피난행동 79, 250
피식 256
필로티 168

ㅎ

하이데거 47, 127
하트빌딩법 213
학습 57
학습효과 28
항상성 29
행동 관찰조사 223
행동 시뮬레이션 80
행동권 205
행동의 유형 80
행동장면 84, 223
행동주의 249
행태 세팅 84
현상 47
현상계 46
현상공간 47
현상학 47, 127
현상학적 191
현실적 공간 171
협동주택 207, 210
형태 27
형태심리학 24, 25, 249
형태의 항상성 29
홀로그래피 93
확정영역 229
환경 이미지 108
환경공생 218
환경디자인 219
환경심리학 250
환경영향조사 220
환경영향평가법 220
환경예술 202
환경의 시성 194
환경의 평가 250
환경이행 214
환경평가 172
활동공간 164
황금비 87, 89
회귀분석 240
회유식 정원 151, 158
훗설 47, 191
휴먼 스케일 39, 86, 162
흙바닥(土間) 139

기타

1/f분포 186
1/f스펙트럼 130
1/f움직임 130, 131
3R 221
A. 뉴웨리 255
A. 라포포트 53
A. 베루크 182
Accessibility 213
ambiguity 53
B. 니르제 212
B. 만델브로트 259
C. E 섀넌 258
C. E. 오스굿 60, 228
C. N. 슐츠 47, 62, 105, 115, 174
C. W. 모리스 60
C. 모리스 48
C. 무어 174
C. 알렉산더 109, 110
CAAD 96
CG 96
D. 스토콜스 250
D. 칸타 250
D. 캔터 56
D/H 34, 182
E. C. 톨맨 64
E. G. 아스프룬드 197
E. T. 홀 62, 40, 115
E. 에릭슨 251
E. 웨버 90
E. 파노프스키 254
F. L. K 슈 44
F. L. 라이트 126
F. 기바드 182
F. 로젠 블뤼트 255
F. 틴 107, 108
G. T. 페히너 90
G. 밀러 255
G. 카렌 182
G. 케리 72
G. 힐러리 203
H. M 프로산스키 250
H. 가드너 255
H. 사노후 210
H. 제문 255
HMD 94
I. 칸트 105
ISO 217
J. B. 왓슨 60
J. V. 웍스퀼 62
J. 깁슨 21, 22, 31, 83
J. 스티븐스 90
J. 피아제 62, 106, 251
K. 린치 47, 50, 51, 52, 53, 54, 57, 62, 64, 103, 108, 111, 115, 225
K. 보르딘그 50
L. B. 알베르티 71
L. 칸 27
M. 마빈 민스키 255
M. 머레이 쉐이퍼 186
MDS 244
N-스페이스 26
N. E. 뱅크 미켈센 212
N. 톱스키 255
O. H. 보르노 70
P-스페이스 26
P. 실 69, 125
PN-스페이스 26, 182
pocket park 155
POE 71, 73
R. C. 앳킨슨 55
R. L. 판트 68
R. M. 매키버 203
R. M. 시프린 55
R. 발트 95
R. 버거 84
R. 벤츄리 129
R. 소마 40, 250
S-R연합 이론 249
S. 랭거 48
S. 카프란 30
SD법 36, 59, 60, 71, 72, 228
SEEs 103
TOTE 255
U. 나이서 25, 111, 255
VR(가상현실) 93
VR공간 94
W. 분트 252
$\sqrt{2}$ 의 비례 89

편집위원

쓰미다 히로시 積田 洋	동경전기대학 공학부건축학과 교수
가네코 도모미 金子友美	쇼와여자대학 생활과학부 생활환경과 강사
오사라기 도시히로 大佛俊泰	동경공업대학 대학원 정보이공학 연구과 정보환경학전공 조교수
사노 나오코 佐野奈緒子	동경대학 대학원 공학계 연구과 건축학전공 조수
하야시다 가즈토 林田和人	와세다대학 이공학 종합연구센터 객원강사
히로노 가츠토시 廣野勝利	㈜이·팰콘

집 필 자

아카기 데츠야 赤木徹也	공학원대학 공학부 건축학과 조교수
이키 가즈히사 位寄和久	구마모토대학 대학원 자연과학연구과 환경공생과학전공 인간환경공학강좌 교수
우에노 준 上野 淳	동경토오리츠대학 대학원 공학연구과 건축학전공 교수
오오노 류우조 大野隆造	동경공업대학 대학원 종합이공학연구과 인간환경시스템전공 교수
오사라기 도시히로 大佛俊泰	상동
가네코 도모미 金子友美	상동
가마다 모토히로 鎌田元弘	지바공업대학 공학부 건축도시환경학과 교수
기타우라 가호루 北浦かほる	데이츠카야마대학 거주공간디자인학과 교수
기타 미치히로 木多道宏	오사카대학 대학원 공학연구과 지구종합공학전공 조교수
고오다 모모요 郷田桃代	동경전기대학 공학부 건축학과 조교수
고오라 히사코 小浦久子	오사카대학 대학원 공학연구과 지구종합공학전공 조교수
고바야시 미키 小林美紀	KOBA DESIGN
사노 유키 佐野友紀	와세다대학 인간과학 학술원 조교수
사노 나오코 佐野奈緒子	상동
시미즈 히데키 志水英樹	코마자와여자대학 인문학부 공간조형학과 교수
스즈키 노부히로 鈴木信宏	동경이과대학 공학부 건축과학 교수
세오 후미아키 瀬尾文彰	다이도공업대학 공학부 건축학과 교수
소에다 마사시 添田昌志	동경공업대학 대학원 종합이공학연구과 인간환경시스템전공 조수
다카기 기요에 高木清江	아이치 산업대학 조형학부 건축학과 강사
다카하시 타카시 高橋鷹志	와세다대학 인간과학부 특임교수, 일본대학연구소 교수
다카야나기 히데아키 高柳英明	지바대학 공학부 디자인공학 건축계 조수
다나카 가즈나리 田中一成	오사카공업대학 공학부 도시디자인공학과 조교수
다나카 나미 田中奈美	고베예술공학대학 디자인학부 환경·건축디자인학과 조교수
다니무라 히데히코 谷村秀彦	기타큐슈시립대학 대학원 사회시스템연구과 교수
츠네마츠 요시츠미 恒松良純	아키타공업고등전문학교 환경도시공학과 조수
쓰미다 히로시 積田 洋	상동
도이 히로시 土肥博至	고베예술공과대학 대학원 예술공학연구과 교수
나스 기요시 那須 聖	삿포로 시립고등전문학교 인더스트리얼 디자인학과 강사
니시데 가즈히코 西出和彦	동경대학 대학원 공학계 연구과 건축학전공 조교수
하시모토 미야코 橋本都子	치바공업대학 공학부 디자인학과 조교수
하야시다 가즈토 林田和人	상동
히이로 다라오 日色真帆	아이치슈쿠토쿠대학 현대사회학부 현대사회학과 교수
히로노 가츠토시 廣野勝利	상동
후쿠이 도루 福井 通	가나가와대학 공학부 건축학과 조수
후나코시 도오루 船越 徹	동경전기대학 명예교수 ㈜알콤 회장
마츠모토 나오시 松本直司	나고야공업대학 대학원 공학연구과 사회공학전공 교수
미야모토 후미토 宮本文人	동경공업대학 교육환경창조연구센터 조교수
야스하라 하루키 安原治機	공학원대학 공학부 건축도시디자인학과 교수
야나기타 다케시 柳田 武	일본대학 이공학부 건축학과 강사
요코타 다카시 横田隆司	오사카대학 대학원 공학연구과 지구종합공학전공 조교수
요코야마 가츠키 横山勝樹	여자미술대학 예술학부 디자인학과 교수
요시다 아코 吉田あこ	쓰쿠바기술단기대학 명예교수, ㈜요시다연구실 대표
요시무라 에이스케 吉村英祐	오사카대학 대학원 공학연구과 지구종합공학전공 조교수
와카야마 시게루 若山 滋	나고야공업대학 대학원 공학연구과 건축학계 교수

역자 | 한영호

- 홍익대학교 미술대학 공업디자인과 및 동 산미대학원 졸업
- 헬싱키 산업미술대학교(Univ. of Industrial Arts, Helsinki) 실내건축 및 가구디자인전공(핀란드 문교부 장학금)
- 대한무역투자진흥공사(KOTRA) 전시부 디자인실 근무
- 「실내디자인 창립 기념전」외 30회 출품
- 「국립과학관 설계심의」외 110회 기술 및 심사위원 역임
- 「무형문화재를 위한 사이버뮤지엄 구성체계에 관한 연구」외 62편 논문 발표
- (사)한국실내디자인학회 회장 역임
- 상명대학교 디자인대학장, 예술디자인대학원장 역임
- 현재 상명대학교 디자인대학 실내디자인전공 교수
  (사)한국실내디자인학회 명예회장
  (사)한국공간디자인학회 회장

[저서 및 역서]
「실내디자인 구성요소」, 「3D 모델로 보는 현대 의자디자인」, 「현대디자인의 이해」, 「공간디자인 이해」, 「건축조형과 가구디자인」, 「실내디자인의 미학」, 「창의적 사무공간」, 「도시환경디자인」, 「비주얼 디스플레이」, 「주거공간디자인의 이론과 실제」, 「알바르 아알토 가구와 실내디자인」, 「현대 도시환경디자인」, 「기초 실내디자인」, 「가구디자인」, 「폴딩 아키텍처」, 「전시를 디자인하다」

| 최진희

- 상명대학교 디자인대학 실내디자인전공 및 동 대학원 졸업
- ㈜아티플랜 설계실 근무
- ㈜마론인터내셔널 설계실 근무
- 상명대학교 조형예술디자인학과 디자인전공 미술학박사
- 상명대학교, 협성대학교 실내디자인학과 강사
- 2009년 충남건축문화제 공공디자인 심사위원
- 현재 수원과학대학, 동양미래대학 실내디자인과 강사
  남서울대학교 유리조형학과 대학원 강사
  (사)한국실내디자인학회 정회원
  (사)한국색채학회 정회원
  (사)한국공간디자인학회 정회원

건축·도시계획을 위한

공간학사전

2010년 9월 6일 1판 1쇄 인쇄
2010년 9월 10일 1판 1쇄 발행

편 저 (사)일본건축학회
역 자 한영호 · 최진희
발 행 인 강해작
발 행 처 기문당
주 소 서울 성동구 공명길 39 (왕십리동 966-22)
전 화 2295-6171(代)~5
팩 스 2296-8188
출판등록 1976. 10. 7 (1-44)
홈페이지 http : // 기문당
http : // www.kimoondang.com
I S B N 978-89-6225-280-4 93540
정 가 18,000원